U0260013

向为创建中国卫星导航事业

并使之立于世界最前列而做出卓越贡献的北斗功臣们

致以深深的敬意!

"十三五"国家重点出版物

出版规划项目

国家出版基金项目
NATIONAL PUBLICATION FOUNDATION

卫星导航工程技术丛书

主　编　杨元喜
副主编　蔚保国

卫星导航精密时间传递系统及应用

Satellite Navigation Precision Time Transfer System and Application

尹继凯　盛传贞　树玉泉　魏海涛　编著

国防工业出版社

·北京·

内 容 简 介

　　本书以卫星导航系统中的时间为切入点,全面系统地阐述现有卫星导航系统中的高精度时间传递技术及其应用。分别介绍了星地时间传递技术、卫星双向时间传递技术、光纤时间频率传递技术、GNSS 时间传递技术等现阶段主流的时间传递技术和实际应用情况。

　　本书读者对象为从事精密时间传递领域工作的工程技术人员以及从事卫星导航、高精度时频传递、测控等相关专业的高年级本科生、研究生。

图书在版编目(CIP)数据

　　卫星导航精密时间传递系统及应用 / 尹继凯等编著.
— 北京:国防工业出版社,2021.3
　　(卫星导航工程技术丛书)
　　ISBN 978 - 7 - 118 - 12146 - 9

　　Ⅰ . ①卫… Ⅱ . ①尹… Ⅲ . ①卫星导航 – 导航系统 –
研究 Ⅳ . ①TN967.1

　　中国版本图书馆 CIP 数据核字(2020)第 139586 号

※

国防工业出版社出版发行
(北京市海淀区紫竹院南路 23 号　邮政编码 100048)
天津嘉恒印务有限公司印刷
新华书店经售

*

开本 710×1000　　插页 8　　1/16　　印张 15¾　　字数 288 千字
2021 年 3 月第 1 版第 1 次印刷　　印数 1—2000 册　　定价 108.00 元

(本书如有印装错误,我社负责调换)

国防书店:(010)88540777　　　书店传真:(010)88540776
发行业务:(010)88540717　　　发行传真:(010)88540762

孙家栋院士为本套丛书致辞

探索中国北斗自主创新之路
凝练卫星导航工程技术之果

当今世界,卫星导航系统覆盖全球,应用服务广泛渗透,科技影响如日中天。

我国卫星导航事业从北斗一号工程开始到北斗三号工程,已经走过了二十六个春秋。在长达四分之一世纪的艰辛发展历程中,北斗卫星导航系统从无到有,从小到大,从弱到强,从区域到全球,从单一星座到高中轨混合星座,从 RDSS 到 RNSS,从定位授时到位置报告,从差分增强到精密单点定位,从星地站间组网到星间链路组网,不断演进和升级,形成了包括卫星导航及其增强系统的研究规划、研制生产、测试运行及产业化应用的综合体系,培养造就了一支高水平、高素质的专业人才队伍,为我国卫星导航事业的蓬勃发展奠定了坚实基础。

如今北斗已开启全球时代,打造"天上好用,地上用好"的自主卫星导航系统任务已初步实现,我国卫星导航事业也已跻身于国际先进水平,领域专家们认为有必要对以往的工作进行回顾和总结,将积累的工程技术、管理成果进行系统的梳理、凝练和提高,以利再战,同时也有必要充分利用前期积累的成果指导工程研制、系统应用和人才培养,因此决定撰写一套卫星导航工程技术丛书,为国家导航事业,也为参与者留下宝贵的知识财富和经验积淀。

在各位北斗专家及国防工业出版社的共同努力下,历经八年时间,这套导航丛书终于得以顺利出版。这是一件十分可喜可贺的大事!丛书展示了从北斗二号到北斗三号的历史性跨越,体系完整,理论与工程实践相结合，突出北斗卫星导航自主创新精神，注意与国际先进技术融合与接轨，展现了"中国的北斗，世界的北斗，一流的北斗"之大气！每一本书都是作者亲身工作成果的凝练和升华，相信能够为相关领域的发展和人才培养做出贡献。

"只要你管这件事，就要认认真真负责到底。"这是中国航天界的习惯，也是本套丛书作者的特点。我与丛书作者多有相识与共事，深知他们在北斗卫星导航科研和工程实践中取得了巨大成就，并积累了丰富经验。现在他们又在百忙之中牺牲休息时间来著书立说，继续弘扬"自主创新、开放融合、万众一心、追求卓越"的北斗精神，力争在学术出版界再现北斗的光辉形象，为北斗事业的后续发展鼎力相助，为导航技术的代代相传添砖加瓦。为他们喝彩！更由衷地感谢他们的巨大付出！由这些科研骨干潜心写成的著作，内蓄十足的含金量！我相信这套丛书一定具有鲜明的中国北斗特色，一定经得起时间的考验。

我一辈子都在航天战线工作，虽然已年逾九旬，但仍愿为北斗卫星导航事业的发展而思考和实践。人才培养是我国科技发展第一要事，令人欣慰的是，这套丛书非常及时地全面总结了中国北斗卫星导航的工程经验、理论方法、技术成果，可谓承前启后，必将有助于我国卫星导航系统的推广应用以及人才培养。我推荐从事这方面工作的科研人员以及在校师生都能读好这套丛书，它一定能给你启发和帮助，有助于你的进步与成长，从而为我国全球北斗卫星导航事业又好又快发展做出更多更大的贡献。

2020 年 8 月

热烈祝贺卫星导航工程技术丛书

阅海出版

杨元喜

于 2019 年第十届中国卫星导航年会期间题词。

期待 卫星导航工程技术丛书

助力中国北斗系统发展

冉承其

于 2019 年第十届中国卫星导航年会期间题词。

卫星导航工程技术丛书
编审委员会

卫星导航工程技术丛书
编写委员会

丛书序

宇宙浩瀚、海洋无际、大漠无垠、丛林层密、山峦叠嶂,这就是我们生活的空间,这就是我们探索的远方。我在何处?我之去向?这是我们每天都必须面对的问题。从原始人巡游狩猎、航行海洋,到近代人周游世界、遨游太空,无一不需要定位和导航。

正如《北斗赋》所描述,乘舟而惑,不知东西,见斗则寤矣。又戒之,瀚海识途,昼则观日,夜则观星矣。我们的祖先不仅为后人指明了"昼观日,夜观星"的天文导航法,而且还发明了"司南"或"指南针"定向法。我们为祖先的聪颖智慧而自豪,但是又不得不面临新的定位、导航与授时(PNT)需求。信息化社会、智能化建设、智慧城市、数字地球、物联网、大数据等,无一不需要统一时间、空间信息的支持。为顺应新的需求,"卫星导航"应运而生。

卫星导航始于美国子午仪系统,成形于美国的全球定位系统(GPS)和俄罗斯的全球卫星导航系统(GLONASS),发展于中国的北斗卫星导航系统(BDS)(简称"北斗系统")和欧盟的伽利略卫星导航系统(简称"Galileo 系统"),补充于印度及日本的区域卫星导航系统。卫星导航系统是时间、空间信息服务的基础设施,是国防建设和国家经济建设的基础设施,也是政治大国、经济强国、科技强国的基本象征。

中国的北斗系统不仅是我国 PNT 体系的重要基础设施,也是国家经济、科技与社会发展的重要标志,是改革开放的重要成果之一。北斗系统不仅"标新""立异",而且"特色"鲜明。标新于设计(混合星座、信号调制、云平台运控、星间链路、全球报文通信等),立异于功能(一体化星基增强、嵌入式精密单点定位、嵌入式全球搜救等服务),特色于应用(报文通信、精密位置服务等)。标新立异和特色服务是北斗系统的立身之本,也是北斗系统推广应用的基础。

2020 年 6 月 23 日,北斗系统最后一颗卫星发射升空,标志着中国北斗全球卫星导航系统卫星组网完成;2020 年 7 月 31 日,北斗系统正式向全球用户开通服务,标志着中国北斗全球卫星导航系统进入运行维护阶段。为了全面反映中国北斗系统建设成果,同时也为了推进北斗系统的广泛应用,我们紧跟北斗工程的成功进展,组织北斗系统建设的部分技术骨干,撰写了卫星导航工程技术丛书,系统地描述北斗系统的最新发展、创新设计和特色应用成果。丛书共 26 个分册,分别介绍如下:

卫星导航定位遵循几何交会原理,但又涉及无线电信号传输的大气物理特性以及卫星动力学效应。《卫星导航定位原理》全面阐述卫星导航定位的基本概念和基本原理,侧重卫星导航概念描述和理论论述,包括北斗系统的卫星无线电测定业务(RDSS)原理、卫星无线电导航业务(RNSS)原理、北斗三频信号最优组合、精密定轨与时间同步、精密定位模型和自主导航理论与算法等。其中北斗三频信号最优组合、自适应卫星轨道测定、自主定轨理论与方法、自适应导航定位等均是作者团队近年来的研究成果。此外,该书第一次较详细地描述了"综合 PNT"、"微 PNT"和"弹性 PNT"基本框架,这些都可望成为未来 PNT 的主要发展方向。

北斗系统由空间段、地面运行控制系统和用户段三部分构成,其中空间段的组网卫星是系统建设最关键的核心组成部分。《北斗导航卫星》描述我国北斗导航卫星研制历程及其取得的成果,论述导航卫星环境和任务要求、导航卫星总体设计、导航卫星平台、卫星有效载荷和星间链路等内容,并对未来卫星导航系统和关键技术的发展进行展望,特色的载荷、特色的功能设计、特色的组网,成就了特色的北斗导航卫星星座。

卫星导航信号的连续可用是卫星导航系统的根本要求。《北斗导航卫星可靠性工程》描述北斗导航卫星在工程研制中的系列可靠性研究成果和经验。围绕高可靠性、高可用性,论述导航卫星及星座的可靠性定性定量要求、可靠性设计、可靠性建模与分析等,侧重描述可靠性指标论证和分解、星座及卫星可用性设计、中断及可用性分析、可靠性试验、可靠性专项实施等内容。围绕导航卫星批量研制,分析可靠性工作的特殊性,介绍工艺可靠性、过程故障模式及其影响、贮存可靠性、备份星论证等批产可靠性保证技术内容。

卫星导航系统的运行与服务需要精密的时间同步和高精度的卫星轨道支持。《卫星导航时间同步与精密定轨》侧重描述北斗导航卫星高精度时间同步与精密定轨相关理论与方法,包括:相对论框架下时间比对基本原理、星地/站间各种时间比对技术及误差分析、高精度钟差预报方法、常规状态下导航卫星轨道精密测定与预报等;围绕北斗系统独有的技术体制和运行服务特点,详细论述星地无线电双向时间比对、地球静止轨道/倾斜地球同步轨道/中圆地球轨道(GEO/IGSO/MEO)混合星座精密定轨及轨道快速恢复、基于星间链路的时间同步与精密定轨、多源数据系统性偏差综合解算等前沿技术与方法；同时，从系统信息生成者角度，给出用户使用北斗卫星导航电文的具体建议。

北斗卫星发射与早期轨道段测控、长期运行段卫星及星座高效测控是北斗卫星发射组网、补网，系统连续、稳定、可靠运行与服务的核心要素之一。《导航星座测控管理系统》详细描述北斗系统的卫星/星座测控管理总体设计、系列关键技术及其解决途径，如测控系统总体设计、地面测控网总体设计、基于轨道参数偏置的 MEO 和 IGSO 卫星摄动补偿方法、MEO 卫星轨道构型重构控制评价指标体系及优化方案、分布式数据中心设计方法、数据一体化存储与多级共享自动迁移设计等。

波束测量是卫星测控的重要创新技术。《卫星导航数字多波束测量系统》阐述数字波束形成与扩频测量传输深度融合机理，梳理数字多波束多星测量技术体制的最新成果，包括全分散式数字多波束测量装备体系架构、单站系统对多星的高效测量管理技术、数字波束时延概念、数字多波束时延综合处理方法、收发链路波束时延误差控制、数字波束时延在线精确标校管理等，描述复杂星座时空测量的地面基准确定、恒相位中心多波束动态优化算法、多波束相位中心恒定解决方案、数字波束合成条件下高精度星地链路测量、数字多波束测量系统性能测试方法等。

工程测试是北斗系统建设与应用的重要环节。《卫星导航系统工程测试技术》结合我国北斗三号工程建设中的重大测试、联试及试验，成体系地介绍卫星导航系统工程的测试评估技术，既包括卫星导航工程的卫星、地面运行控制、应用三大组成部分的测试技术及系统间大型测试与试验，也包括工程测试中的组织管理、基础理论和时延测量等关键技术。其中星地对接试验、卫星在轨测试技术、地面运行控制系统测试等内容都是我国北斗三号工程建设的实践成果。

卫星之间的星间链路体系是北斗三号卫星导航系统的重要标志之一，为北斗系统的全球服务奠定了坚实基础，也为构建未来天基信息网络提供了技术支撑。《卫星导航系统星间链路测量与通信原理》介绍卫星导航系统星间链路测量通信概念、理论与方法，论述星间链路在星历预报、卫星之间数据传输、动态无线组网、卫星导航系统性能提升等方面的重要作用，反映了我国全球卫星导航系统星间链路测量通信技术的最新成果。

自主导航技术是保证北斗地面系统应对突发灾难事件、可靠维持系统常规服务性能的重要手段。《北斗导航卫星自主导航原理与方法》详细介绍了自主导航的基本理论、星座自主定轨与时间同步技术、卫星自主完好性监测技术等自主导航关键技术及解决方法。内容既有理论分析,也有仿真和实测数据验证。其中在自主时空基准维持、自主定轨与时间同步算法设计等方面的研究成果,反映了北斗自主导航理论和工程应用方面的新进展。

卫星导航"完好性"是安全导航定位的核心指标之一。《卫星导航系统完好性原理与方法》全面阐述系统基本完好性监测、接收机自主完好性监测、星基增强系统完好性监测、地基增强系统完好性监测、卫星自主完好性监测等原理和方法,重点介绍相应的系统方案设计、监测处理方法、算法原理、完好性性能保证等内容,详细描述我国北斗系统完好性设计与实现技术,如基于地面运行控制系统的基本完好性的监测体系、顾及卫星自主完好性的监测体系、系统基本完好性和用户端有机结合的监测体系、完好性性能测试评估方法等。

时间是卫星导航的基础,也是卫星导航服务的重要内容。《时间基准与授时服务》从时间的概念形成开始:阐述从古代到现代人类关于时间的基本认识,时间频率的理论形成、技术发展、工程应用及未来前景等;介绍早期的牛顿绝对时空观、现代的爱因斯坦相对时空观及以霍金为代表的宇宙学时空观等;总结梳理各类时空观的内涵、特点、关系,重点分析相对论框架下的常用理论时标,并给出相互转换关系;重点阐述针对我国北斗系统的时间频率体系研究、体制设计、工程应用等关键问题,特别对时间频率与卫星导航系统地面、卫星、用户等各部分之间的密切关系进行了较深入的理论分析。

卫星导航系统本质上是一种高精度的时间频率测量系统,通过对时间信号的测量实现精密测距,进而实现高精度的定位、导航和授时服务。《卫星导航精密时间传递系统及应用》以卫星导航系统中的时间为切入点,全面系统地阐述卫星导航系统中的高精度时间传递技术,包括卫星导航授时技术、星地时间传递技术、卫星双向时间传递技术、光纤时间频率传递技术、卫星共视时间传递技术,以及时间传递技术在多个领域中的应用案例。

空间导航信号是连接导航卫星、地面运行控制系统和用户之间的纽带,其质量的好坏直接关系到全球卫星导航系统(GNSS)的定位、测速和授时性能。《GNSS空间信号质量监测评估》从卫星导航系统地面运行控制和测试角度出发,介绍导航信号生成、空间传播、接收处理等环节的数学模型,并从时域、频域、测量域、调制域和相关域监测评估等方面,系统描述工程实现算法,分析实测数据,重点阐述低失真接收、交替采样、信号重构与监测评估等关键技术,最后对空间信号质量监测评估系统体系结构、工作原理、工作模式等进行论述,同时对空间信号质量监测评估应用实践进行总结。

北斗系统地面运行控制系统建设与维护是一项极其复杂的工程。地面运行控制系统的仿真测试与模拟训练是北斗系统建设的重要支撑。《卫星导航地面运行控制系统仿真测试与模拟训练技术》详细阐述地面运行控制系统主要业务的仿真测试理论与方法,系统分析全球主要卫星导航系统地面控制段的功能组成及特点,描述地面控制段一整套仿真测试理论和方法,包括卫星导航数学建模与仿真方法、仿真模型的有效性验证方法、虚-实结合的仿真测试方法、面向协议测试的通用接口仿真方法、复杂仿真系统的开放式体系架构设计方法等。最后分析了地面运行控制系统操作人员岗前培训对训练环境和训练设备的需求,提出利用仿真系统支持地面操作人员岗前培训的技术和具体实施方法。

卫星导航信号严重受制于地球空间电离层延迟的影响,利用该影响可实现电离层变化的精细监测,进而提升卫星导航电离层延迟修正效果。《卫星导航电离层建模与应用》结合北斗系统建设和应用需求,重点论述了北斗系统广播电离层延迟及区域增强电离层延迟改正模型、码偏差处理方法及电离层模型精化与电离层变化监测等内容,主要包括北斗全球广播电离层时延改正模型、北斗全球卫星导航差分码偏差处理方法、面向我国低纬地区的北斗区域增强电离层延迟修正模型、卫星导航全球广播电离层模型改进、卫星导航全球与区域电离层延迟精确建模、卫星导航电离层层析反演及扰动探测方法、卫星导航定位电离层时延修正的典型方法等,体系化地阐述和总结了北斗系统电离层建模的理论、方法与应用成果及特色。

卫星导航终端是卫星导航系统服务的端点,也是体现系统服务性能的重要载体,所以卫星导航终端本身必须具备良好的性能。《卫星导航终端测试系统原理与应用》详细介绍并分析卫星导航终端测试系统的分类和实现原理,包括卫星导航终端的室内测试、室外测试、抗干扰测试等系统的构成和实现方法以及我国第一个大型室外导航终端测试环境的设计技术,并详述各种测试系统的工程实践技术,形成卫星导航终端测试系统理论研究和工程应用的较完整体系。

卫星导航系统 PNT 服务的精度、完好性、连续性、可用性是系统的关键指标,而卫星导航系统必然存在卫星轨道误差、钟差以及信号大气传播误差,需要增强系统来提高服务精度和完好性等关键指标。卫星导航增强系统是有效削弱大多数系统误差的重要手段。《卫星导航增强系统原理与应用》根据国际民航组织有关全球卫星导航系统服务的标准和操作规范,详细阐述了卫星导航系统的星基增强系统、地基增强系统、空基增强系统以及差分系统和低轨移动卫星导航增强系统的原理与应用。

与卫星导航增强系统原理相似,实时动态(RTK)定位也采用差分定位原理削弱各类系统误差的影响。《GNSS 网络 RTK 技术原理与工程应用》侧重介绍网络 RTK 技术原理和工作模式。结合北斗系统发展应用,详细分析网络 RTK 定位模型和各类误差特性以及处理方法、基于基准站的大气延迟和整周模糊度估计与北斗三频模糊度快速固定算法等,论述空间相关误差区域建模原理、基准站双差模糊度转换为非差模糊度相关技术途径以及基准站双差和非差一体化定位方法,综合介绍网络 RTK 技术在测绘、精准农业、变形监测等方面的应用。

GNSS 精密单点定位(PPP)技术是在卫星导航增强原理和 RTK 原理的基础上发展起来的精密定位技术,PPP 方法一经提出即得到同行的极大关注。《GNSS 精密单点定位理论方法及其应用》是国内第一本全面系统论述 GNSS 精密单点定位理论、模型、技术方法和应用的学术专著。该书从非差观测方程出发,推导并建立 BDS/GNSS 单频、双频、三频及多频 PPP 的函数模型和随机模型,详细讨论非差观测数据预处理及各类误差处理策略、缩短 PPP 收敛时间的系列创新模型和技术,介绍 PPP 质量控制与质量评估方法、PPP 整周模糊度解算理论和方法,包括基于原始观测模型的北斗三频载波相位小数偏差的分离、估计和外推问题,以及利用连续运行参考站网增强 PPP 的概念和方法,阐述实时精密单点定位的关键技术和典型应用。

GNSS 信号到达地表产生多路径延迟,是 GNSS 导航定位的主要误差源之一,反过来可以估计地表介质特征,即 GNSS 反射测量。《GNSS 反射测量原理与应用》详细、全面地介绍全球卫星导航系统反射测量原理、方法及应用,包括 GNSS 反射信号特征、多路径反射测量、干涉模式技术、多普勒时延图、空基 GNSS 反射测量理论、海洋遥感、水文遥感、植被遥感和冰川遥感等,其中利用 BDS/GNSS 反射测量估计海平面变化、海面风场、有效波高、积雪变化、土壤湿度、冻土变化和植被生长量等内容都是作者的最新研究成果。

伪卫星定位系统是卫星导航系统的重要补充和增强手段。《GNSS 伪卫星定位系统原理与应用》首先系统总结国际上伪卫星定位系统发展的历程,进而系统描述北斗伪卫星导航系统的应用需求和相关理论方法,涵盖信号传输与多路径效应、测量误差模型等多个方面,系统描述 GNSS 伪卫星定位系统(中国伽利略测试场测试型伪卫星)、自组网伪卫星系统(Locata 伪卫星和转发式伪卫星)、GNSS 伪卫星增强系统(闭环同步伪卫星和非同步伪卫星)等体系结构、组网与高精度时间同步技术、测量与定位方法等,系统总结 GNSS 伪卫星在各个领域的成功应用案例,包括测绘、工业控制、军事导航和 GNSS 测试试验等,充分体现出 GNSS 伪卫星的"高精度、高完好性、高连续性和高可用性"的应用特性和应用趋势。

GNSS 存在易受干扰和欺骗的缺点,但若与惯性导航系统(INS)组合,则能发挥两者的优势,提高导航系统的综合性能。《高精度 GNSS/INS 组合定位及测姿技术》系统描述北斗卫星导航/惯性导航相结合的组合定位基础理论、关键技术以及工程实践,重点阐述不同方式组合定位的基本原理、误差建模、关键技术以及工程实践等,并将组合定位与高精度定位相互融合,依托移动测绘车组合定位系统进行典型设计,然后详细介绍组合定位系统的多种应用。

未来 PNT 应用需求逐渐呈现出多样化的特征,单一导航源在可用性、连续性和稳健性方面通常不能全面满足需求,多源信息融合能够实现不同导航源的优势互补,提升 PNT 服务的连续性和可靠性。《多源融合导航技术及其演进》系统分析现有主要导航手段的特点、多源融合导航终端的总体构架、多源导航信息时空基准统一方法、导航源质量评估与故障检测方法、多源融合导航场景感知技术、多源融合数据处理方法等,依托车辆的室内外无缝定位应用进行典型设计,探讨多源融合导航技术未来发展趋势,以及多源融合导航在 PNT 体系中的作用和地位等。

卫星导航系统是典型的军民两用系统,一定程度上改变了人类的生产、生活和斗争方式。《卫星导航系统典型应用》从定位服务、位置报告、导航服务、授时服务和军事应用 5 个维度系统阐述卫星导航系统的应用范例。"天上好用,地上用好",北斗卫星导航系统只有服务于国计民生,才能产生价值。

海洋定位、导航、授时、报文通信以及搜救是北斗系统对海事应用的重要特色贡献。《北斗卫星导航系统海事应用》梳理分析国际海事组织、国际电信联盟、国际海事无线电技术委员会等相关国际组织发布的 GNSS 在海事领域应用的相关技术标准,详细阐述全球海上遇险与安全系统、船舶自动识别系统、船舶动态监控系统、船舶远程识别与跟踪系统以及海事增强系统等的工作原理及在海事导航领域的具体应用。

将卫星导航技术应用于民用航空,并满足飞行安全性对导航完好性的严格要求,其核心是卫星导航增强技术。未来的全球卫星导航系统将呈现多个星座共同运行的局面,每个星座均向民航用户提供至少 2 个频率的导航信号。双频多星座卫星导航增强技术已经成为国际民航下一代航空运输系统的核心技术。《民用航空卫星导航增强新技术与应用》系统阐述多星座卫星导航系统的运行概念、先进接收机自主完好性监测技术、双频多星座星基增强技术、双频多星座地基增强技术和实时精密定位技术等的原理和方法,介绍双频多星座卫星导航系统在民航领域应用的关键技术、算法实现和应用实施等。

本丛书全面反映了我国北斗系统建设工程的主要成就,包括导航定位原理,工程实现技术,卫星平台和各类载荷技术,信号传输与处理理论及技术,用户定位、导航、授时处理技术等。各分册:虽有侧重,但又相互衔接;虽自成体系,又避免大量重复。整套丛书力求理论严密、方法实用,工程建设内容力求系统,应用领域力求全面,适合从事卫星导航工程建设、科研与教学人员学习参考,同时也为从事北斗系统应用研究和开发的广大科技人员提供技术借鉴,从而为建成更加完善的北斗综合 PNT 体系做出贡献。

最后,让我们从中国科技发展史的角度,来评价编撰和出版本丛书的深远意义,那就是:将中国卫星导航事业发展的重要的里程碑式的阶段永远地铭刻在历史的丰碑上!

杨元喜

2020 年 8 月

前　言

　　我国的卫星导航事业正在稳步发展,逐步走在了世界的前列。随着我国北斗三号系统的建设完成,北斗卫星导航系统即将面向全球用户提供定位、导航与授时(PNT)服务。对于大众用户来说,卫星导航最广泛的应用在于可以实时获得自身位置,而对于卫星导航系统另一重要的应用——授时,还没有深刻认知。卫星导航系统可以提供几十纳秒的授时精度,是移动通信、电力传输、航天探测等领域必不可少的重要信息。而卫星导航系统提供定位、授时服务的关键在于其本质上是一种高精度的时间频率系统,定位、授时精度是由卫星导航系统的时间频率基准的维持精度决定的。北斗三号卫星导航系统由30余颗卫星和多个地面站点构成,精密时间传递是维持整个复杂系统高精度时间尺度的核心技术。本书力图对时间频率的概念以及卫星导航系统中用到的高精度时间传递技术进行阐述,以期对卫星导航事业的发展以及PNT技术的进步产生积极的促进作用,给卫星导航、高精度时间传递、测控等领域的工程技术人员和相关专业的高年级本科生、研究生提供参考和帮助。

　　作者所在单位和团队长期从事卫星导航、高精度时间传递领域的研究,先后参与了北斗一号、北斗二号、北斗三号的地面运控系统建设,以及其他与导航、时间频率相关的重要工程项目,本书是在团队多年科学研究成果以及项目研制经验的基础上整理而成的。本书从卫星导航系统入手,分析了卫星导航系统对高精度时间传递技术的需求,并以此为切入点,从理论、技术、实际应用层面系统全面地描述了卫星导航系统中应用的高精度时间传递技术。

　　本书共7章,第1、2、7章由尹继凯、树玉泉编写,第3、4章由盛传贞、魏海涛编写,第5章由尹继凯、魏海涛编写,第6章由尹继凯、盛传贞编写,全书由尹继凯、树玉泉统稿和审校。

　　第1章介绍 GPS、BDS、GLONASS 和 Galileo 系统四大卫星导航系统的时间传递技术研究现状,并介绍时间传递设备研究现状。

　　第2章介绍卫星导航系统中的时间,介绍时间与频率的定义,世界时、原子时等基础内容,并引出精密时间传递技术。

　　第3章论述卫星导航系统中非常重要的星地时间传递技术,介绍卫星钟差对定位精度的影响机理和卫星钟差特性以及预报方法,同时介绍卫星导航系统所采用的星地时间传递方法。

第 4 章论述卫星双向时间传递技术,分析计算模型、观测误差、电离层时延误差及卫星双向设备时延标校等内容。

第 5 章论述光纤时间频率传递技术,介绍光纤时频传递链路性能以及关键器件,在此基础上论述基于光纤的频率传递技术和基于光纤的时间传递技术。

第 6 章论述 GNSS 时间传递技术,介绍 GNSS 时间比对模型、误差源、GNSS 卫星共视数据处理以及 GNSS 时间比对接收机设计等内容。

第 7 章介绍时间传递技术的应用,主要介绍时间传递技术在电力系统、通信系统、空间网络、雷达和天文观测中的应用。

本书在编写过程中,得到了周必磊博士的大力支持和帮助,张京奎博士、鲍亚川博士、韩华工程师、王正勇工程师、王崇阳工程师、刘轶龙工程师、张金涛高级工程师等也参与了本书的编写工作,在此一并表示感谢。

由于作者水平有限,书中难免存在缺点和错误,恳请读者批评指正。

作者
2020 年 8 月

目　录

第1章 概　　述

◢ 1.1　背景和意义

随着科技水平的进步及经济高速发展,近年来卫星导航定位技术在全球各行各业的应用越来越广泛。卫星导航系统可以为用户提供米级的实时定位,为人们的出行提供了极大的便利,除此之外在交通运输、桥梁建筑、矿藏开发等领域也有广泛的应用。除了可以提供定位之外,卫星导航系统还可以提供高精度的授时服务。包括4G/5G 等移动通信系统、电力系统、金融系统等经济建设领域都离不开高精度时间同步。在国防领域,卫星定位导航已成为军队信息化建设、打赢信息化战争的重要基础和保证,在联合作战指挥、战场态势感知、军事载体及人员引导与定位、精确打击、情报侦察、战场目标属性识别等方面发挥着重要作用。由于卫星导航系统所具有的巨大经济效益和社会效益,当前全球范围内掀起了一股卫星导航系统的建设热潮。美国的全球定位系统(GPS)和俄罗斯的全球卫星导航系统(GLONASS)两大卫星导航定位系统已于 20 世纪 90 年代投入运行,欧盟正在建设自己的 Galileo 系统,日本正建设由 3 颗卫星组成的准天顶卫星系统(QZSS),印度也正在开展其区域卫星导航系统的建设。我国从 90 年代开始,经过 20 年的持续投入建设,已经从北斗一号的双星定位系统和北斗二号区域导航定位系统,发展到北斗三号的全球卫星导航系统。

现代卫星导航系统基于到达时间(TOA)测量原理,精确的时间测量是精确定位的基础,因此高精度的时间频率系统以及高精度的时间传递是卫星导航系统健康稳定运行并提供高精度定位服务的基础。基于高性能原子钟的时频系统为导航信号生成、电文注入等操作提供了高精度的时间基准,保证导航卫星、地面监测站、主控站之间的时间参考高度一致以避免引入误差。然而,由于原子钟输出频率固有的频偏、频率漂移及各种慢变化噪声分量的存在,这种时间参考的不一致会随时间的推移产生累积,最终导致系统不可用。以 GPS 为例:在注入数据龄期为零时,一颗典型卫星的时钟误差在 0.8m 左右;而上载 24h 后误差将增长到 1~4m;导航卫星原子钟自由运行 180 天以后,该误差可能增大至 10000m[1]。因此,必须通过精密时间传递技术将导航卫星、地面监测站及主控站的时间参考统一起来,形成并维持卫星导航系统的高精度系统时间。

当前的卫星导航系统由空间段、地面运控段和用户段组成,基于这一架构,系统时间传递需要实现系统内所有导航卫星、监测站和主控站间的时钟同步,形成统一的系统时间,所采用的技术手段主要是站间时间传递技术和星地时间传递技术。站间时间传递是通过地面站间远距离时间比对技术实现各监测站之间及监测站与主控站之间的时间同步;星地时间传递则通过星地时间比对实现导航卫星与监测站、主控站间的时间同步。在已建成和正在建设的几个全球卫星导航系统中,由于系统设计的差异,所采用的时间传递技术存在较大差异。表1.1总结了GPS、GLONASS、Galileo系统及我国北斗卫星导航系统(BDS,简称"北斗系统")所使用的时间传递技术。在这些时间传递技术中,激光双向法具有最高的精度,但由于激光时间传递容易受天气影响,并且在微弱激光信号检测、高精度伺服系统方面仍存在技术难题,目前在各个卫星导航系统中仅作为校准和备份手段使用。在主要的技术手段中,全球卫星导航系统(GNSS)全视法和GNSS共视法均可实现纳秒量级的时间传递频度,微波双向法时间传递由于使用双向差分极大地消除了大气传播误差,具有比GNSS共视法更优的精度,目前国际上已获得亚纳秒量级时间传递精度。

表1.1 卫星导航系统时间传递技术比较

技术分类		基本原理	主要精度限制	系统实例
星地时间传递	星地微波双向法	卫星和地面站在本地秒脉冲(PPS)到来时刻向对方发送测量信号,并触发本地时间间隔计数器开始计数。当接收到对方发送的传递信号后触发本地时间间隔计数器停止计数。然后交互数据,完成时间比对	卫星、地面站设备时延误差	BDS
	星地激光双向法	地面激光站向卫星发射激光测距信号,经卫星接收并反射后由激光站进行距离测量。获得的距离测量值对伪距进行校正得到钟差	云层遮挡,激光器伺服精度	Galileo系统 GLONASS BDS
	倒定位法	4个以上监测站同时接收卫星测距信号,获得的测距值通过统一处理得到卫星与监测站的钟差。钟差解算基本原理与导航接收机钟差解算类似	大气传播时延,地面站设备时延	GPS Galileo系统
	应答式雷达法	应答式雷达精确测量卫星与监测站的距离,使用该距离值对监测站测得的卫星到监测站的单向伪距进行修正,得到二者钟差	大气传播时延,设备时延	GLONASS
站间时间传递	站间微波双向法	与星地微波双向时间同步技术类似,只不过信号需要经过同步轨道通信卫星转发	地面站设备时延误差	GPS GLONASS Galileo系统 BDS
	GNSS共视法	需要进行时间同步的地面站同时观测同一颗GNSS卫星,获得的伪距观测值经统一解算得到二者钟差	大气传播时延,地面站设备时延误差	GPS GLONASS Galileo系统 BDS
	GNSS全视法	两地面站分别观测不同的GNSS卫星,获得的伪距观测量经统一解算得到二者钟差。不同卫星间的精密钟差由国际GNSS服务(IGS)信息获得	大气传播时延,地面站设备时延误差	时频实验室
	站间光纤双向法	两站在本地秒脉冲时刻向对方发送时间测量光信号,并触发本地时间间隔计数器,开始计数,信号在光纤中采用单纤双向方式传输,当接收到对方发送的信号后触发本地时间间隔计数器,停止计数,由获得的两个观测量解算出钟差	地面站设备时延误差	地面站时频实验室

1962 年在美国海军天文台(USNO)和英国国家物理实验室(NPL)之间进行了世界上首次卫星双向时间传递实验。两个实验室之间通过 Telstar 卫星完成了世界上首次洲际时间传递实验。在此之前,贝尔实验室曾使用热气球进行过单向时间传递实验。该实验于 1960 年 8 月进行,但由于单向法固有的空间传播误差,实验结果并不理想。跨太平洋的时间传递实验于 1965 年由 USNO 和日本电波研究所(RRL)实验室主持进行,他们使用一颗通信卫星 Relay II 作为信号的转发器。

早期的双向时间传递技术比较简单,直接将时钟产生的 1PPS 信号调制到载波上,然后使用示波器等测量仪器对接收信号进行测量,精度在 100~1000ns 水平上。得益于扩频通信技术的发展,现在使用的双向时间传递技术在此 10 年之后基本定型。RRL、USNO 和美国国家航空航天局(NASA)主持进行的基于扩频测距码的双向时间传递实验获得成功,精度达到 10ns 量级,这在当时代表了该领域的最高水平。但是,由于双向时间传递设备成本很高,此后的 10 余年间双向时间传递方法并没有得到推广[2]。

直到 1987 年,微波双向时间传递才作为例行的实验在国际间展开。此时使用的频段是 Ku 频段。1993 年,更广泛的国际间时间传递实验得以开展。

在此之前,另一项重要的技术出现并得到了验证和推广,这就是 GPS 共视法时间传递技术。作为 GPS 的一项重要应用,GPS 共视法实施起来极为便利,已在 80 年代中期成为国际计量局(BIPM)的例行传递实验内容。

此后,虽然有一些新的技术出现,但卫星共视技术和双向时间传递技术仍然是最可靠和应用最广泛的时间传递技术。近年来,在星地和站间时间传递领域的研究主要还是着眼于精度的提高上。系统中影响精度的许多细小的环节均被研究者加以分析和改进。在技术体制上,值得一提的是 GPS 载波相位共视技术。它代表着目前微波链路时间传递技术的最高水平。G. Petit 等在短基线的 GPS 共视实验中,采用了载波相位测量。30s 的传递数据显示精度可达到 10ps 量级。长稳实验中传递精度则由于电离层离子浓度的大幅度变化而急剧下降,国外有研究者获得了 0.2ns 的精度[3]。

本书主要针对卫星导航系统中的星地时间传递技术以及站间时间传递技术进行描述。介绍时间传递系统中的误差模型、地面站设备时延特性分析、地面站设备时延标校及时间传递数据的处理等。最后对基于卫星导航系统的时间传递技术的应用做出描述。

◢ 1.2　卫星导航系统时间传递技术研究现状

现代卫星导航系统由空间段、运控段和用户段组成,系统时间传递需要将空间段的所有卫星和运控段的所有监测站同步到系统的参考时间基准上。一般来说,卫星导航系统的时间基准是由位于地面的系统运行控制中心产生并进行维持的。因此,现有体制的卫星导航系统时间传递需使用星地和站间相结合的时间传递技术。新一代卫星导航技术发展的一大趋势是自主导航,即卫星星座脱离地面运控自行实现定轨、时间传递和电文产生。我国北斗三号卫星导航系统具备了星间链路测量和通信功能,美国 GPS 的导航卫星 Block IIR 已经具备星间测距的功能。这预示着将来的卫星导航系统时间传递将由星间和星地时间传递操作共同实现。

目前,已建成的全球卫星导航系统有美国的 GPS、俄罗斯的 GLONASS 和中国的北斗系统,正在建设的主要有欧盟的 Galileo 系统。下面对它们所使用的时间传递技术进行简要介绍。

1.2.1 GPS

美国于 20 世纪 70 年代开始建设 GPS,并于 1995 年初建成,达到全运行能力[1]。GPS 星座由位于 6 个轨道面的 24 颗中圆地球轨道(MEO)卫星组成,每颗卫星上都搭载了高精度的星载原子钟,用以形成并维持卫星的时间。早期的 GPS Block I 卫星的星载原子钟采用了铷钟或铷钟加铯钟的方案,而近 10 年来 GPS 卫星所使用的原子钟大都是铯钟[4],星载原子钟的频率稳定度约为 1×10^{-13}/天[4]。GPS 的运控段由一个主控站(MCS)和多个 L 频段监测站(MS)、S 频段地面天线组成[1]。主控站位于美国科罗拉多州的 Falcon 空军基地,在主控站维持着一个更为精确的原子时尺度,并且通过 USNO 的主钟进行实时校准,它在 GPS 时(GPST)中所占的比重最大。GPS 共有 6 个监测站,分别位于阿森松岛、迪戈加西亚、夸贾林、夏威夷、科罗拉多泉城和卡拉维拉尔角,每个监测站都配备有高精度的原子钟,用于进行时间基准的产生和维持。GPS 的时间传递测量操作主要由监测站完成,监测站获得的时间传递测量数据连同卫星状态数据和气象数据一起发送给主控站进行联合处理,生成精密的星历和卫星钟差预报数据。

GPS 的时间传递采用卫星定轨与时间传递相结合的倒定位法实现。其流程如下:

(1)分布在全球的各地面站通过 GNSS 时间传递技术或基于通信卫星的双向时间传递技术与主控站实现高精度的站间时间传递;

(2)地面站以本站的铯原子钟为参考基准,接收卫星发射的双频伪码测距信号,4 个以上的地面站观测量将能够使用倒定位法对卫星进行轨道测量与时间传递;

(3)主控站以 GPS 主钟为参考对来自各监测站的观测量进行钟差解算,得到卫星钟与系统主钟之间的钟差;

(4)卫星钟差数据通过上行注入站注入卫星,再广播给用户使用,并在适当的时候对星上的原子钟进行改正处理。

GPS 使用的这种卫星定轨和时间传递同时进行的方法简化了卫星有效载荷和地面监测站设备的复杂度,但是需要全球布站以实现良好的监测站几何构型。GPS 通常每 24h 对卫星进行一次电文注入,在注入数据龄期为零时,一颗典型卫星的时钟误差在 0.8m 左右[1,4],即 GPS 时间传递精度为 2.6ns 左右。当前美国政府正在推进 GPS 运控段的升级,包括精度改进行动和结构演进计划,计划增加 14 个监测站并升级主控站的工作站和软件系统。C. H. Yinger 等人在文献[5]中通过分析指出,通过增加监测站将能使典型的用户精度提高 10%,并提高 40% 的数据龄期零时刻(ZAOD)数据滤波特性,同时还提出通过提高数据注入频率的方法改善星载原子钟漂移和星历误差累积对定位精度的影响。届时,GPS 的时间传递精度将达到更高的水平。

1.2.2　GLONASS

GLONASS 于 20 世纪 70 年代中后期由苏联开始建设,苏联解体后,俄罗斯接管了 GLONASS 的建设和运营。1994 年—1995 年底,俄罗斯进行了 7 次 GLONASS 卫星发射,将系统星座的 24 颗卫星布满,1996 年 GLONASS 达到 24 颗星的全功能运行。GLONASS 星座的 24 颗 MEO 卫星分布在 3 个轨道面上,星上配备铯原子钟,其频率稳定度与 GPS 星载原子钟相当,约为 5×10^{-13}/天[3,6]。GLONASS 的地面控制段由一个系统控制中心(SCC),数个遥测、跟踪和指挥(TT&C)及监测站(MS)组成,控制段各种设施的具体分布如图 1.1 所示[7]。GLONASS 时(GLONASST)由 SCC 的中央同步设施产生和维持,并同步到俄罗斯国家时频基准上。中央同步设施为一个超稳定氢原子频标,系统内所有的卫星和地面监测站都通过时间传递操作同步到该原子频标上。

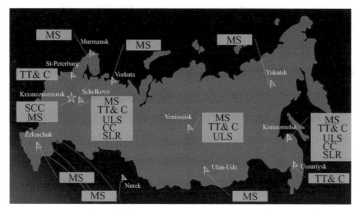

ULS—注入站;CC—主钟;SLR—卫星激光测距。

图 1.1　GLONASS 控制段

GLONASS 的时间传递子系统由星载原子钟、中央同步设施(CS)和时间同步设备(SA)组成,在时间传递操作中,SA 完成时间传递测量功能,将各卫星的时间尺度统一到 CS 时间尺度上。时间传递子系统的功能可进一步细分为[8]:

(1) 产生和维持系统时间尺度(STS);

(2) 产生和维持星上时间尺度(OTS);

(3) 确定 GLONASS STS 与俄罗斯国家时频基准间的偏差并产生改正量;

(4) 确定 GLONASS STS 与 GPS 时的偏差并产生改正量;

（5）产生俄罗斯国家时频基准与世界时 UT1[①] 之间偏差的改正量；

（6）为所有其他 GLONASS 设施提供同步操作以完成卫星飞行控制和其他任务。

GLONASS 实现星地时间传递采用激光伪距法和应答式雷达测距法。激光伪距法包括激光测距和伪距测量两部分，其中激光测距利用激光测距仪精确测量监测站至卫星的距离，同时相位测量系统利用卫星的上下行导航信号测定监测站至卫星的伪距，系统控制中心将得到的伪距和激光测距进行比较，得到卫星钟与系统主钟的钟差，经平滑后对星上时标进行修正。应答式雷达测距法是通过雷达站以询问的方式测定到卫星的距离，测出监测站与卫星间的距离，与单向伪距处理计算出卫星钟差，从而对卫星钟进行时间恢复、时标校正、时差平滑和钟校准处理，实现二者的时间传递。

俄罗斯政府积极推进 GLONASS 的现代化，其中包括新型导航卫星的研制、GLONASS 星座补充及一系列地面控制段的现代化改造。使用新的 GLONASS-M 卫星和更加先进的 GLONASS-K 卫星，系统将分别实现 8ns 和 3~4ns 的卫星时钟同步精度。通过对时间传递系统的改造，将能实现如下的性能预期[8]：

（1）改进星载频标性能并实现 1×10^{-13}/天的频率稳定度；

（2）改进中央同步设施并实现 1×10^{-15}/天的频率稳定度；

（3）改进时间传递设备的性能；

（4）将中央同步设施与协调世界时（UTC）的时间传递精度提高到 5ns；

（5）通过增添新的中央同步设施、引入新的单向测量手段和注入站、增添星间测距功能，提高时间传递分系统的可靠性和性能。

1.2.3　Galileo 系统

欧盟执行机构欧洲委员会在 1999 年 2 月公布了欧洲导航卫星系统 Galileo 计划，标志着欧盟开始建设自己的卫星导航系统。根据部署方案，Galileo 计划将分两个阶段实施，2008 年至 2013 年为建设阶段，2013 年以后进入运行阶段[9]。由于难以平衡欧盟各国及各投资方的利益，Galileo 系统的建设过程比较波折，曾一度陷入停滞。2005 年发射第一颗试验卫星后系统建设就暂停下来，原计划发射的第二颗试验卫星延期多时，迟迟未能发射。后经多方协调，最终于 2008 年 4 月通过 Galileo 系统的部署方案，并于 2008 年 4 月 27 日发射了第二颗试验卫星 GIOVE-B。Galileo 系统的星座由位于 3 个轨道面的 30 颗 MEO 卫星组成，其中 27 颗为工作卫星，3 颗为备份星。截至 2019 年 7 月，Galileo 在轨卫星已达 26 颗。

Galileo 卫星的星载原子钟组包括两个被动型氢钟和两个铷钟，其中铷钟的设计指标为频率稳定度优于 5×10^{-13}/100s，时间稳定度优于 10ns/天；氢钟的设计指标为

---

① 世界时（UT）的具体实现，在本初子午面平太阳时基础上，考虑了极移误差的修正。

时间稳定度优于 1ns/天,频漂小于 1×10^{-14}/天[10]。Galileo 系统的地面控制段包括由一对导航系统控制中心、一组轨迹图谱和时间传递站组成的全球网络和一系列 TT&C 站。

在 Galileo 系统建设的在轨验证阶段,为了开展地面与空间部分的试验,确立详细的设计,于 2002 年建立了伽利略测试平台 V1,其中试验 Galileo 系统时(GST)的产生由试验精确授时中心(EPTS)完成,EPTS 通过卫星双向时间频率传递(TWSTFT)和 GPS 共视实现与系统外时间基准的同步。其设计指标如下[11]:

(1)与国际原子时(TAI)传递精度优于 1μs;

(2)与 TAI 传递的频率稳定度优于 5.5×10^{-14}/天;

(3)与 TAI 传递的预测不确定度小于 33ns。

试验阶段结束后,伽利略工业公司于 2005 年 12 月开始建设 Galileo 系统真正的时间频率中心——精密定时单元(PTF)。PTF 所配备的原子钟组包括主动氢钟和铯钟,其短期稳定度优于 2×10^{-15}/天,中期稳定度为 1×10^{-14}/(5~30 天)。PTF 与系统外时间基准的同步通过 TWSTFT 和 GPS - CV(共视)等手段实现[12-14],其性能如下:

(1)与 TAI 传递的频率稳定度优于 4.3×10^{-15}/天;

(2)在任何以年为单位的时间间隔内,Galileo 系统时(GST)与 UTC 的时差小于 50ns;

(3)GST 与 TAI 的时间偏差不确定度小于 28ns;

(4)GST 漂移小于 20ns/10 天;

(5)GST 与 GPST 间时间偏差精度优于 5ns/天。

Galileo 系统时间传递采用与 GPS 相同的单程测距方式,由分布在全球的 12 个轨道测定和时间传递站接收卫星发播给用户的双频伪码测距、多普勒信号,每个站配置铯钟,并与系统的主钟进行精确同步。星载原子钟与地面钟之间的偏差通过测量的伪距值和由精密定轨得到的站星距求差得到。地面控制中心接收来自监测站的观测数据,经过预处理、定轨与时间传递滤波处理产生钟差改正数和平均频率,钟差改正数通过上行注入站上传至卫星,平均频率作用于 Galileo 系统主钟产生系统时间基准[5]。

Galileo 系统设计性能比 GPS 要高,因此在时间传递、定轨和卫星钟差预报方面,都对 Galileo 系统提出了更高的指标。为了达到 0.5m 的测距精度,铷钟需要每 9h 更新一次星历,被动型氢钟需要每天更新一次星历。按精度要求,当上传时间间隔大于或等于 4h 时,星钟预报误差要小于或等于 1.5ns(1σ)。

1.2.4　北斗系统

我国于 20 世纪 80 年代中后期开展了自主卫星导航系统的论证工作,并在 1994 年正式对"北斗导航试验卫星"立项,全面启动了导航试验卫星系统建设工作。2000 年

10月31日、12月20日和2003年5月25日,分别成功发射了"北斗一号"卫星导航系统的第一、二、三颗卫星,组成了一个完整的区域卫星导航定位系统[13]。

目前,我国正在建设北斗三号卫星导航系统。系统规划的星座由3颗地球静止轨道(GEO)卫星、24颗中圆地球轨道(MEO)卫星和3颗倾斜地球同步轨道(IGSO)卫星组成,地面运控段则由一个主控站、数个注入站和监测站组成。对于北斗系统的星载原子钟类型及性能目前尚无明确报道,文献[6]提到北斗系统的星载原子钟将首选铷钟,文献[14]提到北斗系统的每颗卫星将携带多个原子钟。北斗系统时称为北斗时(BDT),北斗时由北斗系统主控站产生和维持。与GPS时类似,BDT是一个连续的时间尺度,不采用闰秒的策略。BDT通过UTC(NTSC①)与国际UTC建立联系[15]。

北斗二号和北斗三号导航系统的时间传递采用了激光与微波双向时间传递相结合的手段[16]。首先地面站通过双向时间传递链路完成与主控站的同步,然后再通过星地双向时间传递操作对卫星进行同步。激光双向时间传递作为一种校准和检核手段使用,激光站通过对卫星进行双向距离测量获得星地时间传递参数,对无线电双向时间传递精度进行检核。北斗系统用这一手段可大幅提高星地系统时间传递测量精度,由当前的10ns提高到1~2ns[16]。

1.3 时间传递设备研究现状

随着时间传递技术的发展,各种时间传递手段在工程中得到了越来越广泛应用,多种类型的时间传递设备逐渐成熟,性能不断提高。在时间传递设备的各项误差源中,设备的时延误差已成为最大误差项,它不但受信号传输和处理时延影响,还受到环境温度、信号质量、设备状态等因素的影响,是时间传递精度能否进一步提高的最大瓶颈,因此需要对设备的时延特性进行针对性设计和严格标定。

1.3.1 设备时延特性的研究现状

作为时间传递系统的最大误差源,设备时延的特性一直是国外研究者的研究热点。很多国外研究者研究了温度的变化对设备时延的影响[17-22]。温度的不稳定,被认为是设备时延不稳定的重要原因。研究者的试验数据显示,室内设备(主要是调制解调单元)和室外设备时延的温度系数都在几十到几百皮秒/℃之间,但各研究者所得结论有较大差异。F.G. Ascarrunz提出,发射和接收设备时延的温度系数不是线性的,温度变化引起的设备时延误差的校正,无法从试验数据所显示的规律予以补偿[23]。

不少研究者专门针对干扰信号对扩频接收机定时误差的影响做了研究[20,24-28],

---

① NTSC:中国科学院国家授时中心。

F. G. Ascarrunz 研究了扩频接收机同步系统中的关键单元:超前-延迟相关器在有干扰信号情况下的性能,得出如下结论:多径信号和阻抗失配引起的信号反射会造成超前-延迟相关器输出产生误差,从而导致跟踪环的定时误差。他指出,该定时误差与反射信号相对于直射信号的衰减幅度、反射信号相对于直射信号的时延有关,并给出了数学结论[25]。

对于多通道接收机中的不同信号间的干扰,F. G. Ascarrunz 和 D. A. Howe 分别通过试验进行研究[20,24]。F. G. Ascarrunz 指出,当干扰信号功率和所希望信号的功率相当时,引起的时延误差可达 400ps;当干扰信号功率高出所希望信号功率 10dB 时,引起的时延误差可达 2ns[20]。D. A. Howe 则研究了在基于直接序列扩频码分多址(CDMA)体制的通信、导航网络中信号间干扰所带来的跟踪误差,得出的结论显示信号间干扰可能带来高达 20 倍的时间同步不确定度(从 0.3ns 变化到 7ns)[24]。

1.3.2 设备时延标校技术的研究现状

时间传递设备时延的绝对量缺乏直接测量手段,国内外研究者大都采用高速示波器采集携带设备时延信息的时标信号与 1PPS(1 秒脉冲)信号进行比较的方法。该方法的标定精度取决于示波器采样频率和传递信号处理技术的处理精度,国外相关文献报道的试验中使用 GPS C/A 码进行有线标定的精度约为 1.1ns。

时间传递设备时延的在线测量和校正技术目前主要有两类技术体制:基准差分法和模拟转发器法。J. A. Davis、S. L. Shemar、S. R. Jefferts、F. G. Ascarrunz 及 Miho Fujieda 等国外研究者都在自己的研究报告中描述了基准差分法时间传递设备时延在线测量和校正技术的实现方法和性能。基准差分法使用已标定绝对时延值的时间传递设备作为基准设备与被测发射设备组成测量环路,通过对环路时延进行测量,可获得被测设备的时延值,并依据校正算法对其进行校正。通过基准差分法时间传递设备时延在线测量和校正技术的运用,美国海军天文台(USNO)、日本国家情报与通信技术研究所(NICT)等时间传递站均获得了 1ns 左右的时间传递精度[17,26,29]。

模拟转发器法时间传递设备时延在线测量和校正技术是国外研究者 G. de Jong 提出的一种设备时延测量技术[30]。该方法通过在时间传递地面站增加模拟转发器和相应测量设备,在地面站增加了额外的测量环路,通过多环路测量值的联合解算获得时间传递设备时延值。该方法在荷兰的 VSL 实验室、法国的 BNM 实验室及中国台湾地区的 TL 实验室均有应用,试验结果显示通过该技术的使用能获得 1ns 左右的时间传递精度。

1.4 本章小结

本章介绍了时间在卫星导航系统中的重要意义,以及 GPS、GLONASS、Galileo 系统和 BDS 四大导航系统的时间传递技术研究现状。概括了现有卫星导航系统的两大类时间传递技术:星地时间传递技术和站间时间传递技术。星地时间传递技术主要采用倒定位法、星地双向法和应答式雷达法。站间时间传递技术主要包括站间卫星双向时间传递技术、光纤双向时间频率传递技术和 GNSS 时间传递技术。最后介绍了时延传递设备的研究现状。

参考文献

[1] KAPLAN E D,HEGARTY C J. GPS 原理与应用[M].寇艳红,译.北京:电子工业出版社,2007.

[2] 李隽,张金涛. 可搬移卫星双向时间传递系统关键技术研究[C]//第四届中国卫星导航学术年会论文集,武汉,2015:67-70.

[3] 刘少明. 地基伪卫星双向时间同步技术研究[D].哈尔滨:哈尔滨工程大学,2016.

[4] 刘铁新,翟造成. 卫星导航定位与空间原子钟[J]. 全球定位系统,2002,(2):7-18.

[5] YINGER C H,FEESS W A,NUTH V,et al. GPS accuracy uersus number of NIMA stations[C]// Proc. of ION GPS/GNSS 2003 Portland,OR,2003:1526 – 1533.

[6] 翟造成,杨佩红. 第三代卫星导航定位系统星载原子钟的新发展[J]. 天文学进展,2008,26(4):301-311.

[7] REVNIVYKH S G. GLONASS status, development and application[R]. International Committee on Global Navigation Satellite Systems(ICG) Second Meeting, Bangalore, India, 2007, 9.

[8] POLISCHUK G M, et al. The global navigation satellite system GLONASS:development and usage in the 21st century[C]//Proc. 34th Annual Precise Time and Time Interval(PTTI) Meeting, Reston,2002:151-160.

[9] 何绍改. 凝心聚力再启航——欧洲伽利略全球卫星导航系统计划重新启动[J]. 国防科技工业,2008(5):59-61.

[10] 顾亚楠,陈忠贵,帅平. 国外导航卫星星载原子钟技术发展概况[J]. 国际太空,2008(10):12-17.

[11] GORDARA F, et al. Experimental Galileo system time(E-GST):one year of real-time experiment [C]//Proc. 36th Annual Precise Time and Time Interval(PTTI) Meeting,Washington DC, 2004:105-122.

[12] 高小珣,高源,张越,等.GPS 共视法远距离时间频率传递技术研究[J].计量学报. 2008(1):80-83.

[13] 吕伟,朱建军. 北斗卫星导航系统发展综述[J]. 地矿测绘,2007(3):29-32.

[14] 翟造成. 应用原子钟的空间系统与空间原子钟的新发展[J]. 空间电子技术,2007(3):5-10.

[15] DONG S,LI X, WU H. About compass time and its coordination with other GNSS[C]//Proc. of 39th Annual Precise Time and Time Interval(PTTI) Meeting,Long Beach, 2007:19-23.

[16] 谭述森. 卫星导航定位工程[M]. 北京:国防工业出版社,2007.

[17] DAVIS J A,SCHEMAR S L. A study of delay instabilities within a two-way satellite time and frequency transfer earth station[C]// Joint Meeting EFTF, Besahcon,France,1999:208-212.

［18］ DAVIS J A,SCHEMAR S L. Improving the delay stability of a two-way satellite time and frequency transfer earth station［C］//The 30th Precise Time and Time Interval Meeting, Virginia,1998：329-340.

［19］ POWERS E. Calibration of GPS carrier-phase time-transfer equipment［C］//Proc. 31ˢᵗ Ann. PT-TI Meeting, California,1999：441-449.

［20］ JEFFERTS S R,ASCARRUNZ F G, PARKER T E. Earth station errors in two-way time and frequency transfer［J］. IEEE Transactions on Instrumentation and Measurement, 1997（46）：205-208.

［21］ LIN H T,TSENG W H,LIN S Y,et al. The calibration device for TWSTFT station at TL［C］//Proc. of the 2005 IEEE International Frequency Control Symposium and Exposition, 2005：712-715.

［22］ JEFFERTS S R,ASCARRUNZ F G, PARKER T E. Environmental effects on errors in two-way time transfer［C］//Conference on Precision Electromagnetic Measurements Digest, Braunschweig, GE,1996：518-519.

［23］ ASCARRUNZ F G. Timing errors in two-way satellite time and frequency transfer using spread spectrum modulation［D］. Colorado：University of Colorado, 1999：31-35.

［24］ HOWE D A. Time tracking error in direct-sequence spread-spectru networks due to coherence among signals［J］. IEEE Transactions on communications, 1990,38（12）：2103-2105.

［25］ PARKER T E,ASCARRUNZ F G, JEFFERTS S R. Group-delay errors due to coherent interference［C］. Joint Meeting EFTF, Besancon,France 1999：198-202.

［26］ PARKER T E,ASCARRUNZ F G, JEFFERTS S R. Pseudo-random code correlator timing errors due to multiple reflections in transmission lines［C］//Proc. 30 th Precise Time and Time Interval Systems and Applications Meetings,Reston, 1998, 30：433-437.

［27］ HOLMES J K. Coherent spread spectrum systems［M］. New York：John Wiley and Sons, 1982：636.

［28］ DIERENDONCK V, et al. Global positioning systems：theory and applications［M］. Colorado：AIAA, 1996：329-407.

［29］ FUJIEDA M, et al. Delay difference calibration of TWSTFT earth station using multichannel modem［J］. IEEE Transactions on Instrumentation and Measurement, 2007, 56（2）：346-350.

［30］ JONG DE G. Accurate delay calibration for two-way time transfer earth stations［C］//Proc. of 21th Annual Precise Time and Time Interval（PTTI）Meeting,Redondo Beach,Nov. ,1989：107-115.

第2章 卫星导航系统与时间

◢ 2.1 时间频率基础理论

卫星导航系统的基础是时间系统,卫星导航系统通过对信号传播时间的测量完成距离测量,进而实现定位和导航。时间系统是一种关于时间的坐标系统,由原点(时间起点)和单位(时间尺度)定义。常用的时间系统有世界时、原子时,它们具有不同的时间起点和时间尺度。

随着社会和科技的发展,人类的生活、生产对精密时间的需求日益提高,人们一直在寻找稳定的时间标准。最早人们根据地球的自转、公转等宏观的物理现象建立时间标准(世界时)。随着原子物理学的研究进展,人们在微观世界发现了更为稳定的物理现象,采用铯原子振荡频率来定义时间标准(原子时),原子时是目前准确度和稳定度最高的时间标准。

2.1.1 时间的基本概念

时间是物质存在和运动的基本特征之一,通常时间可以通过时间坐标系统中的时刻和时间间隔来描述,时刻表示时间坐标轴上的点,代表某一事件发生的瞬间,时间间隔表示两个时刻之间的距离,代表某一事件持续时间长短。这样,人们可以根据时刻和时间间隔来区分事件发生的先后顺序和持续的时长[1]。

得到准确的时间需要稳定可靠的高精度频率。频率是周期的倒数,定义为在单位时间(1s)周期变化的次数,它的单位是赫兹(Hz),国际单位制(SI)中赫兹是时间单位秒的导出单位,量纲为$[T^{-1}]$。如果在一段时间 T 内周期性变化了 N 次,则频率可以由表达式 $f = N/T$ 计算得出。反之,根据时间和频率的倒数关系,可以对频率测量然后求出周期,也就是时间间隔。

时间标准应当具备两个关键因素:一是稳定性,即时间标准的频率和周期要非常稳定,始终相同,很少受到外界条件变化的影响;二是复现性,即时间标准无论何时无论何地都要可以重复观测和试验,而且其结果还应该保持一致。

制定时间标准和频率标准首先要寻找频率极其稳定精确可重复的周期现象,人们最早从地球自转引起太阳的东升西落产生了"天"的概念,从月亮的阴晴圆缺产生了"月"的概念,从寒暑四季变化产生了"年"的概念,随着科技的发展,产生了基于机械、电子、量子等技术不同的计时工具。其中在计时领域相对实用的时间频率标准主要有石英晶振和原子频标两大类,在频率标准源基础上加上计数和读出装置等就可成为一个时间标准源。

目前,各类高精度原子钟已经开始广泛应用,常用的守时铯原子钟性能实现了百万年误差不到 1s,在此基础上发展起来的原子时也可以达到如此高的能力,是目前精确度和稳定度最高的时间标准。

精密时间对国家安全、国民经济的作用越来越重要,国际上发达国家对时间保持和授时服务体系的投入逐年递增。同时,也有部分原来没有独立自主时间频率服务的国家组建起守时体系并参加到国际原子时系统中来。

当前,守时技术发展的趋势是独立、合作和共赢,正在向网络化和联合守时方向发展。联合守时的目的是充分利用有限资源、现有技术条件和基础,以提高系统的可靠性和稳定性,提高运行能力。

2.1.2 时间频率指标

可以通过一系列的量化指标对频率基准、时间基准以及时间传递设备或技术的精度进行衡量和评价,常用的指标如下:

1) 频率稳定度

频率稳定度是对时钟输出频率受噪声影响而产生的随机起伏程度的量化描述。由于瞬时频率是无法测量的,因此对频率稳定度的要求必须与相应的平滑时间取样时间同时提出。

对于原子时钟的时域频率稳定度的表征的传统方法是标准方差,设一相对频率偏差序列 $\{y_i, i = 1, 2, \cdots, M\}$,其采样周期为 τ_0,则标准方差为

$$S^2 = \frac{1}{M-1} \sum_{i=1}^{M} (y_i - \bar{y})^2 \tag{2.1}$$

标准方差是原子时钟时域频率稳定度的一种简单测量方法,通过增加观测量个数来提高标准方差估计的置信度。对于平稳遍历过程,标准方差完全可以通过有限次测量来得到,且测量次数越多,置信度越高。但是研究表明原子时钟不仅受白噪声影响,还受到低频分量丰富的调频闪变噪声和调频随机游走噪声影响。对于不满足平稳遍历条件的能量谱噪声,标准方差的估计会随着采样个数的增加而发散,用标准方差来描述原子时钟的稳定度是不准确的。基于这种考虑,多种时域频率稳定度表征方法被提出,目前应用最为广泛的是阿伦方差[2]。

广义阿伦方差表达式为

$$\sigma^2(N, T, \tau) = \lim_{m \to \infty} \frac{1}{m} \sum_{j=1}^{m} \left[\frac{1}{N-1} \sum_{i=1}^{N} (y_i - \bar{y}_N)^2 \right], \quad \bar{y}_N = \frac{1}{N} \sum_{i=1}^{N} y_i \tag{2.2}$$

式中:N 为采样个数;T 为采样周期;τ 为采样时间;m 为测量组数。

广义阿伦方差与采样个数、采样周期和采样时间 3 个参数有关。为了简化频率稳定度的测量,又进一步引入了狭义阿伦方差。令 $N = 2$,$T = \tau$,得到狭义阿伦方差定

义式为[2]

$$\sigma_y^2(\tau) = \lim_{m \to \infty} \frac{1}{2m} \sum_{i=1}^{m} (y_{i+1} - y_i)^2 \tag{2.3}$$

实际应用中,狭义阿伦方差的估计式为[2]

$$\sigma_y^2(\tau) = \frac{1}{2(M-1)} \sum_{i=1}^{M} (y_{i+1} - y_i)^2 \tag{2.4}$$

式中:M 为相对频率偏差 y_i 的个数。

基于时差相位数据的狭义阿伦方差估计式可表示为

$$\sigma_y^2(\tau) = \frac{1}{2(N-2)\tau^2} \sum_{i=1}^{N-2} (x_{i+2} - 2x_{i+1} + x_i)^2 \tag{2.5}$$

式中:$N = M + 1$ 为时差数据的个数。

阿伦方差的平方根被称为阿伦偏差(ADEV)。

在阿伦方差基础上又提出了修正阿伦方差概念,相比阿伦方差,其能够覆盖频率源所有的噪声过程,且对于原子钟占主导作用的 5 种幂律型噪声可以通过修正阿伦方差区分出来。修正阿伦方差可表达为

$$\mathrm{Mod}(\sigma_y^2(n\tau_0)) = \frac{1}{2} \left\langle \left[\frac{1}{n} \sum_{i=0}^{n-1} y_{i+n} - y_i \right]^2 \right\rangle \tag{2.6}$$

式中:$\langle \cdot \rangle$ 表示时间平均;τ_0 为时间间隔;n 为取样个数;y_i 为第 i 次取样测得的频率偏差。

若用时间测量表示则为

$$\mathrm{Mod}(\hat{\sigma}_y^2(n\tau_0)) = \frac{1}{2\tau^2} \left\langle \left[\frac{1}{n} \sum_{i=0}^{n-1} x_{i+2n} - 2x_{i+n} + x_i \right]^2 \right\rangle =$$

$$\frac{1}{2n^4\tau_0^2(N-3n+1)} \cdot \sum_{j=0}^{N-3n} \left[\sum_{i=j}^{j+n-1} (x_{i+2n} - 2x_{i+n} + x_i) \right]^2 \tag{2.7}$$

式中:N 为总的取样点数;x_i 为第 i 次取样测得的时间误差。

修正阿伦方差的平方根记为修正阿伦偏差(MDEV)。

2)频率准确度

由于受到内在因素和外部环境因素的共同影响,时钟的实际输出频率在一定范围内变化。频率准确度是用来描述时钟的实际输出频率相对于其标称频率的偏差。

频率准确度定义为

$$A = \frac{f - f_0}{f_0} \tag{2.8}$$

式中:A 为频率准确度;f 为被测时钟的实际频率;f_0 为其标称频率。

实际测试中,实际频率与标称频率的偏差无法直接测量,需要以参考时钟的实际频率作为标准来测量被测时钟的实际频率,测试时的参考时钟的准确度应比被测时钟的准确度高一个数量级以上。

3）频率偏差

频率偏差是指两台时钟输出频率的相对偏差,定义为

$$D = \frac{f_A - f_B}{f_0} \qquad (2.9)$$

式中:f_A 和 f_B 为时钟 A、B 的输出频率;f_0 为两台时钟的标称频率。

频率准确度是"绝对"概念,描述时钟的实际输出频率准确到什么程度。而频率偏差是"相对"概念,描述两台时钟的实际输出频率相差多少。如果两台时钟的频率准确度已知,即可直接计算出两者之间的频率偏差。

4）时间间隔误差

时间传递的最基本观测值,记为时间间隔误差(TIE):测量时钟或数据的每个活动边沿与其理想位置有多大偏差,反映了周期抖动在各个时期的累积效应。

$$\text{TIE}(t;\tau) = x(t + \tau) - x(t) \qquad (2.10)$$

式中:$x(t)$ 为相对于参考时钟的时间误差;τ 为观测间隔。

5）最大时间间隔误差

通过测量一定时间内的时间传递误差对时间传递不确定度进行观察,可以获得时间间隔误差曲线,在此基础上统计一段时间内时间传递误差最大值与最小值之差,记为最大时间间隔误差(MTIE)。该数值可以反映设备的连续运行期间最大的时间变化。

$$\text{MTIE}(n\tau_0) = \max_{1 \leqslant k \leqslant N-n} \left(\max_{k \leqslant i \leqslant k+n} (x_i) - \min_{k \leqslant i \leqslant k+n} (x_i) \right) \qquad (2.11)$$

6）时间标准偏差

时间标准偏差(TDEV)是基于修正阿伦方差的一种时间稳定度测量,定义为

$$\text{TDEV}(n\tau_0) = \sqrt{\frac{1}{3}\tau^2 \text{Mod}(\sigma_y^2(n\tau_0))}$$

时间标准偏差和修正阿伦偏差定义的基本结构是相同的,因此它也可以辨别时间系统中存在的噪声类型,对于时间频率系统的时间稳定度测量非常有用。

2.1.3　相对论框架下的时间频率测量

地球附近空间,经典的牛顿理论所对应的时间计量只能精确到 10^{-8},远远不能满足精度要求[3],高精度的时间频率传递理论模型必须建立在相对论框架之下。

在相对论框架中,时间与空间的概念与牛顿力学有本质的差别[4]。根据狭义相对论,时间和空间是相对的、统一的,即没有绝对的时间和空间。对于时空中发生的两个确定的事件,如果有两个相对运动的观测者拿着同样的"尺子"和"钟"来测量事件发生的空间距离和时间间隔,其结果是不相同的:在某一观测者看来是同时发生的事件,对另一相对运动的观测者而言,就不是同时发生的。根据广义相对论,在引力场的作用下,时空不是平直的欧几里得空间,而是一个弯曲的 4 维伪黎曼空间。处于

不同引力场的时钟(如原子钟),其秒长是不同的,海拔高的原子钟要比海拔低的原子钟走得快,这是时钟的广义相对论效应。

因此,对于高精度的时间频率传递、比对和同步技术,除了需要考虑对卫星时钟的频率进行调整外,还需要考虑引力时延改正以及地球自转改正等操作来补偿相对论的影响。

2.2 时间频率与导航定位

2.2.1 世界时和原子时

时间系统建立通常需要依赖于可重复观察、连续、稳定的周期运动现象并将此作为参考基准,目前以周期运动的钟摆、地球自转和原子振荡频率等作为时间系统的参考基准。

世界时(UT)是基于地球自转的自然现象而建立的时间标准,最初的世界时以真太阳的周日运动作为参考基准,即真太阳时。通过两次过观测点天顶所用的时间来实现其测量,由于真太阳日存在严重的不均匀性,所以以此建立的时间标准存在诸多问题[5-6]。

为了解决真太阳时的运动速度不均匀性问题,在 19 世纪中期,美国天文学家纽康构建了平太阳的概念,通过假定天球坐标系赤道上存在一虚拟点,该点在赤道上的运动速度均匀,且与真太阳的平均速度一致,同时定义了平太阳日,即平太阳两次通过格林尼治天文台天顶的时间间隔为一个平太阳日,依据此,定义了世界时,即平子午夜作为 0 时开始的格林尼治平太阳时,单位时长为平太阳日,并将 UT 的直接测量时间定义为 UT0,将 UT0 进行极移修正后的时间定义为 UT1。

世界时存在准确度低(10^{-8})的缺点,相对于世界时,虽然历书时准确度较高,但测量费时。历书时的误差也较大,不适用于现代科学技术、生产和生活对时间频率准确度的要求,因此,人们把寻找时间标准的目光由宏观世界转向微观世界,通过探索基于原子振荡频率的物理现象来建立高精度的时间系统。

1955 年,英国 NPL 的埃森帕里利用铯振荡器制造出了世界上第一台计时器,为原子时的建立奠定了基础,随后,铯原子频标准确度不断提高,原子时应运而生[7]。在 1967 年,国际计量会议对秒长进行了重新定义:原子时秒被定义为海平面的铯原子基态两个超精细能级间在零磁场跃迁辐射振荡 9192631770 周所持续的时间,起点时刻定义在 1958 年 1 月 1 日 0 时 UT 的瞬间[8]。

GNSS 时间是基于综合原子钟建立的原子时。典型代表如 GPS 时(GPST)、Galileo 系统时(GST)、北斗时(BDT)等,均采用原子时的秒长。

虽然原子时起点的定义与世界时是一致的,由于地球自转速率的变慢,原子时与世界时之差变得越来越大,为了实现两者之间的统一,需要构建一时间标准,既能满足对秒长、频率准确和稳定的要求,又要使时刻尽量接近世界时,对此,国际无线电科学协会和国际天文学会协商并通过协调世界时(UTC)倡议,定义 UTC 秒长与原子时秒长一致,当原子时与世界时的时差超过 0.9s 后,对 UTC 实施闰秒,从而保证 UTC 的时刻与 UT1 相差不超过 1s。

由于协调世界时的时间并不连续,因此,协调世界时并不是一种独立的时间标准,而是世界时和原子时两种时间标准协调的产物。协调世界时采用原子时秒长,在综合原子时和闰秒基础上,基于全球分布的时间实验室的 UTC(k)实现,用户通过国际计量局 BIPM T 公报,可获取 UTC 和 UTC(k)之间的时差,目前 GLONASS 时间是在 UTC(SU)基础上建立的时间系统。

2.2.2　卫星导航系统时间

高精度的时间频率系统是卫星导航系统工作的基础条件,全球各大卫星导航系统均通过高精度时间频率系统产生并保持自身的系统时间,支持卫星导航系统的运行。同时,卫星导航系统作为时间基准的发播系统,其自身的时间需要与世界通用的协调世界时 UTC 保持同步,这是对卫星导航系统同时具备定位导航、时间频率服务能力的基本要求。

根据国际电信联盟(ITU)授时系统发播标准,要求授时系统的时间与 UTC 同步在 100ns 以内,这就要求卫星导航系统的系统时间与 UTC 进行同步,即实现溯源功能。同时,多模导航也要求实现导航系统时间与 UTC 的同步,这样,在进行钟差计算、星历外推和伪距测量等处理时,不同导航系统间可以采用统一的时间参考,便于后期处理。几大卫星导航系统的时间定义如下:

1）北斗时

北斗时(BDT)是北斗系统的时间基准,它由北斗系统主控站的高精度原子钟组维持,通过 UTC(NTSC)与国际 UTC 建立联系。北斗时采用国际原子时(TAI)秒为基本单位,时间起点选为 2006 年 1 月 1 日(星期日)UTC 零时,BDT 为连续时间尺度,不闰秒。在北斗系统卫星无线电导航业务(RNSS)中,BDT 用“整周计数(WN)”和“周内秒(SOW)计数”表示。BDT 和 TAI 的差异为 $TAI - BDT = 33s + C_1$(C_1 是两者之间的秒小数位差值)。

2）GPS 时

GPS 时(GPST)是 GPS 运行的参考时间。GPST 属于原子时系统,是一个连续的时间尺度,采用国际原子时秒长,时间起点为 1980 年 1 月 6 日(星期日)UTC 零时,以周和周内秒来计数,无闰秒调整。GPS 时溯源到 UTC(USNO)。$TAI - GPST = 19s + C_2$(C_2 是两者之间的秒小数位差值)。

3）GLONASS 时

GLONASS 时(GLONASST)是 GLONASS 的时间基准,基于 GLONASS 同步中心的中央同步设施(CS)维持,同样采用国际原子时秒长。GLONASST 溯源到 UTC(SU)。

与其他卫星导航系统不同的是,GLONASST 采用 UTC 作为时间参考,需要进行闰秒校正。GLONASST – UTC $= 37s + C_3$(C_3 是两者之间的秒小数位差值)。

4) Galileo 系统时

Galileo 系统时(GST)是伽利略全球导航系统的基准时间,它与 GPST 类似,是一个连续的原子时,不闰秒,与国际原子时的时差也与 GPST 相同,GST 溯源到国际伽利略时(GT1),GT1 由欧洲几个主要的守时实验室 UTC(EU1)、UTC(EU2)、UTC(EU3)共同维持。TAI – GST $= 19s + C_4$(C_4 是两者之间的秒小数位差值)。

2.2.3 GNSS 定位与定时

GNSS 伪距观测方程可以写成如下形式:

$$P^{(n)} = \rho^{(n)} + c(\delta t_u - \delta t^{(n)}) + I^{(n)} + T^{(n)} + \varepsilon_p^{(n)} \qquad (2.12)$$

式中:$n = 1, 2, \cdots, N$ 为卫星或卫星测量值的编号;$\rho^{(n)}$、$\delta t^{(n)}$ 和 δt_u 分别为站心几何距离、卫星钟差和接收机钟差;c 为光速;$I^{(n)}$、$T^{(n)}$ 和 $\varepsilon_p^{(n)}$ 分别为电离层延迟等效距离、对流层延迟等效距离和伪距测量误差。在当前时刻,若接收机观测到 4 颗 GNSS 卫星,则依据式(2.12),误差修正后的伪距测量值 $P_{sc}^{(n)}$ 描述如下:

$$P_{sc}^{(n)} = P^{(n)} + c\delta t^{(n)} - I^{(n)} - T^{(n)} \qquad (2.13)$$

误差修正后的伪距观测方程式:

$$\rho^{(n)} + c\delta t_u = P_{sc}^{(n)} - \varepsilon_p^{(n)} \qquad (2.14)$$

如图 2.1 所示,式(2.14)中的 $\rho^{(n)}$ 是接收机到卫星 n 的几何距离,即

$$\rho^{(n)} = \sqrt{(x^{(n)} - x)^2 + (y^{(n)} - y)^2 + (z^{(n)} - z)^2} \qquad (2.15)$$

式中:(x, y, z) 为接收机位置坐标;$(x^{(n)}, y^{(n)}, z^{(n)})$ 为卫星 n 的三维坐标。

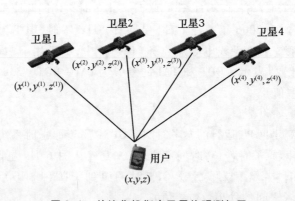

图 2.1　从接收机指向卫星的观测矢量

将未知的伪距测量误差 $\varepsilon_p^{(n)}$ 从式(2.14)中省去,那么 GPS 定位、定时算法的本质就是求解以下一个四元非线性方程组:

$$\begin{cases} \sqrt{\left(x^{(1)}-x\right)^{2}+\left(y^{(1)}-y\right)^{2}+\left(z^{(1)}-z\right)^{2}}+c\delta t_{u}=P_{sc}^{(1)} \\ \sqrt{\left(x^{(2)}-x\right)^{2}+\left(y^{(2)}-y\right)^{2}+\left(z^{(2)}-z\right)^{2}}+c\delta t_{u}=P_{sc}^{(2)} \\ \qquad\qquad\qquad\vdots \\ \sqrt{\left(x^{(n)}-x\right)^{2}+\left(y^{(n)}-y\right)^{2}+\left(z^{(n)}-z\right)^{2}}+c\delta t_{u}=P_{sc}^{(n)} \end{cases} \qquad (2.16)$$

其中的每一个方程式对应于一颗可见卫星的伪距测量值。在上述整个方程组中,各颗卫星的位置坐标值$(x^{(n)},y^{(n)},z^{(n)})$可依据它们各自播发的星历计算获得,误差校正后的伪距$P_{sc}^{(n)}$则由接收机测量相关信息获得,因而方程组中只有剩下的接收机位置3个坐标分量(x,y,z)和接收机钟差δt_{u}是所要求解的未知量。如果接收机有4颗或4颗以上可见卫星的伪距测量值,那么式(2.16)就至少由4个方程式组成,接收机就可以求解出方程组中的这4个未知量,从而实现 GNSS 定位、定时。若接收机位置3个坐标分量(x,y,z)预先已知,则方程组中只剩下接收机钟差δt_{u}是所要求解的未知量,理论上接收机有1颗及其以上可见卫星的伪距测量值,即可实现 GNSS定时需求,这就是 GNSS 伪距定位、定时的基本原理。我们将式(2.16)称为伪距定位、定时方程组,4个未知量也常称为定位、定时方程的状态变量。

通俗地讲,GNSS 定位的基本原理是后方交会,即通过测量接收机与多颗位置已知的卫星之间的距离,再根据简单的三边关系来推算出接收机自身的位置。然而,由于接收机本地时间与卫星导航系统时间之间存在不一致,引起伪距存在偏差,因此,基于伪距测量值估计相应的时间偏差,从而最终实现接收机本地时间与 GNSS 时间的一致,这就是 GNSS 伪距定位、定时的本质。

2.2.4 卫星导航时间系统的建立

卫星导航系统的时间系统一般由原子钟组、时差数据采集系统、综合原子时、系统时间信号产生等部分组成。系统组成示意图如图2.2所示。

原子钟组一般由3台以上的原子钟组成,原子钟组输出信号由时间间隔计数器或比相仪测量出各钟之间的钟差数据,同时选择稳定性较好的原子钟信号作为系统工作的实时信号。另外由星钟比对链路获得的卫星钟差数据和由站钟比对链路获得的地面站钟差数据也同步汇集,所有钟差数据由综合原子时处理,计算得到卫星导航系统的纸面时。综合出的纸面驾驭系统时间信号产生设备,在主钟信号的驱动下,生成卫星导航系统的各种时间和频率信号。

原子时系统保持的系统时间还需要向 UTC 溯源,系统的溯源数据由溯源链路获取,溯源链路可通过卫星双向、GNSS 共视或光纤时间传递手段实现。通过对溯源数据的处理得到与 UTC 的时间偏差,并通过一定的控制策略对系统的时间进行驾驭,以维持与 UTC 的一致。

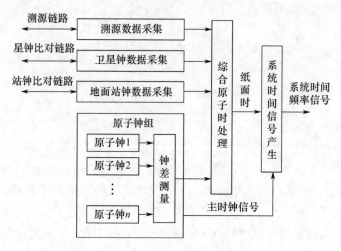

图 2.2　时间系统的组成

◢ 2.3　精密时间传递技术

　　精密时间传递技术是实现高精度时间服务的关键,它是分布在世界各地的守时实验室之间、守时实验室和用户之间、各应用系统内部站点之间进行时间比对的必要手段。通过精密时间传递,就可以将高精度的时间逐级传递到各个用户。

　　目前卫星导航系统内主要的远距离时间传递方法有搬运钟、星地时间传递、卫星双向时间传递、光纤时间传递、GNSS 时间传递等。

2.3.1　搬运钟技术

　　搬运钟是最早使用的一种时间传递方法,美国 HP 公司和史密松天文台于 1967 年进行了第一次飞机搬运钟试验。美国海军天文台在 1971 年做了环球飞机搬运钟试验。中国科学院陕西天文台与美国海军天文台在 1984 年也进行过飞机搬运钟试验,都取得了较好的结果[9-10]。

　　搬运钟的原理是通过一个公共的原子钟 C,分别与处于两地的 A 原子钟和 B 原子钟进行比对,从而得出 A 钟和 B 钟的钟差。先将 C 钟与 A 钟比对得到钟差 a,再将 C 钟搬到 B 钟所在地与 B 钟进行比对得到钟差 b。两个钟差相减,再结合自身的性能和外部影响因素修正即可得到 A、B 两个原子钟的钟差。

　　搬运钟方法适用于中近距离的时间比对。影响搬运钟时间比对的条件较多,包括搬运钟性能、钟参数估计方法、钟搬运时间、钟差测量精度、环境因素等的影响,随着更高精度比对技术的出现,搬运钟比对方法的应用范围逐渐减小[11],本书将不再对搬运钟技术进行详细介绍。

2.3.2　星地时间传递技术

根据目前卫星导航系统架构和设计,卫星导航系统时间相关的操作除了包含系统时间产生、站间时间传递、卫星钟差解算和卫星钟差预报等操作外,还包含星地时间传递,其目的是实现星载原子钟与地面站原子钟的时间同步,最终维持导航卫星载荷和地面运控设备在统一的时间基准下工作,本质是实现导航系统卫星的时间向地面时间的溯源。虽然不同的卫星导航系统使用了星地时间传递方法来实现星地的时间同步,但是所采用的方法有所不同,归纳起来,其主要的方法有倒定位法、应答式雷达辅助法和星地双向时间传递方法。

本书将在第 3 章详细介绍星地时间传递技术。

2.3.3　卫星双向时间传递技术

卫星双向时间频率传递(TWSTFT)是参与时间比对的两个地面站通过同一卫星,将各自地面站的时间信息发送到对方站,同时接收对方站发送的时间信息,获得两站之间的比对测量结果,通过对地球自转引起的 Sagnac 效应等误差的修正,即可解算出两站的钟差。由于两站之间发射接收信号的路径基本相同,可以有效抵消传输路径上各类时延误差,因而时间传递精度较高,可达到 1ns 量级。随着卫星通信技术和小型卫星地面站的发展,卫星双向时间传递技术逐渐获得广泛应用,并于 1999 年开始被用于国际原子时计算中,成为国际计量局(BIPM)计算国际原子时(TAI)和协调世界时(UTC)的重要手段。

卫星双向时间传递作为一种远距离高精度时间传递技术,在卫星导航系统地面站时间同步中广泛采用,解决了地面监测站、主控站和注入站之间的时间同步问题。虽然各领域使用的卫星双向时间传递技术内涵一致,但是在信号频段、卫星状况、地面站设备等具体实现形式方面,仍然存在一定的差异,因此,在实际处理中,必须从理论分析、建模和试验研究等多方面对各误差项进行系统化、定量化的分析,评估各种因素对卫星双向时间同步的影响,进而构建与之相适应的误差模型,提升卫星双向时间传递的性能。

本书将在第 4 章对卫星双向时间传递技术进行详细的介绍。

2.3.4　光纤时间传递技术

基于光纤的时间传递技术已成为当前时间传递领域的热点,主要方法有精密时间协议(PTP)、White rabbit 时钟同步技术和光纤双向时间比对技术。PTP 目前广泛应用在通信网络中,利用数据交换实现网络内亚微秒量级的时钟同步;White rabbit 时钟同步技术在 IEEE 1588 精密定时协议的基础上结合数字双混频时差法将同步精度提高到亚纳秒量级,但该技术需要对网络内交换设备进行改进,因此目前主要应用在国内外试验项目中,还未在通信网络中广泛应用;基于单纤双向双波长的光纤双向时间比对技术同步精度可达数十皮秒量级,但试验系统相对复杂。

光纤双向时间比对是一种单纤双向双波长高精度时间比对方法,采用不同波长在同一根光纤中进行双向传递,由于在信号往返链路上都受到相同的环境变化,因此可以认为环境变化引起的往、返链路时延变化是相同的。曾文宏博士在博士论文中进行了光纤时间信号传递试验,其中采用 Timetech 公司 SATRE 终端在 25km 的光纤链路上开展了在同一钟源下的双向时间比对试验,在 16 天的长期试验中单向时延波动最大为 2ns,双向时间比对精度为 83ps,时延波动大部分被消除。上海交通大学王苏北等也在实验室内 50km 的光纤链路上进行了双向时间比对试验,获得了优于 55ps 的传输精度。光纤具有损耗低、抗电磁干扰、带宽大等优点,但光纤时间传递也存在长距离传输中需要考虑增加中继补偿光信号强度,无法对运动目标进行授时等问题。光纤时间传递起步较晚,但是发展迅速,已经成为当前精度最高的时间传递方法[15-18]之一。

本书将在第 5 章讲述光纤时间传递技术。

2.3.5　GNSS 时间传递技术

GNSS 时间传递方法包含了 GNSS 单向时间传递、GNSS 共视时间传递、GNSS 全视时间传递和精密单点定位(PPP)时间传递。

GNSS 单向时间传递实现方法如下:基于地面接收机测量的 GNSS 伪距信息,扣除卫星与接收机天线相位中心之间的几何距离、大气层延迟偏差和卫星钟偏差,获得本地钟和 GNSS 时间的相对钟差,根据导航电文获取 GNSS 时和 UTC 之间的时间偏差,从而求得本地钟和 UTC 的钟差。基于上述实现过程可知,GNSS 单向时间传递受到大气延迟偏差和星载原子钟性能的影响较明显,授时精度可优于 50ns。由于单向授时接收机的成本低、信号具备全球连续覆盖性,能满足多数用户实时的时间服务需求。

GNSS 共视时间传递实现方法如下:基于地面站的两台接收机 RA 和 RB,同时观测同一颗 GNSS 卫星,根据 GNSS 单向时间传递可得地面接收机钟 CA(接收机 RA)与 GNSS 时间的钟差,以及接收机钟 CB(接收机 RB)与 GNSS 时间的钟差,通过两个钟差相减得到地面接收机钟 CA 和 CB 的相对钟差,实现 GNSS 共视时间传递。本质上 GNSS 共视时间传递采用站间差分的形式,消除星载钟的影响,同时大大减弱卫星位置偏差、电离层延迟误差和对流层延迟误差的影响,能实现纳秒级的时间同步需求,目前该方法已成为国际原子时(TAI)和协调世界时(UTC)的时间传递的重要手段[12]。

然而,GNSS 共视时间传递仍然存在一些缺陷,主要体现在:①GNSS 卫星共视性能与两站共视卫星的数目密切相关,共视的卫星数目越少,精度越差。②为了实现两站间的时间传递,必须严格依据共视时刻表进行观测,而且还需在共视比对站间建立数据传输网络实现事后数据交换。③标准的 GNSS 时间传递采用时间频率咨询委会(CCTF)定义的 GNSS 时间传输标准(CGGTTS),存在 16min 的滞后,实时性不高。

为了弥补 GNSS 共视时间传递受共视卫星数目的限制,GNSS 全视时间传递应运而生,其实现方法如下:两地面站独立观测 GNSS 卫星,在国际 GNSS 服务(IGS)事后精密轨道和精密钟差的支撑下,基于伪距解算本地参考时间与 IGS 时(IGST)的时间偏差,各地面站基于该偏差进行求差,即可获得各地面站之间的时间偏差。该方法缺点在于伪距噪声较大,会影响时间比对的性能。

基于载波相位和伪距的 GNSS 精密单点定位(GNSS PPP)时间传递方法,在数据处理中引入了载波相位观测数据,能实现优于 1ns 的时间传递,成为 GNSS 全视时间传递的重要手段。该方法采用了载波相位和伪距的组合观测值来解算本地时间与参考时间 IGST(IGS 时)之间的偏差,因此,处理中需要解决载波相位整周跳变和实时模糊度在线估计等问题,处理方法相对复杂。总体而言,上述的 GNSS 全视时间传递方法需要依赖 IGS 精密轨道和精密钟差,具有一定的滞后性,且需要在全视比对站间建立数据交换链路[13-14],实时性较差。

本书将在第 6 章对 GNSS 时间传递技术进行详细介绍。

◢ 2.4 本章小结

本章介绍了卫星导航系统与时间的关系,以及时间频率的基本概念、时间频率的主要指标等,在此基础上介绍了卫星导航定位系统中的时间系统,最后介绍了卫星导航系统中几种主流的精密时间传递技术,为后面对时间传递技术的详细介绍做准备。

参考文献

[1] 童宝润. 时间统一系统[M]. 北京:国防工业出版社,2003.

[2] ALLAN D W, BARNES J A. A modified Allan variance with increased oscillator characterization ability[C]// Proceedings of 35th Ann. Freq. Control Symposium,Pennsylvania,1981:470-475.

[3] 韩春好. 相对论框架中的时间计量[J]. 天文学进展,2002,20(2):107-113.

[4] 韩春好. 时空测量原理[M]. 北京:科学出版社,2017.

[5] 谢钢. GPS 原理与接收机设计[M]. 北京:电子工业出版社,2009.

[6] 漆贯荣,时间科学基础[M]. 北京:高等教育出版社,2006.

[7] 吴守贤,漆贯荣,边玉敬.时间测量[M].北京:科学出版社,1983.

[8] MCCARTHY D D,SEIDELMANN P K. TIME-from earth rotation to atomic physics[M]. Weinheim:WILEY-VCH Verlag GmbH & Co.,2009.

[9] 李志刚,李焕信,张虹.卫星双向法时间比对的归算[J].天文学报,2002,43(4):422-431.

[10] 李孝辉,杨旭海,刘娅,等.时间频率信号的精密测量[M].北京:科学出版社,2010.

[11] 漆贯荣.时间科学基础[M].北京:高等教育出版社,2006.

[12] 吴海涛,李孝辉,卢晓春,等.卫星导航系统时间基础[M].北京:科学出版社,2011.

[13] 许龙霞.基于共视原理的卫星授时方法[D].北京:中国科学院大学,2012.

[14] 广伟.GPS PPP 时间传递技术研究[D].北京:中国科学院研究生院,2012.

[15] 朱少华,卢麟,张宝富.光纤时间传递系统中时钟驯服模块的设计和实现[J].时间频率学报,2011,34(2):106-111.

[16] 杨飞,蔡海文,桂有珍.60km 商用光纤链路高精度时频传递实验研究[C]//2013 全国时间频率学术会议,2013:3-8.

[17] 胡亮,吴龟灵,黄璜,等.100km 光纤时间传递系统与实验[C]//2013 全国时间频率学术会议,2013:9-14.

[18] 刘峰宇,程梦飞,李博.两种高精度远距离时间频率传递技术的比较[C]//2013 全国时间频率学术会议,2013:23-28.

第3章 星地时间传递技术

◢ 3.1 引 言

卫星时钟间的不同步会引起用户伪距和载波观测量存在相应偏差,若不进行模型补偿或修正,将最终导致定位结果不收敛于接收机的真实位置,因此对于卫星导航系统而言,实现系统内的时间传递是卫星导航系统具备使用价值的基本前提。在导航、定位和授时应用中,卫星时钟不同步对其性能的影响主要和两个因素有关:时间传递精度及卫星钟差预报模型。

时间传递精度取决于卫星导航系统所采用的时间传递方法,其实现形式受卫星导航系统的架构限制。目前的卫星导航系统时间传递通常由系统时间尺度产生、站间时间传递、星地时间传递、卫星钟差解算和卫星钟差预报等操作完成,其中,星地时间传递是解决导航卫星时间频率向地面时间频率溯源,实现时频协同和统一的重要方法,是卫星导航系统时间维持的基础性手段,其主要实现形式为:在主控站的支撑下,基于获得的星地观测量,实时计算数据龄期为零时的星地间钟差,其精度体现了卫星和地面的钟差精度,最终直接或间接影响卫星间的钟差性能。卫星钟差预报模型的精度通常由卫星钟差预报残差的大小来表征,决定了两次上行注入操作间隔内的卫星钟差平均水平。一般而言,钟差预报性能随预报时间的增长而降低。

本章首先分析导航卫星钟差对定位精度的影响机理,建立卫星钟差与定位误差间的数学关系。然后,从系统时间传递的操作流程出发,对星地时间传递方法和钟差预报这两个重点内容进行详细阐述,给出了几种主要星地时间传递方法的原理和钟差解算方法,并在分析卫星钟差特性的基础上给出了钟差预报的卡尔曼滤波方法。

◢ 3.2 卫星钟差对定位精度的影响机理

令:t_0^j 为第 j 颗导航卫星发射导航信号瞬间的卫星导航系统时;t^j 为该时刻卫星 j 的钟面时;t_{i0} 为接收机 i 收到卫星信号瞬间的系统时;t_i 为该时刻接收机 i 的钟面时。则卫星钟差和用户接收机钟差定义为

$$\delta t^j = t^j - t_0^j \tag{3.1}$$

$$\delta t_i = t_i - t_{i0} \tag{3.2}$$

卫星 j 与接收机 i 间的距离 D_i^j 和伪距 $\tilde{D}_i^j$ 可表示为

$$D_i^j = c \cdot (t_{i0} - t_0^j) \tag{3.3}$$

$$\tilde{D}_i^j = c \cdot (t_i - t^j) = D_i^j + c \cdot (\delta t_i - \delta t^j) \tag{3.4}$$

式中:c 为光速。考虑到电离层和对流层延迟的影响,伪距方程可表示为

$$\tilde{D}_i^j(t) = D_i^j(t) + c \cdot \delta t_i^j + \delta I_i^j(t) + \delta T_i^j(t) \tag{3.5}$$

式中:$\delta t_i^j = \delta t_i - \delta t^j$ 为卫星钟与接收机钟的钟差;$\delta I_i^j(t)$、$\delta T_i^j(t)$ 分别为 t 时刻卫星 j 与接收机 i 间电离层延迟和对流层延迟的等效距离误差。

式(3.5)中 $D_i^j(t)$ 为非线性项,有

$$D_i^j(t) = \sqrt{(X^j(t) - X_i)^2 + (Y^j(t) - Y_i)^2 + (Z^j(t) - Z_i)^2} \tag{3.6}$$

式中:(X_i, Y_i, Z_i) 和 (X^j, Y^j, Z^j) 分别为接收机 i 和卫星 j 的三维坐标。若令

$$\begin{cases} X_i = X_i^0 + \delta X_i \\ Y_i = Y_i^0 + \delta Y_i \\ Z_i = Z_i^0 + \delta Z_i \end{cases} \tag{3.7}$$

将伪距方程式(3.5)在接收机位置估计点 (X_i^0, Y_i^0, Z_i^0) 做线性化展开,可得

$$\tilde{D}_i^j(t) = (D_i^j(t))_0 - k_i^j(t)\delta X_i - l_i^j(t)\delta Y_i - m_i^j(t)\delta Z_i + c\delta t_i^j + \delta I_i^j(t) + \delta T_i^j(t) \tag{3.8}$$

式中:$(D_i^j(t))_0$ 为 t 时刻卫星 j 与接收机 i 间的距离估计值;δX_i、δY_i、δZ_i 为接收机 i 的真实坐标与坐标估计值之差;$k_i^j(t)$、$l_i^j(t)$、$m_i^j(t)$ 为卫星 j 与接收机 i 间距离矢量 $\boldsymbol{r}$ 在 X、Y、Z 方向的方向余弦。

为了评估卫星钟特性对定位的影响,现假设电离层、对流层延迟误差已通过数学模型完全消除,并令

$$\tilde{R}_i^j(t) = \tilde{D}_i^j(t) - \delta I_i^j(t) - \delta T_i^j(t) \tag{3.9}$$

$$\delta D_i = c \cdot \delta t_i \tag{3.10}$$

即 δD_i 为由接收机 i 与卫星导航系统时之间的钟差引起的距离误差。若参与定位的各卫星钟与系统时间钟差不为零,则包含 4 个伪距观测量的伪距方程可写为

$$\begin{bmatrix} k_i^1(t) & l_i^1(t) & m_i^1(t) & -1 \\ k_i^2(t) & l_i^2(t) & m_i^2(t) & -1 \\ k_i^3(t) & l_i^3(t) & m_i^3(t) & -1 \\ k_i^4(t) & l_i^4(t) & m_i^4(t) & -1 \end{bmatrix} \begin{bmatrix} \delta X_i \\ \delta Y_i \\ \delta Z_i \\ \delta D_i \end{bmatrix} = \begin{bmatrix} (D_i^1(t))_0 - \tilde{R}_i^1(t) - c \cdot \delta t^1 \\ (D_i^2(t))_0 - \tilde{R}_i^2(t) - c \cdot \delta t^2 \\ (D_i^3(t))_0 - \tilde{R}_i^3(t) - c \cdot \delta t^3 \\ (D_i^4(t))_0 - \tilde{R}_i^4(t) - c \cdot \delta t^4 \end{bmatrix} \tag{3.11}$$

式(3.11)中 $(-\tilde{R}_i^j(t) - c \cdot \delta t^j)$ 项为消除大气传播误差和卫星钟差后的伪距值,考虑

未消除卫星钟差的情况,有

$$\begin{bmatrix} k_i^1(t) & l_i^1(t) & m_i^1(t) & -1 \\ k_i^2(t) & l_i^2(t) & m_i^2(t) & -1 \\ k_i^3(t) & l_i^3(t) & m_i^3(t) & -1 \\ k_i^4(t) & l_i^4(t) & m_i^4(t) & -1 \end{bmatrix} \begin{bmatrix} \delta X_i \\ \delta Y_i \\ \delta Z_i \\ \delta D_i \end{bmatrix} = \begin{bmatrix} (D_i^1(t))_0 - \widetilde{R}_i^1(t) \\ (D_i^2(t))_0 - \widetilde{R}_i^2(t) \\ (D_i^3(t))_0 - \widetilde{R}_i^3(t) \\ (D_i^4(t))_0 - \widetilde{R}_i^4(t) \end{bmatrix} \quad (3.12)$$

由式(3.12)确定的接收机三维坐标和钟差将受卫星钟差的影响而产生偏移,具体的影响情况决定于系统时间传递误差和卫星钟差预报的残差。将式(3.12)用符号矩阵表示为

$$\boldsymbol{H} \cdot \Delta \boldsymbol{x} = \Delta \boldsymbol{\rho} \quad (3.13)$$

当跟踪的卫星数 $n > 4$ 时,使用最小二乘法可获得接收机 i 的位置和时间偏差:

$$\Delta \boldsymbol{x} = (\boldsymbol{H}^\mathrm{T} \boldsymbol{H})^{-1} \boldsymbol{H}^\mathrm{T} \cdot \Delta \boldsymbol{\rho} \quad (3.14)$$

式(3.12)中 $[\delta X_i, \delta Y_i, \delta Z_i, \delta D_i]^\mathrm{T}$ 由伪距测量值、接收机与卫星间的几何关系以及各卫星钟与系统时之间的偏差决定,当各卫星钟与系统时间偏差不为零时,将在解算结果中引入误差。若忽略卫星定轨误差,通过式(3.12)可对卫星钟差对定位结果的影响情况进行分析。

将伪距观测量和定位解算结果做如下分解:

$$\boldsymbol{\rho} = \boldsymbol{\rho}_0 + \mathrm{d}\boldsymbol{\rho} \quad (3.15)$$

$$\boldsymbol{x} = \boldsymbol{x}_0 + \mathrm{d}\boldsymbol{x} \quad (3.16)$$

式中:$\boldsymbol{\rho}_0$ 为无误差的伪距测量值;$\boldsymbol{x}_0$ 为无误差的接收机位置和时间解算值;$\mathrm{d}\boldsymbol{\rho}$ 和 $\mathrm{d}\boldsymbol{x}$ 为伪距观测量净误差(含卫星钟偏差)和接收机位置与时间的净误差。将式(3.15)、式(3.16)代入式(3.13),得

$$\boldsymbol{H} \cdot \mathrm{d}\boldsymbol{x} = \mathrm{d}\boldsymbol{\rho} \quad (3.17)$$

最后可解得

$$\mathrm{d}\boldsymbol{x} = (\boldsymbol{H}^\mathrm{T} \boldsymbol{H})^{-1} \boldsymbol{H}^\mathrm{T} \cdot \mathrm{d}\boldsymbol{\rho} \quad (3.18)$$

式(3.18)描述了伪距测量误差与单点静态定位误差间的数学关系。当除卫星钟差外的其他误差都被很好地补偿或忽略时,该式描述的是单点静态定位误差与卫星钟差间的数学关系。

3.3　卫星导航系统时间传递流程

由 3.2 节分析可知,导航卫星间的钟差在定位结果中引入误差。E. D. Kaplan 在文献中给出了 GPS 单频 C/A 码和双频 P 码定位的用户等效距离误差(UERE)预

算[1],该预算显示,卫星钟差是 UERE 除电离层传播时延误差外的最大误差项。因此,一个具备实用价值的卫星导航系统必须通过时间传递技术将系统内所有的卫星及运控设备精确地统一到一致的时间基准下。

卫星导航系统时间传递的目的是使系统内所有卫星、监测站和主控站等的时钟实现同步,形成统一的系统时间。时间传递操作通常是在周期的离散时间点上进行的,在两次时间传递操作的间隔内,由于各卫星钟的时变特性,将引起卫星钟差的漂移,从而造成定位误差性能随时间下降。对于实时的导航应用,需要通过钟差估计的手段对两次时间传递间隔内的卫星钟差进行预报。导航卫星的时间传递由站间时间传递、星地时间传递、钟差预报及卫星钟调整等操作完成。

站间时间传递实现运控段内所有监测站和主控站间的时间同步,为对卫星的时间传递操作提供统一的时间参考。该过程常用的时间传递方法是卫星共视法和卫星双向时间传递法,所获得的观测量发送到主控站统一进行时间传递解算。

星地时间传递观测量获取主要通过星地测距链路实现。对于不同的时间传递方法,所使用的观测量和观测量获取方式存在差异。GPS 使用倒定位法获取卫星钟差观测量,对单颗卫星的时间传递测量至少需要 4 个以上地面站共同观测该卫星,获取单向伪距;GLONASS 使用应答式雷达测距法进行时间传递测量,对单颗卫星的时间传递测量需要获取单向伪距和应答式雷达测距值;北斗二号卫星导航系统采用星地双向时间传递技术作为主要的时间传递测量手段,对单颗卫星的时间传递测量需要分别获取地面站到卫星和卫星到地面站的伪距。星地时间传递观测量的精度对后续的钟差解算精度、系统时性能有决定性的影响,在一定程度上决定了卫星导航系统的基本性能。

在获得星地时间传递观测量后,将观测量通过通信链路发送到主控站,由主控站根据钟差解算算法解算出各卫星与系统时之间的钟差。依据系统所使用时间传递方法的不同,钟差解算的执行逻辑和处理方法会存在一定的差异。在一定时间段内,钟差数据体现了该时间段内的卫星钟特性的变化规律,是产生钟差预报参数的基本依据。由于时间传递观测量中含有多种噪声,钟差数据的生成首先需要经过平滑滤波操作以减弱这些噪声。依据当前时刻之前的历史钟差数据,通过构建合理的钟差模型,可对未来一段时间内的钟差变化进行预测。

卫星钟的钟差预报对两次时间传递操作间隔内的钟差变化进行估计和预测。相对于卫星钟调相操作,钟差预报是一种卫星钟的数学调整方法。为了避免频繁的物理调整操作,通常在一定的钟差范围内仅使用钟差预报的方法对卫星钟差实现数学补偿。有多种方法可以实现钟差预报[2]。在钟差预报中,由于钟差数据相关性随着预报时间的增长而下降,导致残差随预报时间的增长而增大,为了获得好的钟差预报性能,增加时间传递操作和上行注入的频度是行之有效的方法。

钟差预报作为一种钟差的数学补偿方法,并不能减小卫星钟差随时间的累积,随着数据龄期(AOD)的增加,卫星钟差的累积将可能增大到毫秒量级。此时应采用物理调整操作使钟差归零。通常对卫星钟差设定阈值 V_T,当主控站对卫星钟差的估计值越过阈值 V_T 时,由主控站遥控卫星进行钟的物理调整操作,使卫星钟差归零。

站间时间传递、星地时间传递、钟差预报及卫星钟调整组成了卫星导航系统时间传递的环路。通过选择适当的站间/星地时间传递方法、钟差预报算法和卫星钟调整策略,可使整个时间传递周期内都获得较好的钟差性能。卫星导航系统时间传递流程图如图 3.1 所示。

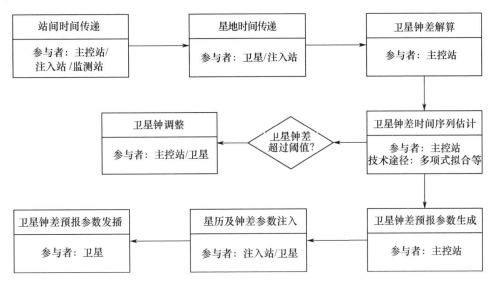

图 3.1 卫星导航系统时间传递流程

3.4 星地时间传递方法

星地时间传递是卫星导航系统时间传递中的重要环节之一,其本质目的是通过星地间精确的距离测量,实现导航卫星的时间向地面时间的溯源,维持两者时间的协同和统一。当前,卫星导航系统使用的星地时间传递方法,主要有倒定位法、应答式雷达辅助法、星地无线电双向时间比对和星地激光双向时间比对。

3.4.1 倒定位法

倒定位法的原理与卫星导航定位原理类似,通过多个地面站同时观测同一颗卫星实现对卫星的精确定位和钟差解算。运用倒定位法进行星地时间传递的流程如下:

(1) 通过 GNSS 共视或卫星双向时间传递实现系统内所有地面观测站间的时间传递。

(2) 超过 4 个地面观测站同时对同一颗卫星进行伪距观测。

（3）各观测站通过通信链路将获得的观测量传送至系统中心站。

（4）中心站对所有观测量进行解算处理获得卫星的精密星历。

（5）使用精密星历和观测站精确站址求解出精密站星距。

（6）将对应时刻的伪距和精密站星距作差获得卫星钟差序列。

倒定位法星地时间传递系统结构如图 3.2 所示。

设 $\rho_j^i(k)$ 为第 k 历元观测站 j 测得的与卫星 i 间的伪距，为获得卫星 i 的钟差，中心站需要对伪距序列 $\{\rho_j^i(k)|j=1,2,\cdots;k=1,2,\cdots\}$ 进行处理，解得卫星 i 的坐标序列 $\{X^i(k),Y^i(k),Z^i(k)\}$ 和钟差序列 $\{\delta t^i(k)\}$ 后，坐标序列作为卫星 i 在观测时间内的精密星历用于预报两次注入操作期间的星历；钟差序列 $\{\delta t^i(k)\}$ 即为卫星与系统时之间的钟差，用于对两次注入操作期间的钟差进行预报。

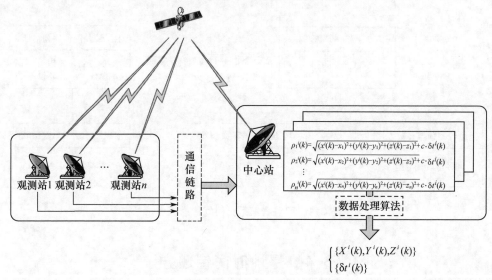

图 3.2　倒定位法星地时间传递系统结构

倒定位法星地时间传递仅利用单向伪距观测量进行钟差解算，其误差来源与导航定位的误差来源类似，包含电离层误差、对流层误差和相位中心偏差等。该方法的主要优点是系统结构简单、可同时获得精密星历和精密钟差，但对地面站与卫星间的几何布局要求较高，需要全球均匀布站以具备良好的几何精度衰减因子（GDOP）值。

3.4.2　应答式雷达辅助法

应答式雷达辅助法使用应答式雷达测距与单向伪距测量相结合的方式获取卫星钟差。使用该方法时：观测站除了接收卫星测距信号外，还需配备雷达信号发射和接收测量装置；导航卫星有效载荷除了具备导航信号发射功能外，还需配备雷达信号应答机，用于实现对地面观测站雷达信号的相干转发。地面观测站雷达发送的测距信号经卫星应答机相干转发后由观测站接收，测量获得不包含钟差的星地空间距离。

该距离值与观测站获得的伪距相减得到卫星与地面站间的钟差。运用应答式雷达辅助法进行星地时间传递的流程如下：

（1）通过 GNSS 共视或 TWSTFT 时间传递实现系统内所有地面观测站间的时间传递。

（2）观测站在其对卫星的跟踪时间段内对卫星持续发射雷达测距信号。

（3）卫星连续播发导航信号，同时对接收到的观测站信号进行相干转发。

（4）观测站接收卫星播发的导航信号和转发的雷达信号，完成空间距离和伪距测量。

（5）基于测得的空间距离和伪距求解卫星与观测站间的钟差。

应答式雷达辅助法星地时间传递系统结构如图 3.3 所示。

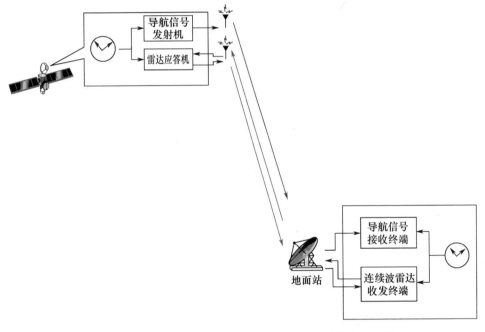

图 3.3　应答式雷达辅助法星地时间传递系统结构（见彩图）

由于观测站时频源与卫星的时频源是非相干的，如果不做处理，雷达信号经应答机转发后将在测量值中引入偏差，应答式雷达采用相干转发的方式解决了这一问题。卫星上安装的雷达应答机结构如图 3.4 所示。

为了说明相干转发原理，做如下定义。

f：雷达系统的标称基准频率。

f_g：观测站基准频率。

f_s：卫星基准频率。

F_{up}：上行发射频率，$F_{up} = m \cdot f_g$。

F_{dn}：下行发射频率，$F_{dn} = n \cdot f_s$。

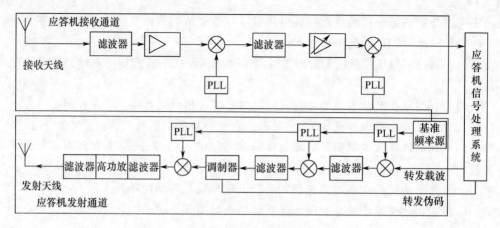

图 3.4　雷达应答机结构

df:由卫星和观测站间频率源非相干引入的频差,$df = m(f_g - f_s)$。

k:转发系数,$k = n/m$。

f_d:观测站与卫星间的相对运动引起的多普勒频率。

卫星接收到的雷达信号频率为 $F_{up} + f_d$,卫星将该信号下变频产生的基带信号(零中频)频率为 $df + f_d$。应答机信号处理机的载波锁相环(PLL)可以精确提取 $df + f_d$ 的值,将该值乘以相干转发系数 k,并与应答机转发载波数字控制振荡器(NCO)偏置 F_{dn} 相加,将结果置入转发载波 NCO,并经过正弦映射、数模转换和滤波后,输出信号频率为 $F_{dn} + k \cdot df + k \cdot f_d$。将该信号上变频至下行频率得

$$F_{dn} + k \cdot df + k \cdot f_d = n \cdot f_s + \frac{n}{m} \cdot m(f_g - f_s) + \frac{n}{m} \cdot f_d = n \cdot f_g + k \cdot f_d \quad (3.19)$$

由式(3.19)可知,经过相干转发后,下行雷达信号不再携带卫星频率源引入的非相干频率,观测站对该信号的测量将不再包含非相干误差。

令卫星至观测站间的单向伪距观测量为 ρ,观测站雷达测量值为 t_{radar},观测站和卫星间钟差为 Δt_{gs},卫星应答机转发时延为 d_{tr},卫星导航信号发射通道时延为 d_{st},观测站导航信号接收通道时延为 d_{gr1},观测站雷达信号发射通道时延为 d_{gt},雷达信号接收通道时延为 d_{gr2},光速为 c,则使用应答式雷达辅助法解算出的星地钟差为

$$\Delta t_{gs} = \left(\frac{\rho}{c} - d_{st} - d_{gr1} \right) - \frac{t_{radar} - d_{gt} - d_{tr} - d_{gr2}}{2} \quad (3.20)$$

应答式雷达辅助法星地时间传递的时序如图3.5所示。

应答式雷达辅助法的两个观测量:单向伪距和雷达测距值是通过两套不同的测量系统获得的,因此这两个测量通道间的时延差会被带入钟差解算结果,成为钟差解算误差的一部分,需要预先将这两个测量通道的时延差标校出来。应答式雷达辅助法的误差源主要有:设备时延误差、电离层误差和对流层误差。

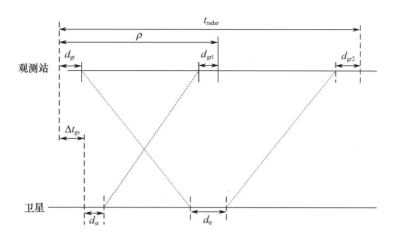

图 3.5　应答式雷达辅助法星地时间传递时序图(见彩图)

3.4.3　星地无线电双向时间比对

设地面站 A 和卫星 S 分别在自己的钟面时 T_A(对应坐标 t_0)和 T_S(对应坐标时 $t_0 + \Delta T_{AS}$)时刻互发信号,该信号也分别作为地面站 A 和卫星 S 时间间隔计数器的开门信号,经过信号传播时延 t_{AS} 和 t_{SA} 后,分别被卫星 S 在自己钟面时 T'_S(对应坐标 t'_S)和地面站 A 在自己钟面时 T'_A(对应坐标时 t'_A)时刻接收,并作为卫星 S 和地面站 A 时间间隔计数器的关门信号,地面站 A 和卫星 S 的时间计数器因此分别得到两个观测量 R_A 和 R_S,卫星将自己的观测数据发送给地面站,经两个观测数据求差就能获得高准确度的星地钟差[2]。

根据星地无线电双向时间比对的基本原理,有 $T'_S - T_S = t_{AS} - \Delta T_{AS}$ 和 $T'_A - T_A = t_{SA} + \Delta T_{AS}$。

令 $\begin{cases} R_A = T'_A - T_A \\ R_S = T'_S - T_S \end{cases}$ 分别为地面站 A 和卫星 S 时间计数器的观测量,则有

$$\begin{cases} R_S = t_{AS} - \Delta T_{AS} \\ R_A = t_{SA} + \Delta T_{AS} \end{cases} \tag{3.21}$$

基于式(3.21)可得 $\Delta T_{AS} = \dfrac{1}{2}(R_A - R_S) + \dfrac{1}{2}(t_{AS} - t_{SA})$。

t_{AS} 和 t_{SA} 表示地面站 A 与卫星 S 之间信号传播时延,可以详细描述地表示为

$$\begin{cases} t_{AS} = t'_S - t_0 \\ t_{SA} = t'_A - t_0 - \Delta T_{AS} \end{cases}$$

为了得到精确的星地间相对钟差,需要详细计算 $t_{AS} - t_{SA}$。

设地面站 A 在自己的钟面时 T_A(对应坐标时 t_0)时刻发射信号,经地面站设备发射时延 t_A^T 后达到发射天线相位中心,再经过空间传播时延 t_A^{spa} 后到达卫星 S 接收天

线相位中心,经卫星 S 接收设备时延 t_S^R 后被卫星 S 在自己的钟面时间 T_S'(对应坐标时 t_S')接收,则有

$$t_{AS} = t_A^T + t_{AS}^{spa} + t_S^R$$

式中:t_{AS}^{spa} 为地面站 A 到卫星 S 的空间传播时延,可以详细地表示为

$$t_{AS}^{spa} = t_{AS}^{tro} + t_{AS}^{ion} + t_{AS}^G + t_{AS}^{geo}$$

式中:$t_{AS}^{tro},t_{AS}^{ion},t_{AS}^G,t_{AS}^{geo}$ 分别为地面站 A 到卫星 S 这条路径的对流层时延、电离层时延、相对论引力时延以及发射时刻天线相位中心到接收机时刻天线相位中心的几何距离时延。

如果选取地面站 A 信号到达其发射天线相位中心所对应的坐标时间 $t_0 + t_A^T$ 作为归算时间,并令 $\dot{\boldsymbol{x}}_A(t_0 + t_A^T),\ddot{\boldsymbol{x}}_A(t_0 + t_A^T),\dot{\boldsymbol{x}}_S(t_0 + t_A^T),\ddot{\boldsymbol{x}}_S(t_0 + t_A^T)$ 分别为地面站 A 与卫星 S 在归算时间 $t_0 + t_A^T$ 的速度和加速度,则几何距离时延 t_{AS}^{geo} 可以表示为

$$t_{AS}^{geo} = \frac{\rho_{AS}^{geo}}{c} = \frac{1}{c}\,|\,\boldsymbol{x}_S(t_S' - t_S^R) - \boldsymbol{x}_A(t_0 + t_A^T)\,| = \frac{1}{c}(\rho_{AS} + \Delta\rho_{AS}) \tag{3.22}$$

式中:ρ_{AS}^{geo} 为 $t_0 + t_A^T$ 时刻信号从地面站 A 发出 $t_S' - t_S^R$ 时刻卫星 S 接收这段时间内信号所经过的几何距离;$\boldsymbol{x}_A(t_0 + t_A^T)$ 为地面站 A 在信号经设备发射时延 t_A^T 后到达其发射天线中心时的位置;$\boldsymbol{x}_S(t_S' - t_S^R)$ 为卫星 S 在信号经空间传播时延 t_{AS}^{spa} 后到达其接收天线中心时的位置;ρ_{AS} 为归算时刻 $t_0 + t_A^T$ 地面站 A 发射天线中心到卫星 S 接收天线中心的几何距离和几何距离改正。即 $\rho_{AS} = |\,\boldsymbol{x}_S(t_0 + t_A^T) - \boldsymbol{x}_A(t_0 + t_A^T)\,|$,将 ρ_{AS}^{geo} 按泰勒公式在 $t_0 + t_A^T$ 处展开到速度的 2 次幂和加速度的一次幂,有

$$\begin{aligned}\rho_{AS}^{geo} = &\ |\,\boldsymbol{x}_S(t_0 + t_A^T) + \dot{\boldsymbol{x}}_S(t_0 + t_A^T)(t_S' - t_S^R - t_0 - t_A^T) + \\ &\ \frac{1}{2}\ddot{\boldsymbol{x}}_S(t_0 + t_A^T)(t_S' - t_S^R - t_0 - t_A^T)^2 - \boldsymbol{x}_A(t_0 + t_A^T)\,|\end{aligned} \tag{3.23}$$

简化式(3.23),可得

$$\rho_{AS}^{geo} = |\,\dot{\boldsymbol{x}}_S(t_0 + t_A^T)(t_S' - t_S^R - t_0 - t_A^T) + \frac{1}{2}\ddot{\boldsymbol{x}}_S(t_0 + t_A^T)(t_S' - t_S^R - t_0 - t_A^T)^2 + \dot{\rho}_{AS}\,|$$

$$\tag{3.24}$$

同样原理,可得

$$t_{SA}^{geo} = \rho_{SA}^{geo}/c = \frac{1}{c}\,|\,\boldsymbol{x}_A(t_A' - t_A^R) - \boldsymbol{x}_S(t_0 + \Delta T_{AS} + t_S^T)\,| = \frac{1}{c}(\rho_{SA} + \Delta\rho_{SA}) \tag{3.25}$$

式中:ρ_{SA}^{geo} 为 $t_0 + \Delta T_{AS} + t_S^T$ 时刻信号从卫星 S 发出到 $t_A' - t_A^R$ 时刻地面站 A 接收这段时间内信号所经过的几何距离;$\boldsymbol{x}_A(t_A' - t_A^R)$ 为地面站 A 在信号经空间传播时延 t_{SA}^{geo} 到达其接收天线中心时的位置;$\boldsymbol{x}_S(t_0 + \Delta T_{AS} + t_S^T)$ 为卫星 S 在信号经发射设备时延 t_S^T 后到达发射天线中心的位置;$\rho_{SA}、\Delta\rho_{SA}$ 分别为归算时刻 $t_0 + t_A^T$ 卫星 S 发射天线中心到地面站 A 接收天线中心的几何距离和几何距离改正,即

$$\rho_{SA} = \left| \boldsymbol{x}_A(t_0 + t_A^T) - \boldsymbol{x}_S(t_0 + t_A^T) \right|$$

基于上述公式,得到无线电星地双向时间比对法在地心惯性系中的计算模型,有

$$\Delta T_{AS} = \frac{1}{2}(R_A - R_S) + \frac{1}{2}\left[(t_A^T + t_S^R) - (t_S^T + t_A^R)\right] + \frac{1}{2}(t_{AS}^{ion} - t_{SA}^{ion}) +$$

$$\frac{1}{2}(t_{AS}^{tro} - t_{SA}^{tro}) + \frac{1}{2}(t_{AS}^{G} - t_{SA}^{G}) + \frac{1}{2}(\Delta \tau_{AS} - \Delta \tau_{SA}) \qquad (3.26)$$

式中右端:第一项表示地面站 A 和卫星 S 测得的时间间隔观测量之差;第二项表示地面站 A 和卫星 S 的设备发射和接收时延之差;第三项表示地面站 A 相对于卫星 S 上行和下行信号电离层时延之差;第四项表示地面站 A 相对于卫星 S 上行和下行信号对流层时延之差;第五项表示地面站 A 相对于卫星 S 上行和下行信号引力时延之差;第六项表示由于信号传输过程中地面站 A 和卫星 S 运动引起的距离改正项时延之差。

3.4.4　星地激光双向时间比对

星地激光双向时间比对的基本原理[3]是:地面观测站向卫星发射激光信号,该信号到达卫星,从而得到时延观测量,该观测量包含了观测站钟差和卫星钟钟差。卫星反射器反射地面站发射的激光信号,被地面站接受,从而得到另一个时延观测量。另外,卫星将自己测得的时延观测量信息发送给地面站。地面站再利用这两个时延观测量,就可以得到卫星钟与地面钟之间的钟差,从而完成星地之间的时间比对。星地激光双向时间比对的工作流程如图 3.6 所示。

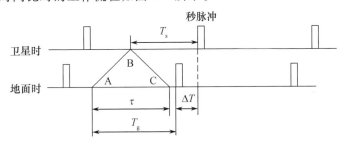

图 3.6　星地激光双向时间比对工作流程示意图

在星地激光双向时间比对过程中,地面观测站于时刻 A 发射一个激光脉冲信号,时刻 B 到达卫星,星载计时器测得时刻 B 与卫星上脉冲之间的时差为 T_s。此激光脉冲经卫星激光反射器反射回地面观测站,并在时刻 C 被接收。地面观测站计时器测量出 A 与 C 的时差为 τ。若不考虑地球自转等因素的微小系统误差修正量,则 A 与 B 的时差为 $\tau/2$。时刻 A 与地面时秒脉冲的时间间隔为 T_g。由此可计算出星地时间系统的钟差为

$$\Delta T = \frac{\tau}{2} + T_s + T_g \qquad (3.27)$$

由式(3.27)可导出星地激光双向时间比对的基本观测模型：

$$\Delta T_{GS} = R_S - \Delta\tau_{GS}^{spa} - \left(\frac{R_G}{2} - \frac{\Delta\tau_{GG}^{spa}}{2}\right) \tag{3.28}$$

式中：ΔT_{GS}为星地相对钟差；R_G、R_S分别为地面站 G 和卫星 S 的时延观测量；$\Delta\tau_{GS}^{spa}$为上行激光信号传播时延改正；$\Delta\tau_{GG}^{spa}$为激光信号往返路径传播时延改正。星地激光双向时间比对中主要误差包括大气时延误差、激光传播时延测量误差、星历误差、地面站位置误差、地球自转误差、设备时延误差等。

大气时延中的电离层延迟对星地激光双向时间比对结果的影响与测站激光信号往返电离层延迟的一半，以及激光上行信号的电离层延迟之差有关。考虑到电离层延迟与信号频率有关，并且激光信号的频率很高(约10^{14}Hz)，可以估计，电离层延迟对单程激光测距的影响约为1.3×10^{-5}ps。因此，电离层延迟对星地激光双向时间比对的影响可以忽略。

大气时延中的对流层延迟影响也与测站激光信号往返对流层延迟的一半，以及激光上行信号的对流层延迟之差有关。同样，如果认为在很短时间内激光信号往返对流层延迟相等，并且考虑到对流层延迟与信号频率无关，则经激光信号往返延迟一半和激光上行信号路径延迟相减，基本消除了对流层延迟的影响。

卫星星历误差和地面站位置误差对激光双向测距的一半，以及激光上行测距的影响基本相同，因此经两者求差后，它们的影响也基本被消除。

地球自转误差是指在激光脉冲发射到卫星和发射到地面观测站时，由于地球自转对时延观测量造成的系统性误差。可由地球自转角速度和脉冲信号传播时间建立系统误差改正模型，从而对时延测量进行修正。

星地激光双向时间比对具有精度高、系统误差少等优点，因此利用星地双向精密激光时间比对，不但可以对无线电时间比对进行精度检验，而且可以分离无线电伪距测量的系统误差。星地双向激光时间比对主要问题是由于激光传播的特性，在天气不佳情况下，激光是不能穿透云层的，不能实现全天候激光时间比对。因此，卫星导航系统的星地时间同步主要通过无线电时间比对完成，星地双向激光时间比对是一种可靠的外部比对和校核方法。

3.5 卫星钟差特性和预报方法

3.5.1 卫星钟差特性

在现代卫星导航系统中，卫星钟通常采用多原子钟形成的原子钟组来实现，以GPS为例，Block ⅡR卫星配备的原子钟组由 3 个下一代的铷原子频标(RAFS)组成，RAFS的性能比 Block Ⅱ/ⅡA 卫星所使用的铷钟和铯钟性能都要好，其稳定性能达

到约 2×10^{-14}/天,这使得 GPS ⅡR 的用户测距误差(URE)性能平均接近 0.8m 或更好[1]。近些年来,空间原子钟的性能不断提高,但对于卫星导航应用来说,测距即测时,1ns 的时钟误差将引起 0.3m 的测距误差,且随着运行时间的增加,原子频标的实际输出频率与标称频率间微小的偏差将累积出可观的时间偏差。仍以 GPS 为例:在注入数据龄期为零时,一颗典型卫星的时钟误差在 0.8m 左右;而上载 24h 后误差将增长到 1~4m 的范围[1]。注入数据龄期为零时的误差性能决定于时间传递的残差大小,而随 AOD 的增长出现的性能下降则主要是由于卫星钟频率的不准确及频率漂移造成的。如果不对卫星进行定期的时间传递操作,随着卫星钟自由运行时间的增长,卫星钟的这种特性将引起巨大的误差。GPS 从 Block ⅡA 卫星开始将卫星自主运行期扩展到 180 天,在 180 天的自主运行时间内,由于星历和钟差预报精度的下降,URE 将可能增大至 10000m[1],可见卫星钟差的长时间累积将导致灾难性的定位误差。因此,有必要对卫星钟差的稳定度特性进行研究,以采取合理的技术措施对抗钟差随时间的累积效应。

原子频标的输出信号可表示为

$$V(t) = \left[V_0 + \varepsilon(t) \right] + \sin \left[2\pi f_0 t + \varphi(t) \right] \tag{3.29}$$

式中:V_0 为标称幅度;f_0 为标称频率;$\varepsilon(t)$ 为信号幅度波动;$\varphi(t)$ 为信号相位波动。

分析原子频标的稳定性,主要关心 $\varphi(t)$ 项。定义原子频标的瞬时相对频率偏差 $y(t)$ 和瞬时相对相位偏差 $x(t)$ 为

$$\begin{cases} y(t) = \dfrac{1}{2\pi f_0} \cdot \dfrac{\mathrm{d}\varphi(t)}{\mathrm{d}t} \\ x(t) = \dfrac{\varphi(t)}{2\pi f_0} \end{cases} \tag{3.30}$$

$y(t)$ 描述了原子频标的瞬时相对频率波动;$x(t)$ 描述了由原子频标信号相位波动引起的瞬时时间偏差,也称为相位时间。将 $x(t)$ 代入式(3.29)得

$$V(t) = \left[V_0 + \varepsilon(t) \right] \sin \left[2\pi f_0 (t + x(t)) \right] \tag{3.31}$$

$x(t)$ 可进一步展开:

$$x(t) = x_0 + y_0 t + \frac{1}{2} D t^2 + \varepsilon_x(t) \tag{3.32}$$

式中:x_0 为初始时间偏差;y_0 为初始频率偏差;D 为频率漂移率;$\varepsilon_x(t)$ 为时间偏差中的随机噪声。$x(t)$ 即为 t 时刻的卫星钟钟面时与系统时的钟差,其变化可分为系统性变化和随机性变化。其中系统性变化分量包括初始时间偏差及由频率偏移和频率漂移的时间累积而产生的时间偏差,是钟差的主要变化分量[4]。

3.5.1.1　卫星钟差的系统误差模型

由式(3.32)知,当 $t = t_0$ 时,$x(t) = x_0$,代表卫星钟在每次校频操作后其钟面时与

系统时之间的初始钟差。由于频率偏移和频率漂移的存在,如果不对卫星钟进行相位调整,随着参考时刻 t_0^i 的增长,x_0^i 将会不断增大。因此,在实际操作中,对 x_0 设定了阈值,当其超过阈值时,就执行对卫星钟的调相操作,使得卫星钟与系统时的初始钟差小于阈值。GPS 将该阈值设置为 1ms,通过物理调钟,确保各卫星与系统时之间的钟差小于 1ms。

频率偏差 y_0 是原子频标实际输出频率与标准频率 f_0 之间的相对偏差,即

$$y_0 = \frac{f_x - f_0}{f_0} \tag{3.33}$$

式中:f_x 为原子频标实际输出频率。y_0 是衡量原子频标性能的重要指标。对于导航卫星所使用的原子钟,频率准确度在 $10^{-10} \sim 10^{-13}$ 之间,但经过 24h 的累积,仍能导致数百米的伪距测量误差。频率准确度可通过定期的校频操作进行校准,但由于频率准确度的测量及校正都存在误差,并且在 $10^{-10} \sim 10^{-13}$ 量级上,这种误差较为显著。因此 y_0 并不能得到有效消除,通常通过建立补偿模型进行误差补偿。

由于器件的老化、环境因素等原因,原子频标存在不同程度的频率漂移,频率漂移率 D 描述了单位时间内的频率漂移量。应当指出,频率漂移率是一种近似表达,因为实际的频率漂移并不是线性的。在常见的几种星载原子钟里,铯钟和被动氢钟的频率漂移很小,因此常被忽略;而铷钟的频率漂移却不可忽略。频率漂移率 D 通常采用观测数据拟合得到,其最小二乘计算方法为

$$D = \frac{\sum_{i=1}^{N}(y_i - \bar{y})(t_i - \bar{t})}{\sum_{i=1}^{N}(t_i - \bar{t})^2} \tag{3.34}$$

式中:y_i 为 t_i 的相对频率值;$\bar{y}$ 为 y_i 的平均值;t_i 为观测时刻;$\bar{t}$ 为 t_i 的平均值。频率漂移是原子频标的固有特性,无法通过物理校正操作予以消除,只能使用过去一段时间内的观测数据进行漂移率拟合并补偿。

3.5.1.2 卫星钟噪声模型

式(3.32)中的最后一项 $\varepsilon_x(t)$ 是由原子频标的频率噪声的时间积累产生的时差噪声。将 $x(t)$ 对 t 求导得

$$y(t) = y_0 + Dt + \varepsilon_y(t) \tag{3.35}$$

噪声项 $\varepsilon_y(t)$ 描述了原子频标输出频率的随机波动,即原子频标的稳定度。关于原子频标的噪声模型,J. A. Barnes 等人提出了幂率谱模型[5],指出原子频标的噪声由 5 种噪声的线性叠加组成。即

$$\varepsilon_y(t) = \sum_{\alpha=-2}^{2} z_\alpha(t) \tag{3.36}$$

式中:$z_\alpha(t)$代表独立的噪声过程。按 α 的不同分别为:$\alpha = -2$,调频随机游走噪声;$\alpha = -1$,调频闪变噪声;$\alpha = 0$,调频白噪声;$\alpha = 1$,调相闪变噪声;$\alpha = 2$,调相白噪声。

$\varepsilon_y(t)$ 的统计模型由其功率谱密度函数给出:

$$S_y(f) = \sum_{\alpha=-2}^{2} h_\alpha f^\alpha \qquad (3.37)$$

式中:参数 h_α 表征了 α 噪声的功率大小。

相应地,由原子频标的频率噪声引起的时间偏差 $x(t)$ 的噪声可表示为

$$\varepsilon_x(t) = \sum_{\alpha=-2}^{2} n_\alpha(t) \qquad (3.38)$$

式中:$n_\alpha(t)$ 为对应的频率噪声引起的时间偏差噪声分量。可以证明,$\varepsilon_x(t)$ 的功率谱密度函数为[6]

$$S_x(f) = \frac{1}{(2\pi f)^2} S_y(f) \qquad (3.39)$$

将式(3.37)代入式(3.39)得

$$S_x(f) = \frac{1}{(2\pi)^2} \sum_{\alpha=-2}^{2} h_\alpha f^{\alpha-2} \qquad (3.40)$$

式(3.40)即为时间偏差 $x(t)$ 的幂率谱噪声模型,是 $x(t)$ 的频域稳定度描述。由于噪声中包含了低频分量丰富的调频随机游走噪声和调频闪变噪声,噪声分量 $\varepsilon_x(t)$ 在两次校频操作的时间间隔内同样会产生累积效应,使 $x(t)$ 偏离初始值。

由上述分析可知,钟差 $x(t)$ 的特性可完全由参数 x_0、y_0、D 及 $\varepsilon_x(t)$ 描述。在卫星运行过程中,为了尽可能地减小由卫星钟性能的不理想引起的定位误差,通常采用定期的时间传递操作和钟差估计预测相结合的手段。时间传递操作的精度决定了一次注入操作后各卫星的初始钟差大小,卫星钟差随 AOD 增加而产生的增长则通过定时的校频操作和钟差估计予以补偿。对于不同类型的卫星钟,由于参数 y_0、D 及 $\varepsilon_x(t)$ 的不同,将导致校频操作和钟差估计模型的不同。表 3.1 归纳了常用的星载原子钟的性能参数[6-7]。

表 3.1　常见星载原子钟性能参数

参数 \ 类型		铷钟	铯钟	被动型氢钟
频率准确度		$3 \times 10^{-10} \sim 5 \times 10^{-10}$	$1 \times 10^{-13} \sim 7 \times 10^{-13}$	$0.5 \times 10^{-12} \sim 1 \times 10^{-12}$
频率漂移率		$0.5 \times 10^{-11} \sim 4 \times 10^{-11}$/月	$\leqslant 1 \times 10^{-15}$/天	1×10^{-15}/天
频率稳定度	1h	$3 \times 10^{-13} \sim 20 \times 10^{-13}$	$1 \times 10^{-13} \sim 10 \times 10^{-13}$	$3 \times 10^{-14} \sim 5 \times 10^{-14}$
	1 天	$3 \times 10^{-13} \sim 10 \times 10^{-13}$	$3 \times 10^{-14} \sim 20 \times 10^{-14}$	$1 \times 10^{-14} \sim 2 \times 10^{-14}$

从表 3.1 中可以看出,在常见的星载原子钟里,被动型氢钟拥有最优秀的短期和长期稳定性,目前在 Galileo 系统卫星、北斗卫星和新一代 GPS 卫星中得到应用;铯钟

拥有最好的频率准确度,目前已用在 GPS 和 GLONASS 中;铷钟的频率漂移率较大,需要使用高阶模型来减弱其影响;被动型氢钟和铯钟的频率漂移几乎可以忽略。

3.5.2 卫星钟差的预报方法

3.5.2.1 概述

在现有的运控体系下,导航卫星通过与地面监测站间的时间传递实现钟差测量,时间传递操作只有在卫星的可观测弧段内进行,在剩余的时间段内,卫星需要实现对自身运行状态的监测,以保证其处于稳定可靠的运行状态。对于卫星时间基准的维持来说,由于卫星钟特性的不理想,在两次时间传递操作的间隔内,卫星钟差会发生明显的偏移,导致定位性能的下降。为了保证定位性能的一致性,在这期间需要通过向用户提供实时的钟差预测数据来抵消因卫星钟偏移带来的定位误差,这就需要运控段对卫星钟差进行预报并将预报数据注入导航卫星。

有多种方法可以实现钟差预报。一种最直观的预报模型是多项式模型。n 阶多项式预报模型的数学表达式为

$$x_k = a_0 + a_1 \cdot (t_k - t_0) + a_2 \cdot (t_k - t_0)^2 + \cdots + a_n \cdot (t_k - t_0)^n + \varepsilon_k \quad (3.41)$$

式中:t_0 为起始时刻;x_k 为 t_k 时刻的钟差;$\{a_i\}$,$i = 1,2,\cdots,n$,为预报参数;ε_k 为拟合误差。二阶多项式模型已经能较好地符合式(3.32)所描述的钟差的系统误差特性,但该模型的预报误差会出现随时间的累积效应,且无法反映原子钟的能量谱噪声特性,预报性能不够可靠[4,8-9]。

鉴于此,焦文海等提出钟差预报的灰色模型[9],该方法可以在使用较少观测数据的情况下实现快速预报,且长时间预报精度要比多项式模型高几个数量级。郑作亚等人在文献中提出了利用灰色模型进行钟差预报的一种改进算法[4],通过改变灰色模型的指数系数进一步提高其预报精度。此外,近年来提出的卫星钟差预报模型还有谱分析模型、改进的自回归(AR)模型、自回归积分滑动平均(ARIMA)模型等[8-12]。

应当指出,上述卫星钟差预报新方法大都处于仿真研究和实验室研究阶段,在实际的卫星导航系统中尚未得到应用。在实际应用中,GPS 使用卡尔曼滤波技术对卫星钟差进行估计和预测,预报时间从 1.5s ~ 180 天。

将卡尔曼滤波技术用于原子钟参数估计和预测的技术近年来得到广泛研究。L. A. Breakiron 使用卡尔曼滤波方法对美国海军天文台的铯钟和氢钟进行估计,得出的结论显示,所生成的时间尺度甚至比当前使用的事后处理时间尺度还要稳定[13-14]。S. T. Hutsell 针对 GPS 星载铷钟进行了卡尔曼滤波模型优化,采用卫星钟差的 Hadamard 方差来获取卡尔曼滤波参数,使得新的模型能更好地反映铷钟受频漂、甚低频噪声影响较为明显的特点[15-17]。朱祥维等对卡尔曼滤波算法、最小二乘递归算法和灰色模型算法的钟差预报性能进行了对比,结果表明,卡尔曼滤波算法的

短期预报性能最优[18]。

3.5.2.2　钟差预报的卡尔曼滤波方法

本节针对钟差预报的卡尔曼滤波方法进行研究。首先建立卫星钟的三状态卡尔曼滤波方程,然后推导适用于不同噪声模型的过程噪声协方差矩阵的统一表达形式,并给出基于阿伦方差和 Hadamard 方差的原子钟噪声参数估计方法。两种噪声参数方法分别适用于不同类型的原子钟。对于目前广泛使用的星载铷钟,由于其除了有明显的频率漂移外,当平滑时间较长时,还受甚低频噪声影响。使用基于 Hadamard 方差噪声估计将能更好地反映铷钟的系统误差特性和噪声特性。

1）原子钟的卡尔曼滤波模型

回顾卫星钟钟差模型式(3.32),若令原子钟在 t 时刻的相位时间、瞬时频率和频率漂移值分别为 $x(t)$、$y(t)$ 和 $z(t)$,则 $(t+\tau)$ 时刻的相位时间、瞬时频率和频率漂移值可递归表达为

$$
\begin{cases}
x(t+\tau) = x(t) + y(t) \cdot \tau + \dfrac{1}{2} z(t) \cdot \tau^2 + \Delta x \\
y(t+\tau) = y(t) + y(t) \cdot \tau + \Delta y \\
z(t+\tau) = z(t) + \Delta z
\end{cases}
\tag{3.42}
$$

式中:Δx、Δy 和 Δz 为 $x(t)$、$y(t)$ 和 $z(t)$ 的随机误差模型,其均值皆为零。

据此可建立卫星钟的卡尔曼滤波状态方程:

$$
\begin{bmatrix} x(t+\tau) \\ y(t+\tau) \\ z(t+\tau) \end{bmatrix}
=
\begin{bmatrix} 1 & \tau & \tau^2/2 \\ 0 & 1 & \tau \\ 0 & 0 & 1 \end{bmatrix}
\begin{bmatrix} x(t) \\ y(t) \\ z(t) \end{bmatrix}
+
\begin{bmatrix} \Delta x \\ \Delta y \\ \Delta z \end{bmatrix}
\tag{3.43}
$$

其矩阵表达式为

$$
X_k = \Phi_{k,k-1} \cdot X_{k-1} + W_{k-1}
\tag{3.44}
$$

式中:X_k 为 t_k 时刻的待估计状态矢量;$\Phi_{k,k-1}$ 为状态转移矩阵;τ 为单步预测的时间间隔;W_{k-1} 为 t_{k-1} 时刻的过程噪声矢量,其协方差矩阵为 Q_k。

原子钟相位观测方程为

$$
Z_k = H_k \cdot X_k + V_k
\tag{3.45}
$$

式中:$Z_k = x(t_k)$ 为受噪声影响的观测矢量;$H_k = \begin{bmatrix} 1 & 0 & 0 \end{bmatrix}$ 为观测矩阵;V_k 为观测噪声矢量,其协方差矩阵为 R_k,且 V_k 和 W_k 不相关。

当满足 V_k 和 W_k 不相关、Q_k 非负定、R_k 正定时,由式(3.44)和式(3.45)可推导出原子钟的卡尔曼滤波模型[19]。

一步状态预测:

$$
\hat{X}_{k,k-1} = \Phi_{k,k-1} \cdot \hat{X}_{k-1}
\tag{3.46}
$$

状态估计:

$$\hat{X}_k = \hat{X}_{k,k-1} + K_k(Z_k - H_k \cdot \hat{X}_{k,k-1}) \tag{3.47}$$

滤波增益：

$$K_k = P_{k,k-1} \cdot H_k^{\mathrm{T}}(H_k \cdot P_{k,k-1} \cdot H_k^{\mathrm{T}} + R_k)^{-1} \tag{3.48}$$

预测值协方差矩阵：

$$P_{k,k-1} = \Phi_{k,k-1} \cdot P_{k-1} \cdot \Phi_{k,k-1}^{\mathrm{T}} + Q_{k-1} \tag{3.49}$$

估计值协方差矩阵：

$$P_k = (I - K_k \cdot H_k)P_{k,k-1} \tag{3.50}$$

根据式(3.46)~式(3.50)，可对原子钟特性参数进行预测，预测误差的标准差为

$$s = \sqrt{\frac{1}{n-1}\sum_{i=1}^{n}(\hat{x}_i - x_i)^2} \tag{3.51}$$

式中：n 为钟差预报值个数。

2) 过程噪声协方差矩阵推导

由式(3.46)~式(3.51)知，使用卡尔曼滤波模型对原子钟进行钟差估计和预测时，除了需要确定状态转移矩阵 $\Phi_{k,k-1}$ 和观测矩阵 H_k 外，还需确定过程噪声协方差矩阵 Q_k 和观测噪声协方差矩阵 R_k。对于 Q_k 而言，当所选用的卡尔曼滤波模型不同时，其表达式也不相同。L. A. Breakiron 给出了两状态原子钟卡尔曼滤波模型的 Q_k 表达式[13]，对于本书所使用的三状态模型，当预期的原子钟主要噪声分量不同时，Q_k 也不相同[17-18]。

令原子钟卡尔曼滤波模型中主要噪声分量的方差为 σ_1^2、σ_2^2、σ_3^2，则

$$\frac{\mathrm{d}Q}{\mathrm{d}t} = \begin{bmatrix} \sigma_1^2 & 0 & 0 \\ 0 & \sigma_2^2 & 0 \\ 0 & 0 & \sigma_3^2 \end{bmatrix} \tag{3.52}$$

这些噪声在时间间隔 τ 内作用于系统所产生的效果为

$$Q = \int_{\tau} \Phi(t) \cdot \frac{\mathrm{d}Q}{\mathrm{d}t} \cdot \Phi^{\mathrm{T}}(t)\mathrm{d}t \tag{3.53}$$

将 $\Phi(t)$、$\mathrm{d}Q/\mathrm{d}t$ 代入式(3.53)得

$$Q = \begin{bmatrix} \sigma_1^2\tau + \sigma_2^2\tau^3/3 + \sigma_3^2\tau^5/20 & \sigma_2^2\tau^2/2 + \sigma_3^2\tau^4/8 & \sigma_3^2\tau^3/6 \\ \sigma_2^2\tau^2/2 + \sigma_3^2\tau^4/8 & \sigma_2^2\tau + \sigma_3^2\tau^3/3 & \sigma_3^2\tau^2/2 \\ \sigma_3^2\tau^3/6 & \sigma_3^2\tau^2/2 & \sigma_3^2\tau \end{bmatrix} \tag{3.54}$$

对于不同的噪声模型，由式(3.54)可获得具体的过程噪声协方差矩阵形式。

3）基于阿伦方差的原子钟噪声参数估计

为了获得噪声参数 σ_1^2、σ_2^2、σ_3^2 的具体数值，一般采用阿伦方差反演的方法[18,20-21]。阿伦方差的数学表达式为

$$\sigma_y^2(\tau) = \frac{1}{2(M-1)}\sum_{i=1}^{M-1}(y_{i+1}-y_i)^2 = \frac{1}{2(N-2)\tau^2}\sum_{i=1}^{N-2}(x_{i+2}-2x_{i+1}+x_i)^2 \tag{3.55}$$

式中：M 为频率数据点数；N 为相位数据点数。通常来说，原子钟最直接的观测量为相位数据，因此下面的分析基于相位观测量进行。

将式（3.55）等效表达为

$$\sigma_y^2(\tau) = \frac{1}{2\tau^2}E[x_{i+2}-2x_{i+1}+x_i]^2 =$$
$$\frac{1}{2\tau^2}E[(x_{i+2}-x_{i+1})-(x_{i+1}-x_i)]^2 \tag{3.56}$$

由式（3.43）得

$$\begin{bmatrix} x_{i+1} \\ y_{i+1} \\ z_{i+1} \end{bmatrix} = \begin{bmatrix} x_i+\tau y_i+(1/2)\tau^2 z_i \\ y_i+\tau z_i \\ z_i \end{bmatrix} + \begin{bmatrix} \Delta x_{i+1} \\ \Delta y_{i+1} \\ \Delta z_{i+1} \end{bmatrix} \tag{3.57}$$

$$\begin{bmatrix} x_{i+2} \\ y_{i+2} \\ z_{i+2} \end{bmatrix} = \begin{bmatrix} x_{i+1}+\tau y_{i+1}+(1/2)\tau^2 z_{i+1} \\ y_{i+1}+\tau z_{i+1} \\ z_{i+1} \end{bmatrix} + \begin{bmatrix} \Delta x_{i+2} \\ \Delta y_{i+2} \\ \Delta z_{i+2} \end{bmatrix} \tag{3.58}$$

则

$$\begin{cases} x_{i+1}-x_i = \tau y_i+(1/2)\tau^2 z_i+\Delta x_{i+1} \\ x_{i+2}-x_{i+1} = \tau y_{i+1}+(1/2)\tau^2 z_{i+1}+\Delta x_{i+2} \end{cases} \tag{3.59}$$

据此，可将阿伦方差表示为

$$\sigma_y^2(\tau) = \frac{1}{2\tau^2}E[(\tau y_{i+1}+(1/2)\tau^2 z_{i+1}+\Delta x_{i+2})-(\tau y_i+(1/2)\tau^2 z_i+\Delta x_{i+1})]^2 =$$
$$\frac{1}{2\tau^2}E\left[\Delta x_{i+2}-\left(\Delta x_{i+1}-\tau\Delta y_{i+1}-\frac{\tau^2}{2}\Delta z_{i+1}\right)\right]^2 =$$
$$\frac{1}{2\tau^2}\left\{E[\Delta x_{i+2}]^2+E\left[-\left(\Delta x_{i+1}-\tau\Delta y_{i+1}-\frac{\tau^2}{2}\Delta z_{i+1}\right)\right]^2\right\} \tag{3.60}$$

式（3.60）中各项可分别表示为

$$E[\Delta x_{i+2}]^2 = \begin{bmatrix} 1 & 0 & 0 \end{bmatrix}\boldsymbol{Q}\begin{bmatrix} 1 \\ 0 \\ 0 \end{bmatrix} \tag{3.61}$$

$$E\left[\Delta x_{i+1} - \tau \Delta y_{i+1} - \frac{\tau^2}{2} \Delta z_{i+1}\right]^2 = \begin{bmatrix} 1 & -\tau & -\frac{\tau^2}{2} \end{bmatrix} \boldsymbol{Q} \begin{bmatrix} 1 \\ -\tau \\ -\frac{\tau^2}{2} \end{bmatrix} \tag{3.62}$$

结合式(3.55)、式(3.60)、式(3.61)和式(3.62),经整理可得

$$\sigma_y^2(\tau) = \sigma_1^2 \tau^{-1} + (1/3)\sigma_2^2 \tau + (1/20)\sigma_3^2 \tau^3 \tag{3.63}$$

式(3.63)反映了阿伦方差与 $\alpha = 0, -2, -4$ 时三种噪声之间的关系,但通常原子钟相位观测数据还受调相白噪声的影响。对此,J. W. Chafee 推导了当原子钟受 $\alpha = 2, 0, -2, -4$ 四种噪声影响时阿伦方差和噪声方差之间的关系[22]:

$$\sigma_y^2(\tau) = 3\sigma_0^2 \tau^{-2} + \sigma_1^2 \tau^{-1} + (1/3)\sigma_2^2 \tau + (1/20)\sigma_3^2 \tau^3 \tag{3.64}$$

由式(3.64)的后 3 项可估计出原子钟卡尔曼滤波模型的过程噪声协方差矩阵,而观测噪声则由第一项和测量噪声共同构成。

令测量噪声方差为 σ_m^2,则观测噪声为

$$R_k = \sigma_m^2 + \sigma_0^2 \tag{3.65}$$

实际操作中 σ_0^2 据式(3.64)由阿伦方差估计得出,σ_m^2 可对去除趋势项的测量值求方差得到。

4)基于 Hadamard 方差的原子钟噪声参数估计

阿伦方差是描述原子钟频率稳定度的最基本的统计量,有广泛的应用。但其缺陷在于无法区分调相白噪声和调相闪变噪声,且在有频漂影响时不收敛。因此,对于目前广泛使用在卫星导航星载原子钟系统中的铷钟而言,使用阿伦方差对过程噪声协方差矩阵 $\boldsymbol{Q}_k$ 的估计将有较大偏差,导致钟差估计不准确。Hadamard 方差正好弥补了阿伦方差的这些缺陷,并且能够比阿伦方差多分析 $\alpha = -3$ 和 $\alpha = -4$ 时的噪声更适合用于铷钟参数的估计与预测。

Hadamard 方差的表达式为

$$H\sigma_y^2(\tau) = \frac{1}{6(N-3)\tau^2} \sum_{i=1}^{N-3} (x_{i+3} - 3x_{i+2} + 3x_{i+1} - x_i)^2 \tag{3.66}$$

其等效表达式为

$$H\sigma_y^2(\tau) = \frac{1}{6\tau^2} E\left[x_{i+3} - 3x_{i+2} + 3x_{i+1} - x_i\right]^2 =$$

$$\frac{1}{6\tau^2} E\left[(x_{i+3} - x_{i+2}) - 2(x_{i+2} - x_{i+1}) + (x_{i+1} - x_i)\right]^2 \tag{3.67}$$

由式(3.43)知

$$\begin{bmatrix} x_{i+3} \\ y_{i+3} \\ z_{i+3} \end{bmatrix} = \begin{bmatrix} x_{i+2} + \tau y_{i+2} + (1/2)\tau^2 z_{i+2} \\ y_{i+2} + \tau z_{i+2} \\ z_{i+2} \end{bmatrix} + \begin{bmatrix} \Delta x_{i+3} \\ \Delta y_{i+3} \\ \Delta z_{i+3} \end{bmatrix} \tag{3.68}$$

结合式(3.57)、式(3.58)和式(3.68)可推导出 x_i 的差分为

$$\begin{cases} x_{i+1} - x_i = \tau y_i + (1/2)\tau^2 z_i + \Delta x_{i+1} \\ x_{i+2} - x_{i+1} = \tau y_{i+1} + (1/2)\tau^2 z_{i+1} + \Delta x_{i+2} \\ x_{i+3} - x_{i+2} = \tau y_{i+2} + (1/2)\tau^2 z_{i+2} + \Delta x_{i+3} \end{cases} \tag{3.69}$$

将式(3.69)代入式(3.67)得

$$\begin{aligned} H\sigma_y^2(\tau) &= \frac{1}{6\tau^2} E\big[(\tau y_{i+2} + (1/2)\tau^2 z_{i+2} + \Delta x_{i+3}) - 2(\tau y_{i+1} + (1/2)\tau^2 z_{i+1} + \Delta x_{i+2}) + \\ &\quad (\tau y_i + (1/2)\tau^2 z_i + \Delta x_{i+1}) \big]^2 = \\ &\quad \frac{1}{6\tau^2} E\big[\Delta x_{i+3} - 2\Delta x_{i+2} + \Delta x_{i+1} + \tau(y_{i+2} - y_{i+1}) + (1/2)\tau^2(z_{i+2} - z_{i+1}) - \\ &\quad \tau(y_{i+1} - y_i) - (1/2)\tau^2(z_{i+1} - z_i) \big]^2 = \\ &\quad \frac{1}{6\tau^2} E\big[\Delta x_{i+3} - 2\Delta x_{i+2} + \Delta x_{i+1} + \tau(\tau z_{i+1} + \Delta y_{i+2}) + (1/2)\tau^2 \Delta z_{i+2} - \\ &\quad \tau(\tau z_i + \Delta y_{i+1}) + (1/2)\tau^2 \Delta z_{i+1} \big]^2 = \\ &\quad \frac{1}{6\tau^2} E\big[\Delta x_{i+3} + (-2\Delta x_{i+2} + \tau \Delta y_{i+2} + (1/2)\tau^2 \Delta z_{i+2}) + \\ &\quad (\Delta x_{i+1} - \tau \Delta y_{i+1} + (1/2)\tau^2 \Delta z_{i+1}) \big]^2 = \\ &\quad \frac{1}{6\tau^2} \{ E[\Delta x_{i+3}]^2 + E[-2\Delta x_{i+2} + \tau \Delta y_{i+2} + (1/2)\tau^2 \Delta z_{i+2}]^2 + \\ &\quad E[\Delta x_{i+1} - \tau \Delta y_{i+1} - (1/2)\tau^2 \Delta z_{i+1}]^2 \} \end{aligned} \tag{3.70}$$

式(3.70)中等式右侧各项可分别表示为

$$E[\Delta x_{i+3}]^2 = \begin{bmatrix} 1 & 0 & 0 \end{bmatrix} \boldsymbol{Q} \begin{bmatrix} 1 \\ 0 \\ 0 \end{bmatrix} \tag{3.71}$$

$$E[-2\Delta x_{i+2} + \tau \Delta y_{i+2} + (1/2)\tau^2 \Delta z_{i+2}]^2 = \begin{bmatrix} -2 & \tau & (1/2)\tau^2 \end{bmatrix} \boldsymbol{Q} \begin{bmatrix} -2 \\ -\tau \\ (1/2)\tau^2 \end{bmatrix} \tag{3.72}$$

$$E[\Delta x_{i+1} - \tau \Delta y_{i+1} + (1/2)\tau^2 \Delta z_{i+1}]^2 = \begin{bmatrix} 1 & -\tau & (1/2)\tau^2 \end{bmatrix} \boldsymbol{Q} \begin{bmatrix} 1 \\ -\tau \\ (1/2)\tau^2 \end{bmatrix} \tag{3.73}$$

结合式(3.54)、式(3.71)、式(3.72)和式(3.73),经整理可得

$$Ho_y^2 = \sigma_1^2 \tau^{-1} + (1/6)\sigma_2^2 \tau + (11/120)\sigma_3^2 \tau^3 \tag{3.74}$$

上面的分析仅考虑了 $\alpha = 0, -2, -4$ 的情况。对于原子钟来说,钟差数据必然会受到调相白噪声($\alpha = 2$)的影响,该噪声成分是观测噪声的一部分。考虑原子钟主要受调相白噪声影响时的情况,此时原子钟相位数据不具有时间相关性,因此:

$$Ho_y^2 = \frac{1}{6\tau^2}\{E[x_{i+3}]^2 + E[-3x_{i+2}]^2 + E[3x_{i+1}]^2 + E[-x_i]^2\} \tag{3.75}$$

$$E[x_{i+3}]^2 = E[x_{i+2}]^2 = E[x_{i+1}]^2 = E[x_i]^2 = \sigma_0^2 \tag{3.76}$$

结合式(3.75)和式(3.76)得

$$Ho_y^2 = \frac{10}{3\tau^2}\sigma_0^2 \tag{3.77}$$

因此,考虑原子钟受 $\alpha = 2, 0, -2, -4$ 这4种噪声影响时的 Hadamard 方差为

$$Ho_y^2 = (10/3)\sigma_0^2 \tau^{-2} + \sigma_1^2 \tau^{-1} + (1/6)\sigma_2^2 \tau + (11/120)\sigma_3^2 \tau^3 \tag{3.78}$$

式(3.78)建立了原子钟相位数据的 Hadamard 方差与原子钟卡尔曼滤波模型的过程噪声、观测噪声间的数学关系,在计算出原子钟相位数据的 Hadamard 方差后,通过式(3.78)即可获得噪声参数 σ_0^2、σ_1^2、σ_2^2 和 σ_3^2,从而求出卡尔曼滤波模型的过程噪声协方差矩阵和观测噪声协方差矩阵。

对比式(3.64)和式(3.78):对于调频白噪声($\alpha = 0$),阿伦方差和 Hadamard 方差相等;对于调相白噪声($\alpha = 2$),二者近似相等;对于调频随机游走噪声($\alpha = -2$),阿伦方差是 Hadamard 方差的2倍。对于铷钟而言,由于其相位观测数据中有明显的频率漂移,在应用阿伦方差时会有困难,因此将 Hadamard 方差用于铷钟的钟差参数估计和预测有明显优势。

参考文献

[1] KAPLAN E D,HEGARTY C J. Understanding GPS principles and applications[M]. New York:Artech House Publishers,2006.

[2] 刘晓刚,张传定.星地无线电双向法时间比对计算模型及其误差评估[J].宇航计测技术,2009,29(6):49-53.

[3] 潘峰,赵斌,黄佩诚,等.星地激光时间比对在卫星导航系统中的应用[J].宇航计测技术,2009,29(5):58-61.

[4] 郑作亚,卢秀山.几种 GPS 卫星钟差预报方法比较及精度分析[J].山东科技大学学报,2008,27(4):6-11.

[5] BARNES J A, et al. Characterization of frequency stability[J]. IEEE Transactions on Instrumentation and Measurement, 1971, 20(2):105-120.

[6] 郭海荣.导航卫星原子钟时频特性分析理论与方法研究[D].郑州:解放军信息工程大

学,2006.

[7] 周必磊.自主卫星导航系统时间同步关键技术研究[D],北京:北京理工大学,2010.

[8] 郭海荣,杨生,杨元喜,等. 基于卫星双向时间频率传递进行钟差预报的方法研究[J]. 武汉大学学报,2007,32(1):43-46.

[9] 焦文海,崔先强.灰色系统模型在卫星钟差预报中的应用[J].武汉大学学报,2005,30(5):447-450.

[10] 徐君毅,曾安敏.ARIMA(0,2,q)模型在卫星钟差预报中的应用[J].大地测量与地球动力学2009,29(5):116-120.

[11] 戴伟,焦文海,李维鹏,等.GPS Block IIR(M)星载原子钟钟差预报研究[J].大地测量与地球动力学,2009,29(4):111-115.

[12] DIETER G L,HATTEN G E , TAYLOR J. MCS zero age of data measurement techniques[C]// Proc. of 35th Annual Precise Time and Time Interval(PTTI) Meeting,Washington,2003,12:103 -116.

[13] BREAKIRON L A. A Kalman filter for atomic clocks and timescales[C]//33th Annual Precise Time and Time Interval(PTTI) Meeting,Long Beach,2001:431-443.

[14] BREAKIRON L A. Kalman filter characterization of cesium clocks and hydrogen masers[C]//34th Annual Precise Time and Time Interval(PTTI) Meeting,Reston, 2002:511-526.

[15] HUTSELL S T. Relating the hadamard variance to MCS Kalman filter clock estimation[C]//27th Annual Precise Time and Time Interval(PTTI) Meeting, Colorado,USA,1995:291-301.

[16] HUTSELL S T. Operational use of the hadamard variance in GPS[C]//28th Annual Precise Time and Time Interval(PTTI) Meeting,Reston, December 3-5,1996:201-214.

[17] HUTSELL S T. Fine tuning GPS clock estimation in the MCS[C]//26th Annual Precise Time and Time Interval(PTTI) Meeting,Reston,1994:63-74.

[18] 朱祥维,肖华,雍少为,等. 卫星钟差预报的 Kalman 算法及其性能分析[J]. 宇航学报,2008,29(3):966-970.

[19] 秦永元,等.卡尔曼滤波与组合导航原理[M]. 西安:西北工业大学出版社,1998.

[20] 卫国.原子钟时间尺度与 Kalman 滤波器[J].陕西天文台台刊,1990,13(2):73-83.

[21] ZUCCA C,TAVELLA P. The clock model and its relationship with the Allan and related variances[J]. IEEE Transaction on Ultrasonics, Frequencies , and Frequency Control, 2005 52(2):289-296.

[22] CHAFEE J W. Relating the allan variance to the diffusion coefficients of a linear stochastic differential equation model for precision oscillators[J]. IEEE Transaction on Ultrasonics, Frequencies , and Frequency Control, 1987,34(6):655-658.

第4章　卫星双向时间频率传递技术

△ 4.1　引　　言

卫星双向时间频率传递(TWSTFT)是卫星导航系统中实现远距离地面站之间时间频率传递的一种重要手段,目前卫星双向时间频率传递精度已能够达到亚纳秒的量级,是一种高精度时间传递技术[1-2],在卫星导航系统地面站时间同步中广泛采用,其性能优越性主要得益于采用双向链路差分消除了大部分路径时延误差。对于卫星双向时间频率传递中的误差问题,虽然国内外研究者进行了广泛研究[3-6],但目前仍缺乏系统化的定量分析。此外,虽然卫星双向时间频率传递技术应用到了各时频系统,如卫星导航系统,但是所采用的信号频段、卫星状况、地面站设备仍存在一定的差异,引起的时间传递偏差各异。因此,必须构建与之相适应的误差模型,这对于深入了解卫星导航系统的时间传递技术和方法,协助传递试验数据分析,乃至数据处理方法的优化都具有重大意义。

本章通过理论分析、建模和试验研究的手段对 Ku 频段和 C 频段卫星双向时间频率传递的各误差项进行系统的定量分析,针对主要误差源建立了相应的误差模型,并利用外部高精度模型和数据对时间传递误差的真实水平和时变特性进行了仿真研究,并进行相应的定量分析。

△ 4.2　卫星双向时间频率传递原理

在地心地固(ECEF)坐标系①下进行卫星双向时间频率传递的解算,对于地球自转及卫星运动引起的附加时延不能直观地表示,因此有研究者提出在地心惯性(ECI)坐标系②下进行钟差解算[7]。本节将详细推导 ECI 坐标系下卫星双向时间频率传递的计算模型,从而揭示卫星双向时间频率传递中各误差项的数学含义。

双向时间频率传递的基本原理[8]为:地面上两个不同的测站 A 和测站 B 在自身的本地时刻发送测距信号,信号发送时刻会触发 A、B 两地配套的时间间隔计数器

---

① 地心地固(ECEF)坐标系是地心地球参考系(GTRS)的典型化实现,是一种与地球固联的常用坐标系,具体可参考 IERS2010(IERS——国际地球自转服务)。

② 地心惯性(ECI)坐标系是地心天球参考系(GCRS)的典型化实现,是以地心为参考原点的准惯性系,具体可参考 IERS2010。

开始计数。A 站发出的测距信号(上行)经通信卫星转发后变为下行信号,该信号在某个时刻被地面站 B 的接收设备接收,同时会触发测站 B 的时间间隔计数器结束计数,根据 A、B 两站的时间间隔计数器的读数,可以得出 A 站发送的测距信号的路径传播时延。同样,测站 B 发出的测距信号经通信卫星转发后在某时刻被地面站 A 的接收设备接收,并触发 A 站时间间隔计数器结束计数。根据 A、B 两站的时间间隔计数器的读数,可以得出 B 站发送的测距信号的路径传播时延。经计算可获得地面站 A、B 之间的钟差 ΔT_{AB}。原理图如图 4.1 所示。

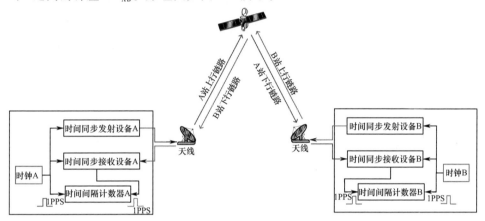

图 4.1　卫星双向时间频率传递原理示意图(见彩图)

地面站 A、B 卫星双向时间频率传递所获得的钟差可表示为

$$\Delta T_{AB} = t_{TB} - t_{TA} \tag{4.1}$$

$$\begin{cases} T_B = t_{RB} - t_{TB} = -\Delta T_{AB} + \tau_{AB} \\ T_A = t_{RA} - t_{TA} = \Delta T_{AB} + \tau_{BA} \end{cases} \tag{4.2}$$

因此,A、B 两站钟差:

$$\Delta T_{AB} = \frac{1}{2}(T_A - T_B) + \frac{1}{2}(\tau_{AB} - \tau_{BA}) \tag{4.3}$$

式中:T_A、T_B 为地面站 A、B 两站时间间隔计数器的计数;$(\tau_{AB} - \tau_{BA})/2$ 为 A、B 两站之间双向时间频率传递的总系统误差,这里的总系统误差指的是包含所有系统误差之和。由式(4.3)可知,当 A、B 两地面站的时间信号上下行传输路径绝对对称时(理想情况),卫星双向时间频率传递可以消除全部系统误差项,这是卫星双向时间频率传递技术从方法体制上拥有的最大优势,也是该方法能够获得高精度时间频率传递的主要原因。由于卫星双向时间频率传递过程中获得的直接观测量只包含 T_A 和 T_B,因此需要通过其他技术手段测量或计算得到 $(\tau_{AB} - \tau_{BA})/2$ 项来消除系统误差。

卫星双向时间频率传递除包含设备时延误差之外,还包含大气折射时延和几何距离时延误差。几何距离时延的产生一方面是由于地面站随地球一起自转,另一方面是卫星运动。大气折射时延主要是信号传播的过程中经过对流层、电离层等折射率不为 1 的介质时改变原来传播路径而引起的传播时延修正量,上述的误差分别称为地球自转效应(Sagnac 效应)、卫星运动误差对流层时延修正和电离层时延修正。信号传播时延 τ_{AB} 和 τ_{BA} 可进一步表示为[1]

$$\begin{cases} \tau_{AB} = \tau_A^T + R_{AS}^{geo}/c + \tau_{AS}^{ion} + \tau_{AS}^{tro} + \tau_{AS}^{rel} + \tau_S^{AB} + R_{SB}^{geo}/c + \tau_{SB}^{ion} + \tau_{SB}^{tro} + \tau_B^R \\ \tau_{BA} = \tau_B^T + R_{BS}^{geo}/c + \tau_{BS}^{ion} + \tau_{BS}^{tro} + \tau_{BS}^{rel} + \tau_S^{BA} + R_{SA}^{geo}/c + \tau_{SA}^{ion} + \tau_{SA}^{tro} + \tau_{SA}^{rel} + \tau_A^R \end{cases} \quad (4.4)$$

式中:τ_i^T、τ_i^R 分别为 i 站的发射时延和接收时延,$i = A,B$;R_{iS}^{geo}、R_{Si}^{geo} 分别为卫星双向时间频率传递过程中信号从 i 站发射到卫星和从卫星转发到 i 站的空间几何距离;τ_{iS}^{ion}、τ_{Si}^{ion} 分别为卫星双向时间频率传递过程中 i 站到卫星和卫星到 i 站的电离层时延值;τ_{iS}^{tro}、τ_{Si}^{tro} 分别为卫星双向时间频率传递过程中 i 站到卫星和卫星到 i 站的对流层时延值;τ_{iS}^{rel}、τ_{Si}^{rel} 分别为卫星双向时间频率传递过程中 i 站到卫星和卫星到 i 站的相对论时延值;c 为光传播的速度(这里认为的 c 取光在真空中的传播速度)。

将式(4.4)代入式(4.3)得

$$\Delta T_{AB} = \frac{1}{2}(T_A - T_B) + \frac{1}{2c}[(R_{AS}^{geo} - R_{SA}^{geo}) - (R_{BS}^{geo} - R_{SB}^{geo})] +$$

$$\frac{1}{2}[(\tau_A^T - \tau_B^T) - (\tau_A^R - \tau_B^R)] +$$

$$\frac{1}{2}[(\tau_{AS}^{ion} - \tau_{SA}^{ion}) - (\tau_{BS}^{ion} - \tau_{SB}^{ion})] +$$

$$\frac{1}{2}[(\tau_{AS}^{tro} - \tau_{SA}^{tro}) - (\tau_{BS}^{tro} - \tau_{SB}^{tro})] +$$

$$\frac{1}{2}[(\tau_{AS}^{rel} - \tau_{SA}^{rel}) - (\tau_{BS}^{rel} - \tau_{SB}^{rel})] +$$

$$\frac{1}{2}(\tau_S^{AB} - \tau_S^{BA}) \quad (4.5)$$

式(4.5)即为标准的站间卫星双向时间频率传递的函数模型。该式等号右边第二项表示 A、B 两站的时间信号在空间传播引起的几何距离时延差;第三项表示 A、B 两站发射、接收设备的时延差;第四项表示 A、B 两站时间信号的电离层误差时延差;第五项表示 A、B 站时间信号的对流层误差时延差;第六项表示 A、B 两站时间信号的相对论效应时延差;第七项表示 A、B 两站时间信号的卫星转发时延差。

由于地球自转、转发卫星运动和地面站运动,时间信号所走过的几何距离不等于使用地面站和卫星的初始位置计算出来的几何距离。令 $\boldsymbol{x}_A(t)$、$\boldsymbol{x}_B(t)$、$\boldsymbol{x}_S(t)$ 分别为 t 时刻地面站 A、B 和卫星 S 的天线在 ECI 坐标系下的位置矢量,以 A 站发射时间信号时刻 t_{TA} 为归算时刻 t_0,则 A 站上行链路空间几何距离可表示为

$$R_{AS}^{geo} = |\boldsymbol{x}_S(t_S^A) - \boldsymbol{x}_A(t_{TA} + \tau_A^T)| = R_{AS} + \Delta R_{AS} \quad (4.6)$$

式中:t_S^A 为 A 站时间信号到达卫星天线相位中心的时刻;R_{AS} 为 t_0 时刻地面站 A 与卫星间的几何距离;ΔR_{AS} 为 A 站上行链路距离改正项,且有

$$R_{AS} = \left| \boldsymbol{x}_S(t_0) - \boldsymbol{x}_A(t_0) \right| \qquad (4.7)$$

将 R_{AS}^{geo} 在 t_0 时刻做二阶泰勒级数展开,并结合式(4.7),得

$$R_{AS}^{geo} = \left| \boldsymbol{R}_{AS} + \dot{\boldsymbol{x}}_S \cdot (t_S^A - t_0) + \frac{1}{2}\ddot{\boldsymbol{x}}_S \cdot (t_S^A - t_0)^2 - \dot{\boldsymbol{x}}_A \cdot (t_{TA} + \tau_A^T - t_0) - \right.$$
$$\left. \frac{1}{2}\ddot{\boldsymbol{x}}_A \cdot (t_{TA} + \tau_A^T - t_0)^2 + r_{AS1} \right| \qquad (4.8)$$

$$r_{AS1} = \frac{\dddot{\boldsymbol{x}}_S(\xi_1)}{6}(t_S^A - t_0)^3 - \frac{\dddot{\boldsymbol{x}}_A(\xi_2)}{6}(t_{TA} + \tau_A^T - t_0)^3 \qquad (4.9)$$

式中: $\dot{\boldsymbol{x}}_A$、$\ddot{\boldsymbol{x}}_A$、$\dddot{\boldsymbol{x}}_A$、$\dot{\boldsymbol{x}}_S$、$\ddot{\boldsymbol{x}}_S$、$\dddot{\boldsymbol{x}}_S$ 分别为地面站 A 和卫星在 t_0 时刻的速度和加速度以及加速度的导数; r_{AS1} 为泰勒级数余项,有

式(4.8)等号两端平方,并省略所有 $(t_S^A - t_0)$ 和 $(t_{TA} + \tau_A^T - t_0)$ 三次方以上的项及地面站 A 和卫星速度、加速度的交叉项,得

$$(R_{AS}^{geo})^2 = R_{AS}^2 + \dot{\boldsymbol{x}}_S^2 \cdot (t_S^A - t_0)^2 + \dot{\boldsymbol{x}}_A^2 \cdot (t_{TA} + \tau_A^T - t_0)^2 +$$
$$2\boldsymbol{R}_{AS} \cdot \dot{\boldsymbol{x}}_S \cdot (t_S^A - t_0) + \boldsymbol{R}_{AS} \cdot \ddot{\boldsymbol{x}}_S \cdot (t_S^A - t_0)^2 -$$
$$2\boldsymbol{R}_{AS} \cdot \dot{\boldsymbol{x}}_A \cdot (t_{TA} + \tau_A^T - t_0) - \boldsymbol{R}_{AS} \cdot \ddot{\boldsymbol{x}}_A \cdot (t_{TA} + \tau_A^T - t_0)^2 \qquad (4.10)$$

式(4.10)等号两端开方并展开为幂级数,得

$$R_{AS}^{geo} = R_{AS} + \frac{\boldsymbol{R}_{AS} \cdot \dot{\boldsymbol{x}}_S}{R_{AS}}(t_S^A - t_0) + \frac{1}{2} \cdot \frac{\boldsymbol{R}_{AS} \cdot \ddot{\boldsymbol{x}}_S}{R_{AS}}(t_S^A - t_0)^2 +$$
$$\frac{1}{2} \cdot \frac{\dot{\boldsymbol{x}}_S \cdot \dot{\boldsymbol{x}}_S}{R_{AS}}(t_S^A - t_0)^2 - \frac{1}{2} \cdot \frac{(\boldsymbol{R}_{AS} \cdot \dot{\boldsymbol{x}}_S)^2}{R_{AS}^3}(t_S^A - t_0)^2 -$$
$$\frac{\boldsymbol{R}_{AS} \cdot \dot{\boldsymbol{x}}_A}{R_{AS}}(t_{TA} + \tau_A^T - t_0) - \frac{1}{2} \cdot \frac{\boldsymbol{R}_{AS} \cdot \ddot{\boldsymbol{x}}_A}{R_{AS}}(t_{TA} + \tau_A^T - t_0)^2 +$$
$$\frac{1}{2} \cdot \frac{\dot{\boldsymbol{x}}_A \cdot \dot{\boldsymbol{x}}_A}{R_{AS}}(t_{TA} + \tau_A^T - t_0)^2 - \frac{1}{2} \cdot \frac{(\boldsymbol{R}_{AS} \cdot \dot{\boldsymbol{x}}_A)^2}{R_{AS}^3}(t_{TA} + \tau_A^T - t_0)^2 + r_{AS2}$$

$$(4.11)$$

式中: r_{AS2} 为幂级数余项。令 $f(t) = R_{AS}^{geo}/R_{AS}$,则

$$r_{AS2} = \frac{(t_S^A - t_0)^3}{6}\frac{\mathrm{d}^3 f(t)}{\mathrm{d}(t_S^A - t_0)^3}\bigg|_{\xi_3} + \frac{(t_{TA} + \tau_A^T - t_0)^3}{6}\frac{\mathrm{d}^3 f(t)}{\mathrm{d}(t_{TA} + \tau_A^T - t_0)^3}\bigg|_{\xi_4} \qquad (4.12)$$

省略余项,可得 A 站上行链路的距离改正项为

$$\Delta R_{AS} = \frac{\boldsymbol{R}_{AS} \cdot \dot{\boldsymbol{x}}_S}{R_{AS}}(t_S^A - t_0) + \frac{1}{2} \cdot \frac{\boldsymbol{R}_{AS} \cdot \ddot{\boldsymbol{x}}_S}{R_{AS}}(t_S^A - t_0)^2 +$$
$$\frac{1}{2} \cdot \frac{\dot{\boldsymbol{x}}_S \cdot \dot{\boldsymbol{x}}_S}{R_{AS}}(t_S^A - t_0)^2 - \frac{1}{2} \cdot \frac{(\boldsymbol{R}_{AS} \cdot \dot{\boldsymbol{x}}_S)^2}{R_{AS}^3}(t_S^A - t_0)^2 -$$

$$\frac{\boldsymbol{R}_{\mathrm{AS}} \cdot \dot{\boldsymbol{x}}_{\mathrm{A}}}{R_{\mathrm{AS}}}(t_{\mathrm{TA}} + \tau_{\mathrm{A}}^{\mathrm{T}} - t_0) - \frac{1}{2} \cdot \frac{\boldsymbol{R}_{\mathrm{AS}} \cdot \ddot{\boldsymbol{x}}_{\mathrm{A}}}{R_{\mathrm{AS}}}(t_{\mathrm{TA}} + \tau_{\mathrm{A}}^{\mathrm{T}} - t_0)^2 +$$

$$\frac{1}{2} \cdot \frac{\dot{\boldsymbol{x}}_{\mathrm{A}} \cdot \dot{\boldsymbol{x}}_{\mathrm{A}}}{R_{\mathrm{AS}}}(t_{\mathrm{TA}} + \tau_{\mathrm{A}}^{\mathrm{T}} - t_0)^2 - \frac{1}{2} \cdot \frac{(\boldsymbol{R}_{\mathrm{AS}} \cdot \dot{\boldsymbol{x}}_{\mathrm{A}})^2}{R_{\mathrm{AS}}^3}(t_{\mathrm{TA}} + \tau_{\mathrm{A}}^{\mathrm{T}} - t_0)^2$$

$$(4.13)$$

同理可得

$$\begin{cases} R_{\mathrm{SA}}^{\mathrm{geo}} = \left| \boldsymbol{x}_{\mathrm{A}}(t_{\mathrm{RA}} - \tau_{\mathrm{A}}^{\mathrm{R}}) - \boldsymbol{x}_{\mathrm{S}}(t_{\mathrm{S}}^{\mathrm{B}} + \tau_{\mathrm{S}}^{\mathrm{BA}}) \right| = R_{\mathrm{SA}} + \Delta R_{\mathrm{SA}} \\ R_{\mathrm{BS}}^{\mathrm{geo}} = \left| \boldsymbol{x}_{\mathrm{S}}(t_{\mathrm{S}}^{\mathrm{B}}) - \boldsymbol{x}_{\mathrm{B}}(t_{\mathrm{TB}} + \tau_{\mathrm{B}}^{\mathrm{T}}) \right| = R_{\mathrm{BS}} + \Delta R_{\mathrm{BS}} \\ R_{\mathrm{SB}}^{\mathrm{geo}} = \left| \boldsymbol{x}_{\mathrm{B}}(t_{\mathrm{RB}} - \tau_{\mathrm{B}}^{\mathrm{R}}) - \boldsymbol{x}_{\mathrm{S}}(t_{\mathrm{S}}^{\mathrm{A}} + \tau_{\mathrm{S}}^{\mathrm{AB}}) \right| = R_{\mathrm{SB}} + \Delta R_{\mathrm{SB}} \end{cases}$$

$$(4.14)$$

$$\begin{cases} R_{\mathrm{SA}} = \left| \boldsymbol{x}_{\mathrm{A}}(t_0) - \boldsymbol{x}_{\mathrm{S}}(t_0) \right| \\ R_{\mathrm{BS}} = \left| \boldsymbol{x}_{\mathrm{S}}(t_0) - \boldsymbol{x}_{\mathrm{B}}(t_0) \right| \\ R_{\mathrm{SB}} = \left| \boldsymbol{x}_{\mathrm{B}}(t_0) - \boldsymbol{x}_{\mathrm{S}}(t_0) \right| \end{cases}$$

$$(4.15)$$

式中：$t_{\mathrm{S}}^{\mathrm{B}}$ 为 B 站时间信号到达卫星天线相位中心的时刻；ΔR_{SA}、ΔR_{BS}、ΔR_{SB} 分别为 A 站下行链路距离改正项、B 站上行链路距离改正项及 B 站下行链路距离改正项，可展开为

$$\Delta R_{\mathrm{SA}} = \frac{\boldsymbol{R}_{\mathrm{SA}} \cdot \dot{\boldsymbol{x}}_{\mathrm{A}}}{R_{\mathrm{SA}}}(t_{\mathrm{RA}} - \tau_{\mathrm{A}}^{\mathrm{R}} - t_0) + \frac{1}{2} \cdot \frac{\boldsymbol{R}_{\mathrm{SA}} \cdot \ddot{\boldsymbol{x}}_{\mathrm{A}}}{R_{\mathrm{SA}}}(t_{\mathrm{RA}} - \tau_{\mathrm{A}}^{\mathrm{R}} - t_0)^2 +$$

$$\frac{1}{2} \cdot \frac{\dot{\boldsymbol{x}}_{\mathrm{A}} \cdot \dot{\boldsymbol{x}}_{\mathrm{A}}}{R_{\mathrm{SA}}}(t_{\mathrm{RA}} - \tau_{\mathrm{A}}^{\mathrm{R}} - t_0)^2 - \frac{1}{2} \cdot \frac{(\boldsymbol{R}_{\mathrm{SA}} \cdot \dot{\boldsymbol{x}}_{\mathrm{A}})^2}{R_{\mathrm{SA}}^3}(t_{\mathrm{RA}} - \tau_{\mathrm{A}}^{\mathrm{R}} - t_0)^2 -$$

$$\frac{\boldsymbol{R}_{\mathrm{SA}} \cdot \dot{\boldsymbol{x}}_{\mathrm{S}}}{R_{\mathrm{SA}}}(t_{\mathrm{S}}^{\mathrm{B}} + \tau_{\mathrm{S}}^{\mathrm{BA}} - t_0) - \frac{1}{2} \cdot \frac{\boldsymbol{R}_{\mathrm{SA}} \cdot \ddot{\boldsymbol{x}}_{\mathrm{S}}}{R_{\mathrm{SA}}}(t_{\mathrm{S}}^{\mathrm{B}} + \tau_{\mathrm{S}}^{\mathrm{BA}} - t_0)^2 +$$

$$\frac{1}{2} \cdot \frac{\dot{\boldsymbol{x}}_{\mathrm{S}} \cdot \dot{\boldsymbol{x}}_{\mathrm{S}}}{R_{\mathrm{SA}}}(t_{\mathrm{S}}^{\mathrm{B}} + \tau_{\mathrm{S}}^{\mathrm{BA}} - t_0)^2 - \frac{1}{2} \cdot \frac{(\boldsymbol{R}_{\mathrm{SA}} \cdot \dot{\boldsymbol{x}}_{\mathrm{S}})^2}{R_{\mathrm{SA}}^3}(t_{\mathrm{S}}^{\mathrm{B}} + \tau_{\mathrm{S}}^{\mathrm{BA}} - t_0)^2$$

$$(4.16)$$

$$\Delta R_{\mathrm{BS}} = \frac{\boldsymbol{R}_{\mathrm{BS}} \cdot \dot{\boldsymbol{x}}_{\mathrm{S}}}{R_{\mathrm{BS}}}(t_{\mathrm{S}}^{\mathrm{B}} - t_0) + \frac{1}{2} \cdot \frac{\boldsymbol{R}_{\mathrm{BS}} \cdot \ddot{\boldsymbol{x}}_{\mathrm{S}}}{R_{\mathrm{BS}}}(t_{\mathrm{S}}^{\mathrm{B}} - t_0)^2 +$$

$$\frac{1}{2} \cdot \frac{\dot{\boldsymbol{x}}_{\mathrm{S}} \cdot \dot{\boldsymbol{x}}_{\mathrm{S}}}{R_{\mathrm{BS}}}(t_{\mathrm{S}}^{\mathrm{B}} - t_0)^2 - \frac{1}{2} \cdot \frac{(\boldsymbol{R}_{\mathrm{BS}} \cdot \dot{\boldsymbol{x}}_{\mathrm{S}})^2}{R_{\mathrm{BS}}^3}(t_{\mathrm{S}}^{\mathrm{B}} - t_0)^2 -$$

$$\frac{\boldsymbol{R}_{\mathrm{BS}} \cdot \dot{\boldsymbol{x}}_{\mathrm{B}}}{R_{\mathrm{BS}}}(t_{\mathrm{TB}} + \tau_{\mathrm{B}}^{\mathrm{T}} - t_0) - \frac{1}{2} \cdot \frac{\boldsymbol{R}_{\mathrm{BS}} \cdot \ddot{\boldsymbol{x}}_{\mathrm{B}}}{R_{\mathrm{BS}}}(t_{\mathrm{TB}} + \tau_{\mathrm{B}}^{\mathrm{T}} - t_0)^2 +$$

$$\frac{1}{2} \cdot \frac{\dot{\boldsymbol{x}}_{\mathrm{B}} \cdot \dot{\boldsymbol{x}}_{\mathrm{B}}}{R_{\mathrm{BS}}}(t_{\mathrm{TB}} + \tau_{\mathrm{B}}^{\mathrm{T}} - t_0)^2 - \frac{1}{2} \cdot \frac{(\boldsymbol{R}_{\mathrm{BS}} \cdot \dot{\boldsymbol{x}}_{\mathrm{B}})^2}{R_{\mathrm{BS}}^3}(t_{\mathrm{TB}} + \tau_{\mathrm{B}}^{\mathrm{T}} - t_0)^2$$

$$(4.17)$$

$$\Delta R_{\mathrm{SB}} = \frac{\boldsymbol{R}_{\mathrm{SB}} \cdot \dot{\boldsymbol{x}}_{\mathrm{B}}}{R_{\mathrm{SB}}}(t_{\mathrm{RB}} - \tau_{\mathrm{B}}^{\mathrm{R}} - t_0) + \frac{1}{2} \cdot \frac{\boldsymbol{R}_{\mathrm{SB}} \cdot \ddot{\boldsymbol{x}}_{\mathrm{B}}}{R_{\mathrm{SB}}}(t_{\mathrm{RB}} - \tau_{\mathrm{B}}^{\mathrm{R}} - t_0)^2 +$$

$$\frac{1}{2} \cdot \frac{\dot{\boldsymbol{x}}_{\mathrm{B}} \cdot \dot{\boldsymbol{x}}_{\mathrm{B}}}{R_{\mathrm{SB}}}(t_{\mathrm{RB}} - \tau_{\mathrm{B}}^{\mathrm{R}} - t_0)^2 - \frac{1}{2} \cdot \frac{(\boldsymbol{R}_{\mathrm{SB}} \cdot \dot{\boldsymbol{x}}_{\mathrm{B}})^2}{R_{\mathrm{SB}}^3}(t_{\mathrm{RB}} - \tau_{\mathrm{B}}^{\mathrm{R}} - t_0)^2 -$$

$$\frac{\boldsymbol{R}_{\mathrm{SB}} \cdot \dot{\boldsymbol{x}}_{\mathrm{S}}}{R_{\mathrm{SB}}}(t_{\mathrm{S}}^{\mathrm{A}} + \tau_{\mathrm{S}}^{\mathrm{AB}} - t_0) - \frac{1}{2} \cdot \frac{\boldsymbol{R}_{\mathrm{SB}} \cdot \ddot{\boldsymbol{x}}_{\mathrm{S}}}{R_{\mathrm{SB}}}(t_{\mathrm{S}}^{\mathrm{A}} + \tau_{\mathrm{S}}^{\mathrm{AB}} - t_0)^2 +$$

$$\frac{1}{2} \cdot \frac{\dot{\boldsymbol{x}}_{\mathrm{S}} \cdot \dot{\boldsymbol{x}}_{\mathrm{S}}}{R_{\mathrm{SB}}}(t_{\mathrm{S}}^{\mathrm{A}} + \tau_{\mathrm{S}}^{\mathrm{AB}} - t_0)^2 - \frac{1}{2} \cdot \frac{(\boldsymbol{R}_{\mathrm{SB}} \cdot \dot{\boldsymbol{x}}_{\mathrm{S}})^2}{R_{\mathrm{SB}}^3}(t_{\mathrm{S}}^{\mathrm{A}} + \tau_{\mathrm{S}}^{\mathrm{AB}} - t_0)^2$$

$$(4.18)$$

将式(4.6)、式(4.7)、式(4.13) ~ 式(4.18)代入式(4.5),并注意到 $R_{\mathrm{AS}} = R_{\mathrm{SA}}$、$R_{\mathrm{BS}} = R_{\mathrm{SB}}$,可得到 ECI 坐标系下的站间双向时间频率传递的计算模型为

$$\begin{cases} t_{\mathrm{S}}^{\mathrm{A}} - t_0 = \tau_{\mathrm{A}}^{\mathrm{T}} + R_{\mathrm{AS}}^{\mathrm{geo}}/c + \tau_{\mathrm{AS}}^{\mathrm{ion}} + \tau_{\mathrm{AS}}^{\mathrm{tro}} + \tau_{\mathrm{AS}}^{\mathrm{rel}} \\ t_{\mathrm{TA}} + \tau_{\mathrm{A}}^{\mathrm{T}} - t_0 = \tau_{\mathrm{A}}^{\mathrm{T}} \\ t_{\mathrm{RA}} - \tau_{\mathrm{A}}^{\mathrm{R}} - t_0 = \tau_{\mathrm{B}}^{\mathrm{T}} + R_{\mathrm{BS}}^{\mathrm{geo}}/c + \tau_{\mathrm{BS}}^{\mathrm{ion}} + \tau_{\mathrm{BS}}^{\mathrm{tro}} + \tau_{\mathrm{BS}}^{\mathrm{rel}} + \tau_{\mathrm{S}}^{\mathrm{BA}} + R_{\mathrm{SA}}^{\mathrm{geo}}/c + \tau_{\mathrm{SA}}^{\mathrm{ion}} + \tau_{\mathrm{SA}}^{\mathrm{tro}} + \tau_{\mathrm{SA}}^{\mathrm{rel}} + \Delta T_{\mathrm{AB}} \\ t_{\mathrm{S}}^{\mathrm{B}} + \tau_{\mathrm{S}}^{\mathrm{BA}} - t_0 = \tau_{\mathrm{B}}^{\mathrm{T}} + R_{\mathrm{BS}}^{\mathrm{geo}}/c + \tau_{\mathrm{BS}}^{\mathrm{ion}} + \tau_{\mathrm{BS}}^{\mathrm{tro}} + \tau_{\mathrm{BS}}^{\mathrm{rel}} + \tau_{\mathrm{S}}^{\mathrm{BA}} + \Delta T_{\mathrm{AB}} \\ t_{\mathrm{S}}^{\mathrm{B}} - t_0 = \tau_{\mathrm{B}}^{\mathrm{T}} + R_{\mathrm{BS}}^{\mathrm{geo}}/c + \tau_{\mathrm{BS}}^{\mathrm{ion}} + \tau_{\mathrm{BS}}^{\mathrm{tro}} + \tau_{\mathrm{BS}}^{\mathrm{rel}} + \Delta T_{\mathrm{AB}} \\ t_{\mathrm{TB}} + \tau_{\mathrm{B}}^{\mathrm{T}} - t_0 = \tau_{\mathrm{B}}^{\mathrm{T}} + \Delta T_{\mathrm{AB}} \\ t_{\mathrm{RB}} - \tau_{\mathrm{B}}^{\mathrm{R}} - t_0 = \tau_{\mathrm{A}}^{\mathrm{T}} + R_{\mathrm{AS}}^{\mathrm{geo}}/c + \tau_{\mathrm{AS}}^{\mathrm{ion}} + \tau_{\mathrm{AS}}^{\mathrm{tro}} + \tau_{\mathrm{AS}}^{\mathrm{rel}} + \tau_{\mathrm{S}}^{\mathrm{AB}} + R_{\mathrm{SB}}^{\mathrm{geo}}/c + \tau_{\mathrm{SB}}^{\mathrm{ion}} + \tau_{\mathrm{SB}}^{\mathrm{tro}} + \tau_{\mathrm{SB}}^{\mathrm{rel}} \\ t_{\mathrm{S}}^{\mathrm{A}} + \tau_{\mathrm{S}}^{\mathrm{AB}} - t_0 = \tau_{\mathrm{A}}^{\mathrm{T}} + R_{\mathrm{AS}}^{\mathrm{geo}}/c + \tau_{\mathrm{AS}}^{\mathrm{ion}} + \tau_{\mathrm{AS}}^{\mathrm{tro}} + \tau_{\mathrm{AS}}^{\mathrm{rel}} + \tau_{\mathrm{S}}^{\mathrm{AB}} \end{cases}$$

$$(4.19)$$

$$\Delta T_{\mathrm{AB}} = \frac{1}{2}(T_{\mathrm{A}} - T_{\mathrm{B}}) + \frac{1}{2c}\big[(\Delta R_{\mathrm{AS}} - \Delta R_{\mathrm{SA}}) - (\Delta R_{\mathrm{BS}} - \Delta R_{\mathrm{SB}})\big] +$$

$$\frac{1}{2}\big[(\tau_{\mathrm{AS}}^{\mathrm{ion}} - \tau_{\mathrm{SA}}^{\mathrm{ion}}) - (\tau_{\mathrm{BS}}^{\mathrm{ion}} - \tau_{\mathrm{SB}}^{\mathrm{ion}})\big] +$$

$$\frac{1}{2}\big[(\tau_{\mathrm{AS}}^{\mathrm{tro}} - \tau_{\mathrm{SA}}^{\mathrm{tro}}) - (\tau_{\mathrm{BS}}^{\mathrm{tro}} - \tau_{\mathrm{SB}}^{\mathrm{tro}})\big] +$$

$$\frac{1}{2}\big[(\tau_{\mathrm{A}}^{\mathrm{T}} - \tau_{\mathrm{B}}^{\mathrm{T}}) - (\tau_{\mathrm{A}}^{\mathrm{R}} - \tau_{\mathrm{B}}^{\mathrm{R}})\big] +$$

$$\frac{1}{2}\big[(\tau_{\mathrm{AS}}^{\mathrm{rel}} - \tau_{\mathrm{SA}}^{\mathrm{rel}}) - (\tau_{\mathrm{BS}}^{\mathrm{rel}} - \tau_{\mathrm{SB}}^{\mathrm{rel}})\big] +$$

$$\frac{1}{2}(\tau_{\mathrm{S}}^{\mathrm{AB}} - \tau_{\mathrm{S}}^{\mathrm{BA}})$$

$$(4.20)$$

式(4.20)中,第二项可根据式(4.13)、式(4.16)~式(4.18)计算得到。

式(4.20)中,等号右侧:第一项包含了由观测噪声所引入的观测误差,通常为随机误差;第二项为由于卫星和地面站的运动导致它们在 ECI 坐标系下坐标不固定而引入的误差,它包括地球自转产生的 Sagnac 效应和卫星、地面站相对 ECEF 坐标系的运动而产生的运动误差;第三项为电离层时延误差;第四项为对流层时延误差;第五项为地面站设备时延误差;第六项为相对论效应误差;第七项为卫星转发时延误差。从上面的公式中可以看出,所有的误差项都表现为 A、B 两站做差分形式,这进一步说明链路对称对于卫星双向时间频率传递的重要性。本章将对式(4.20)中的各主要误差项分别建立模型,并针对北斗系统中的卫星双向时间频率传递误差进行仿真和试验研究,给出真实的误差水平和时变特性。

▲ 4.3　卫星双向观测误差

式(4.20)右侧第一项中包含由观测噪声引入的观测误差。观测量 T_A、T_B 通过时间间隔计数器测量获得,而时间间隔计数器的关门信号则由地面站接收终端对时间信号的伪随时噪声(PRN)码相位观测量触发产生。因此,卫星双向时间频率传递的观测误差由 PRN 码相位测量误差和时间间隔计数器测量误差共同构成。设 PRN 码相位测量误差和时间间隔计数器测量误差的标准差分别为 σ_{modem}、σ_{TIC},则观测误差可表示为

$$\sigma_m = \sqrt{\sigma_{\text{modem}}^2 + \sigma_{\text{TIC}}^2} \tag{4.21}$$

PRN 码相位测量误差是由接收终端的码跟踪环路(简称码环)产生的。码环误差主要由码环热噪声误差和动态应力误差两部分组成,其中动态应力误差可通过载波环辅助码环技术极大地减小,因此主要的误差是码环热噪声误差。对于采用点积型环路鉴别器的环路,码环热噪声误差为

$$\sigma_t = T_c \sqrt{B_L \frac{1 - R(d)}{2\alpha^2 \frac{C}{N_0}} \left(1 + \frac{1}{\frac{C}{N_0} T_p}\right)} \tag{4.22}$$

式中:d 为延迟滞后伪码间隔;$R(d)$ 为相关函数在 d 时刻的值,对于二进制相移键控(BPSK)信号,$R(d) = 1 - d$;$\alpha = dR(\tau)/d\tau \mid_{\tau = -\frac{d}{2}}$ 为相关函数的斜率,对于 BPSK 信号,$\alpha = 1$;B_L 为码跟踪环路带宽(Hz);C/N_0 为载噪比(dBHz);T_c 为码片间隔;T_p 为预检测积分时间。

对于 BPSK 信号,码环热噪声误差随接收信号载噪比的增加相应变化趋势如图 4.2 所示。典型情况下,PRN 码相位测量误差小于 50ps。

时间间隔计数器测量误差通常小于 100ps,以斯坦福研究系统(Stanford research

system）生产的时间间隔计数器 SR620 为例，其标称测量误差为 25ps。因此，由式（4.21）知，站间时间传递可获得的观测误差优于

$$\sqrt{50^2 + 25^2} \approx 56(\text{ps})$$

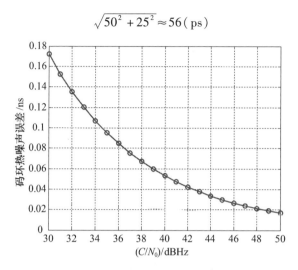

图 4.2　码环热噪声误差

4.4　卫星和地面站运动误差

式（4.20）中等号右侧第二项对应着由于卫星和地面站的运动导致它们在 ECI 坐标系下坐标不固定而引入的误差，它包括地球自转产生的 Sagnac 效应和卫星、地面站相对 ECEF 坐标系的运动而产生的运动误差。Sagnac 效应有时被认为是相对论误差的一种，它是由于光速在非惯性坐标系（此处为 ECEF 坐标系）中的变化造成的。但由于本章的研究都基于 ECI 坐标系下的计算模型进行，在 ECI 坐标系中，Sagnac 效应可被看作由于地球固有的自传特性导致的卫星和地面站间信号传播时间的变化。因此，基于式（4.20）所描述的模型，将 Sagnac 效应误差和由于卫星、地面站在 ECEF 坐标系中的相对运动而引入的误差视为一类误差，而本节中相对论误差则专指由于卫星钟和地面站时钟所处的重力势不同而引入的误差。

式（4.20）中由卫星和地面站运动引入的误差为

$$\Delta\tau_{\text{tw}}^{\text{mot}} = \frac{1}{2c}\big[\,(\Delta R_{\text{AS}} - \Delta R_{\text{SA}}) - (\Delta R_{\text{BS}} - \Delta R_{\text{SB}})\,\big] \tag{4.23}$$

令 $\Delta\tau_{\text{AS}} = \Delta R_{\text{AS}}/c$、$\Delta\tau_{\text{SA}} = \Delta R_{\text{SA}}/c$、$\Delta\tau_{\text{BS}} = \Delta R_{\text{BS}}/c$、$\Delta\tau_{\text{SB}} = \Delta R_{\text{SB}}/c$，将式（4.23）改写为

$$\Delta\tau_{\text{tw}}^{\text{mot}} = \frac{1}{2}\big[\,(\Delta\tau_{\text{AS}} - \Delta\tau_{\text{SA}}) - (\Delta\tau_{\text{BS}} - \Delta\tau_{\text{SB}})\,\big] \tag{4.24}$$

由式(4.13)、式(4.16)、式(4.17)及式(4.18)知,卫星和地面站运动误差 $\Delta\tau_{tw}^{mot}$ 是由于卫星和地面站在 ECI 坐标系中的速度和加速度造成的。可将 $\Delta\tau_{tw}^{mot}$ 分解为由地球自转引起的部分和卫星在 ECEF 坐标系中的相对运动引起的部分。即

$$\Delta\tau_{tw}^{mot} = \frac{1}{2}\left[\left(\Delta\tau_{AS}^{sag} - \Delta\tau_{SA}^{sag}\right) - \left(\Delta\tau_{BS}^{sag} - \Delta\tau_{SB}^{sag}\right)\right] +$$

$$\frac{1}{2}\left[\left(\Delta\tau_{AS}^{mot} - \Delta\tau_{SA}^{mot}\right) - \left(\Delta\tau_{BS}^{mot} - \Delta\tau_{SB}^{mot}\right)\right] \tag{4.25}$$

下面按照这种划分对 $\Delta\tau_{tw}^{mot}$ 进行研究。

4.4.1　Sagnac 效应误差

ECI 坐标系属于惯性坐标系,在该坐标系下信号以固定的速度沿直线传输,与信号发射端的运行速度无关,而 ECEF 坐标系属于非惯性系,信号在该坐标系真空环境中的传播路径是是非直线的,若还认为信号沿直线传播,则与它的实际传播路径不相符。Sagnac 效应的定义是基于 ECI 坐标系下观察到的信号传播路径时延与 ECEF 坐标系下仍认为真空中光沿直线传播而判断的信号传播路径时延之差[8]。

对于卫星双向时间频率传递而言,Sagnac 效应的原理可用图 4.3 来表示。以 A 站发射的时间信号并经卫星转发后到达 B 站并被接收为例,假设信号从 A 站发射天线离开的时刻是 t_{TA},随后在大气中传播并于 t_S^A 时到达卫星接收天线,卫星将该信号经过变频处理于 $(t_S^A + \tau_S^{AB})$ 时刻离开卫星的发射天线,变频处理后的信号继续在大气中传播,并于 t_{RB} 时刻到达 B 站接收天线。信号在传播过程中,由于地球自转的影响,实际的上行传输距离和下行传输距离为 R_2、R_4,而理论的上下行路线是利用卫星和地面站的固定位置计算得到的 R_1 和 R_3,可以看出两者之间存在差别。($R_2 - R_1$)、

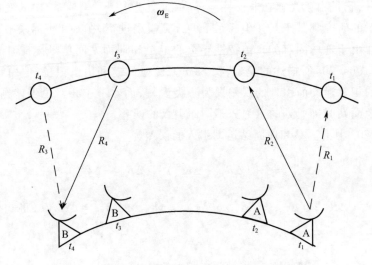

图 4.3　卫星双向时间传递中的 Sagnac 效应原理

$(R_4 - R_3)$ 即为上下行链路的 Sagnac 效应误差。若信号传播方向与地球自转方向相同,其传播路径会被拉长,此时 Sagnac 效应为正,反之为负。

基于 4.2 节中 ECI 坐标系下的卫星双向时间传递计算的函数模型,刘利推导了卫星双向时间传递中 Sagnac 效应误差的精确表达式[5]。设 (X_A, Y_A)、(X_B, Y_B) 和 (X_S, Y_S) 分别为地面站 A、B 及卫星 S 在 ECEF 坐标系下的坐标,则卫星双向时间传递的 Sagnac 效应(精确到二阶项)误差可采用下式表示[6]:

$$\Delta\tau_{tw}^{sag} = \frac{1}{2}\big[\,(\Delta\tau_{AS}^{sag} - \Delta\tau_{SA}^{sag}) - (\Delta\tau_{BS}^{sag} - \Delta\tau_{SB}^{sag})\,\big] =$$

$$\frac{\omega_E}{c^2}\big[\,Y_S(X_A - X_B) - X_S(Y_A - Y_B)\,\big] +$$

$$\frac{\omega_E(X_S Y_B - X_B Y_S)}{2c \cdot R_{SB}}(\tau_{B3}^{ion} + \tau_{BS}^{tro} + \tau_{BS}^{rel} + \tau_{SB}^{ion} + \tau_{SB}^{tro} + \tau_{SB}^{rel}) -$$

$$\frac{\omega_E(X_S Y_A - X_A Y_S)}{2c \cdot R_{SA}}(\tau_{AS}^{ion} + \tau_{AS}^{tro} + \tau_{AS}^{rel} + \tau_{SA}^{ion} + \tau_{SA}^{tro} + \tau_{SA}^{rel}) +$$

$$\frac{\omega_E(X_S Y_B - X_B Y_S)}{2c \cdot R_{SB}} \cdot \Delta\tau_{SB}^{sag} - \frac{\omega_E(X_S Y_A - X_A Y_S)}{2c \cdot R_{SA}} \cdot \Delta\tau_{SA}^{sag} \qquad (4.26)$$

式中相关符号的定义参见 4.2 节。当单条路径的电离层时延为 10ns、对流层时延为 100ns 时,等式右端第二项或第三项约为 0.165ps;当单条路径的 Sagnac 效应为 200ns 时,等式右端第四项或第五项的影响约为 0.15ps。

因此,在 1ps 量级上分析 Sagnac 效应误差,可将其表达为

$$\Delta\tau_{tw}^{sag} \approx \frac{\omega_E}{c^2}\big[\,Y_S(X_A - X_B) - X_S(Y_A - Y_B)\,\big] =$$

$$\frac{\omega_E}{c^2}\big[\,(X_S Y_B - X_B Y_S) - (X_S Y_A - X_A Y_S)\,\big] =$$

$$\frac{2\omega_E}{c^2}(A_{AS} - A_{BS}) \qquad (4.27)$$

式中:$A_{AS} = (X_S Y_A - X_A Y_S)/2$ 为地面站 A、卫星 S 及地心 O 所组成的三角形在赤道面上的投影面积;$A_{BS} = (X_S Y_B - X_B Y_S)/2$ 为地面站 B、卫星 S 及地心 O 所组成的三角形在赤道面上的投影面积。Sagnac 效应计算方法示意图如图 4.4 所示。令地面站 A、B 及卫星 S 的大地坐标分别为 $(\varphi_A, \lambda_A, h_A)$、$(\varphi_B, \lambda_B, h_B)$ 和 $(\varphi_S, \lambda_S, h_S)$,则

$$\begin{cases} A_{AS} = \dfrac{1}{2}(R_e + h_S) \cdot (R_e + h_A) \cdot \cos\varphi_A \cdot \sin(\lambda_S - \lambda_A) \\[2mm] A_{BS} = \dfrac{1}{2}(R_e + h_S) \cdot (R_e + h_B) \cdot \cos\varphi_B \cdot \sin(\lambda_S - \lambda_B) \end{cases} \qquad (4.28)$$

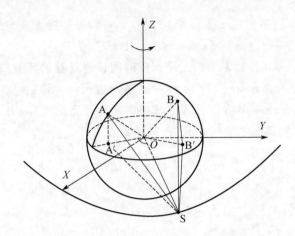

图 4.4 Sagnac 效应计算方法示意图

Sagnac 效应误差可通过理论计算来进行补偿,补偿后的残差取决于计算中所使用的卫星以及地面站的位置精度。假设 $\Delta\tau_{tw}^{sag}$ 具有最大值(两地面站位于赤道且经度相差 90°),则当卫星位置含有 1km 误差时,补偿后的 $\Delta\tau_{tw}^{sag}$ 残差约为 7ps;当前卫星双向时间传递所使用的 GEO 卫星定轨误差约为 7km,则所引起的最大 $\Delta\tau_{tw}^{sag}$ 残差约为 50ps。当地面站位置误差为 1km 时,$\Delta\tau_{tw}^{sag}$ 残差约为 100ps;地面站的位置精度一般优于 10m,故由此引起的 $\Delta\tau_{tw}^{sag}$ 残差优于 1ps。因此,经过补偿后的 Sagnac 效应残差优于 50ps,在亚纳秒级精度的传递中可以被忽略。

4.4.2   卫星在 ECEF 坐标系下的运动误差

在卫星双向时间传递中,当 A、B 两站与卫星间的距离不相等或 A、B 两站有较大钟差,且由于卫星的运动在 A 站和 B 站的上下行传播链路中引入不对称时,会导致在钟差解算中无法完全对消,由于卫星的运动所引入的误差通常称为卫星运动误差,其原理如图 4.5 所示。假设地面站 A 发射的时间信号在 t_S^A 时刻到达卫星,该时刻卫星位于 S1 位置;地面站 B 发射的时间信号在 t_S^B 时刻到达卫星,此时卫星已运动至 S2 位置。从图中可以看出由于卫星的运动导致信号的上下行链路不相等,即 $R_A^{up} \neq R_A^{dn}$、$R_B^{up} \neq R_B^{dn}$。A、B 站发射的时间信号到达卫星 S 的时间差 $(t_S^B - t_S^A)$ 主要由两个原因造成:A、B 站与卫星 S 间的距离差,A、B 站时钟的钟差。

设卫星运动速度在 AS、BS 路径上的投影分别为 $v_{AS}(t)$、$v_{BS}(t)$(设定指向地面站为正),则由于卫星在 ECEF 坐标系下的运动对卫星双向时间频率传递钟差解算造成的误差可用下式来表示:

$$\Delta\tau_{tw}^{mot}\Big|_{ECEF} = \frac{1}{2c}\left(\int_{t_S^A}^{t_S^B+\tau_S^{BA}} v_{AS}(t)\,\mathrm{d}t - \int_{t_S^B}^{t_S^A+\tau_S^{AB}} v_{BS}(t)\,\mathrm{d}t\right) \tag{4.29}$$

若以地面站 A 发射时间信号的时刻 t_{TA} 为时间起点 t_0,并设 A、B 站钟差为 ΔT_{AB},

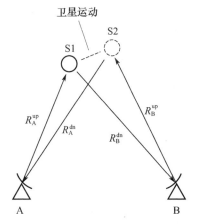

图 4.5　卫星运动误差原理图（见彩图）

则式（4.29）中的积分时间可表达为

$$
\begin{cases}
\Delta t_{\mathrm{A}} = t_{\mathrm{S}}^{\mathrm{B}} + \tau_{\mathrm{S}}^{\mathrm{BA}} - t_{\mathrm{S}}^{\mathrm{A}} \approx \dfrac{R_{\mathrm{BS}} - R_{\mathrm{AS}}}{c} + \tau_{\mathrm{S}}^{\mathrm{BA}} - \Delta T_{\mathrm{AB}} - \tau_{\mathrm{AS}}^{\mathrm{sag}} + \tau_{\mathrm{BS}}^{\mathrm{sag}} \\[4mm]
\Delta t_{\mathrm{B}} = t_{\mathrm{S}}^{\mathrm{A}} + \tau_{\mathrm{S}}^{\mathrm{AB}} - t_{\mathrm{S}}^{\mathrm{B}} \approx \dfrac{R_{\mathrm{AS}} - R_{\mathrm{BS}}}{c} + \tau_{\mathrm{S}}^{\mathrm{AB}} + \Delta T_{\mathrm{AB}} - \tau_{\mathrm{BS}}^{\mathrm{sag}} + \tau_{\mathrm{AS}}^{\mathrm{sag}}
\end{cases} \tag{4.30}
$$

式（4.30）中，影响 Δt_{A}、Δt_{B} 的主要因素包括 Sagnac 效应、卫星转发时延、距离差和钟差的影响，其中 Sagnac 效应影响量级在 100ns 左右，卫星转发时延影响的量级在 10～100ns，该影响在大多数情况下可被忽略；距离差和钟差的影响量级可达 10ms，是卫星运动误差主要影响因素。

目前卫星双向时间传递主要使用地球静止轨道（GEO）卫星进行时间信号的转发。理论上 GEO 卫星在 ECEF 坐标系中是静止的，但由于受各种摄动力的影响，GEO 卫星在 ECEF 坐标系中做小范围周期性的运动，具体表现为周期约 24h 的周日变化。考虑该周日运动，GEO 卫星与地面测站间的距离可用下式来表示[7]：

$$
R(t) = R_0 + R_{\mathrm{m}} \cdot \sin\left(\frac{2\pi t}{86400} + \phi\right) \tag{4.31}
$$

式中：R_0 为标称距离；R_{m} 为 GEO 卫星做周期运动的振幅在地面站与卫星连线方向上的投影；ϕ 为与观察时间起点有关的初相。

S. Hongwei 等人通过对日本国家情报与通信技术研究所（NICT）站和中国科学院国家授时中心（NTSC）站间卫星双向时间传递所使用的 GEO 卫星的运动进行了长期观测，得出的结论是该 GEO 卫星的最大振幅可达 60km，这会使 NICT 站和 NTSC 站间卫星双向时间频率传递中引入最大约 180ps 的上下行链路不对称[6]。极限情况下，若卫星运动振幅为 60km，并且从 A、B 两站观察 GEO 卫星的仰角分别为 90°和 6°时，所引起的上下行链路不对称时延会大于 800ps。

近年来，国际上对卫星双向时间频率传递的研究也在逐渐深入，一些研究者开始尝试对倾斜地球同步轨道(IGSO)和中圆地球轨道(MEO)卫星用于卫星双向时间频率传递的可能性进行探索[8-9],这也是卫星双向时间频率传递未来的一个发展趋势。因为目前使用 GEO 卫星进行的卫星双向时间频率传递对于高纬度地区而言由于卫星高度角过低,会引起各种误差的增长;同时 GEO 卫星的轨道资源有限,这也在一定程度上限制了卫星双向时间传递的发展。使用 IGSO 或 MEO 卫星作为转发卫星,将能拓展卫星双向时间频率传递的应用,尤其是对高纬度用户而言。目前日本的 QZSS 规划了使用 IGSO 卫星对日本地区的 GPS 定位性能进行增强,其公布的卫星有效载荷设计中包含了用以实现 TWSTFT 的 Ku 频段转发器。非 GEO 卫星较 GEO 而言在空间有较大的动态,再加上卫星与地面站间相对运动的影响,卫星双向时间频率传递的上下行路径不对称将比使用 GEO 卫星大得多,这会导致时间传递精度的下降。

为了深入研究分析卫星运动对卫星双向时间频率传递的影响,首先需要计算卫星的运动轨迹。采用两行轨道根数(TLE)对目前在轨的上述几类卫星的运动进行计算。TLE 由北美防空司令部(NORAD)开发,可用于对空间在轨物体进行跟踪,并确定它们的位置。目前定期更新的 TLE 所对应的摄动力模型为 SGP4/SDP4,这两个模型主要考虑了 3 种摄动力的影响:地球非球形引力摄动(低轨只考虑带谐项 J2、J3 和 J4,同步和半同步轨道还考虑了共振项);大气摄动模型(静止非自旋的球对称大气模型);日月引力摄动一阶项。使用 TLE 对地球同步轨道卫星的定轨精度在 1.5 ~ 4.2km 之间,对半同步轨道卫星的定轨精度在 0.4 ~ 1.5km 之间,对其预报的精度为预报 15 天的误差不超过 40km[10]。

4.4.2.1 GEO 卫星运动误差

在 ECEF 坐标系下,由于会受各种摄动力的影响,GEO 卫星会在标称位置附近做小幅度的周期性运动。为了阐述该现象,选择 NORAD 公布的 TLE 参数(存在一定偏差),对我国北斗系统的几颗 GEO 卫星进行观测并预报了 2 天的轨道,预报时间的起点选取为 TLE 历元下一天 UTC 的零点,在这个时间段内使用 TLE 对 GEO 卫星的预报精度优于 3.2km。所选取的 GEO 卫星的两行轨道根数如表 4.1 所列。

表 4.1　GEO 卫星的两行轨道根数

卫星	TLE
BEIDOU-1A	1 26599U 00069A　10077.48551622 –.00000277　00000 – 0　10000 – 3 0　4855
	2　26599　1.2291　78.2408 0003730 297.5399 114.8520　1.00271858 34442
BEIDOU-1B	1 26643U 00082A　10077.71062082 –.00000135　00000 – 0　10000 – 3 0　5598
	2　26643　2.6910　74.2968 0004387 285.4372　152.5231　1.00273405 33894
BEIDOU-1C	1 27813U 03021A　10078.57793785 –.00000349　00000 – 0　10000 – 3 0　244
	2　27813　0.1513 224.8353 0002665 301.6793 329.0384　1.00268627 25017
BEIDOU-G1	1 36287U 10001A　10077.55759824 –.00000247　00000 – 0　10000 – 3 0　559
	2　36287　1.7622　321.1682　0003044　8.4463 191.6240　1.00275463　691
BEIDOU-G2	1 34779U 09018A　10078.71080071　.00000011　00000 – 0　10000 – 3 0　2447
	2　34779　0.1724 287.1675 0003044　24.1858 186.6809　1.00261913　3599

应用 SGP4/SDP4 模型对表 4.1 中列举的卫星进行 2 天的轨道预报,得出的星下点轨迹如图 4.6 所示。

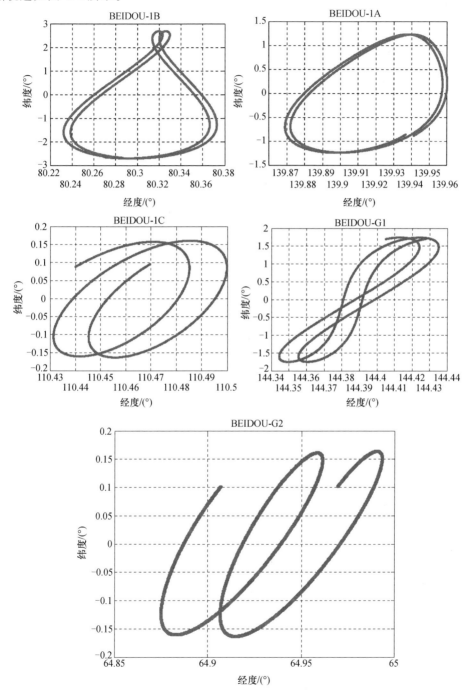

图 4.6　选定的 GEO 卫星的星下点轨迹图

对于卫星双向时间比对的几个地面站,GEO 卫星运动速度在卫星和地面站连线方向上的投影如图 4.7 所示。

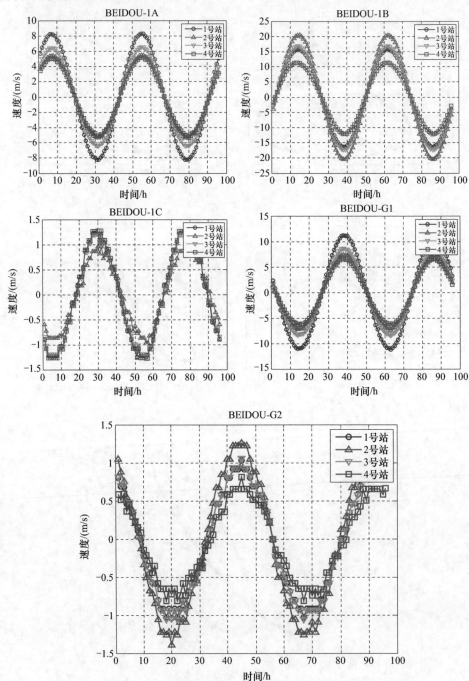

图 4.7　GEO 卫星运动速度在卫星和地面站连线方向上的投影(见彩图)

设参与卫星双向时间传递的各站钟差为零,同时忽略卫星的转发时延,则利用这些地面站进行卫星双向时间传递时,对应的卫星运动误差如图 4.8 所示。

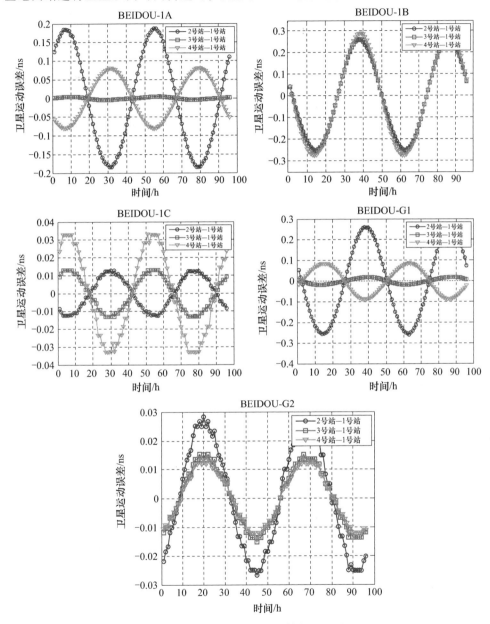

图 4.8　GEO 卫星运动误差(见彩图)

　　由图 4.8 可以看出,由于一般情况下 GEO 卫星受摄运动幅度较小,故对应的卫星运动误差也比较小,但对于 1A、1B 和 G1 卫星,该误差的影响可达到数百皮秒,所以对于追求亚纳秒级比对精度的卫星双向时间传递而言,该项误差不能忽略。此外,由于卫星的运动规律呈现周日特性,这就导致卫星运动误差在一天中的不同时刻大小不同。以北斗系统 G1 星为例,如果进行卫星双向时间频率传递发生在 UTC 的 2 时或 14 时附近,则卫星运动误差不会超过 10ps;但如果进行卫星双向时间传递发生在 UTC 的 8 时或 20 时附近,则卫星运动误差可能会达到 250ps。这种卫星运动误差的时变特性可以很好地解释在卫星双向时间频率传递试验中所观察到的精度随时间的变化现象,但值得注意的是,GEO 卫星摄动除了存在周日变化规律外还存在缓慢漂移的特性,这种漂移特性会叠加到卫星运动误差时变特性中去,故对于具体误差进行建模和分析时应使用相应时间的轨道参数。

4.4.2.2　非 GEO 卫星运动误差

非 GEO 卫星相对地面站有较大的位置变化,因此使用其进行卫星双向时间频率传递时不可避免地会产生卫星运动误差。使用非 GEO 卫星进行卫星双向时间频率传递的最典型案例是日本 QZSS,由于目前无法获取该系统足够多的轨道参数对其进行轨道预测,因此使用 BEIDOU M1 星和已退役的 APSTAR-1 号星来对非 GEO 卫星的卫星双向时间频率传递卫星运动误差进行仿真。BEIDOU-M1 星为北斗导航系统中的一颗 MEO 卫星;APSTAR-1 星为退役的 GEO 卫星,在退役后不再对其进行轨道调整,随着时间的积累它的运行轨道退化为小倾角 IGSO。使用 NORAD 公布的 TLE 对 BEIDOU-M1 星和 APSTAR-1 星进行了轨道预测,它们的 TLE 列于表 4.2。

表 4.2　非 GEO 卫星轨道预报参数

卫星	TLE
BEIDOU-M1	1 31115U 07011A 10097.19106889 −.00000031 00000−0 10000−3 0 9280
	2 31115 056.1493 054.2444 0004070 204.8209 311.4364 01.86191718 20387
APSTAR-1	1 23185U 94043A 10077.48556374 −.00000261 00000−0 10000−3 0 4119
	2 23185 5.0539 68.8842 0001473 284.5437 140.2949 1.00270516 57335

应用 SGP4/SDP4 模型对表 4.2 中列举的卫星进行 2 天的轨道预报,得出的星下点轨迹如图 4.9 所示。

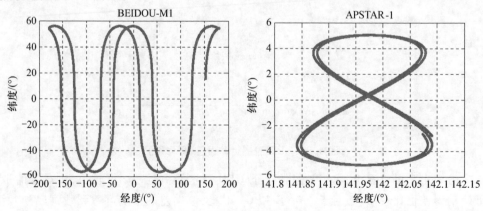

图 4.9　非 GEO 卫星的星下点轨迹

相对于地面,非 GEO 卫星运动速度在卫星和地面站连线方向上的投影如图 4.10 所示。

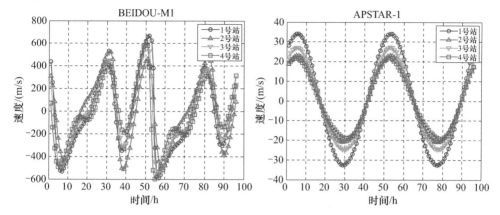

图 4.10　非 GEO 卫星运动速度在卫星和地面站连线方向上的投影(见彩图)

设参与卫星双向时间频率传递的各站钟差为零,同时忽略卫星的转发时延,则利用这些地面站进行卫星双向时间频率传递时非 GEO 卫星运动误差如图 4.11 所示。

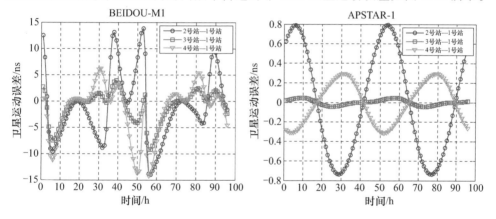

图 4.11　非 GEO 卫星运动误差(见彩图)

由图 4.11 可以看出,随着卫星动态变化的增大,卫星运动误差也相应增大。当卫星双向时间频率传递使用小倾角的 IGSO 卫星进行时,IGSO 卫星运动的误差可达到 800ps 的量级;当使用 MEO 卫星时,该误差将达到 10ns 量级,所以对于追求亚纳秒级比对精度的卫星双向时间传递而言必须对该项误差加以校正。

4.4.2.3　卫星运动误差的消除措施

对于卫星运动误差的消除,目前常用的方法有以下 3 种:

(1) 合理选择地面站的布设位置;

(2) 在地面站间调整相对钟差;

(3) 使用预报的卫星位置进行钟差的解算。

对于采用 GEO 卫星作为转发卫星进行卫星双向时间频率传递的情况,由于 GEO 卫星的运动幅度很小,且它的运动误差主要是地面测站到卫星的距离差以及地面站间的钟差引起的,所以消除运动误差的措施可以通过合理地选择地面站布设位置和调整地面站钟差予以补偿。但地面测站位置的布设有很多因素需要考虑,一般很难兼顾到减小卫星运动误差的需求,因此对运动误差的补偿可以选择在地面站间人为地引入钟差。通常来说,人为加入的地面站钟差应该小于参与卫星双向比对的两地面站仰角分别为 6° 和 90° 两种极限情况下卫星的运动误差,对应的钟差应不超过 17ms,如果此时仍不能有效补偿卫星运动误差,则应考虑使用预报的卫星位置来进行钟差解算。

对于采用非 GEO 卫星进行卫星双向时间频率传递的情况,由于卫星相对于地面站存在较大运动幅度,上面介绍的两种补偿卫星运动误差的方法都不适用,这种情况下应通过预报卫星轨道来实时更新卫星的位置,使用卫星的预报位置来进行卫星运动误差的估计和补偿。

假定卫星轨道预报的误差服从正态分布,通过对卫星轨道进行预报,来对卫星运动误差改正的方法进行仿真,通过仿真试验得到的卫星轨道预报误差与改正后的卫星运动残差对比如表 4.3 所列。

表 4.3 卫星轨道预报误差与改正后的卫星运动残差对比结果

卫星运动残差/ns　卫星轨道预报误差/m　卫星	10^5	10^4	10^3	10^2	10	1	0.1
BEIDOU-1A	6.41×10^1	6.26	6.41×10^{-1}	6.41×10^{-2}	6.41×10^{-3}	6.08×10^{-4}	6.31×10^{-5}
BEIDOU-1B	4.21×10^1	4.15	4.21×10^{-1}	4.21×10^{-2}	4.21×10^{-3}	4.36×10^{-4}	8.82×10^{-5}
BEIDOU-1C	2.61×10^1	2.60	2.61×10^{-1}	2.61×10^{-2}	2.61×10^{-3}	2.59×10^{-4}	2.61×10^{-5}
BEIDOU-G1	6.37×10^1	6.53	6.37×10^{-1}	6.37×10^{-2}	6.37×10^{-3}	6.54×10^{-4}	6.52×10^{-5}
BEIDOU-G2	5.45×10^1	5.30	5.45×10^{-1}	5.45×10^{-2}	5.45×10^{-3}	5.48×10^{-4}	5.31×10^{-5}
BEIDOU-M1	4.67×10^1	4.69	4.67×10^{-1}	4.52×10^{-2}	4.67×10^{-3}	1.35×10^{-3}	1.26×10^{-3}
APSTAR-1	6.41×10^1	6.36	6.41×10^{-1}	6.48×10^{-2}	6.41×10^{-3}	7.05×10^{-4}	2.76×10^{-4}

从表 4.3 中可以看出,对于使用 GEO 卫星进行的卫星双向时间传递,卫星运动残差随着预测精度的提高线性下降,但当轨道预报误差较大时,采用卫星轨道的预测值参与钟差解算反而会造成精度的下降。对于仿真中选定的非 GEO 卫星,当卫星轨道预报误差为 0.1m 时,利用卫星轨道预报值来改正和补偿卫星运动误差达到上限,即卫星运动残差将不再随轨道预报精度的提高继续减小。

当卫星轨道预报误差为 1km 时,两地面站间利用 BDS-M1 卫星作为转发星进行卫星双向时间频率传递时,卫星运动残差变化如图 4.12 所示。

通过上述试验分析可知,当使用 IGSO 或 MEO 卫星进行卫星双向时间频率传递时,要获得亚纳秒级的比对精度,所采用的卫星轨道预报精度应采用 1km 的预报值

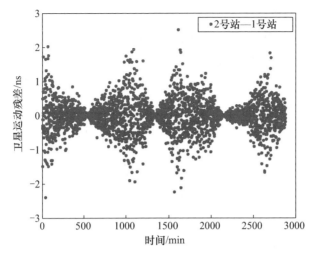

图 4.12　利用卫星轨道预报改正后的卫星运动残差变化

进行卫星运动误差改正。而对于 MEO 导航卫星而言,轨道预报精度可以达到此要求,目前 GPS 广播星历确定的卫星位置精度为 20 ~ 40m,差的情况可达到 80m,而 IGS 发布的实时精密星历的精度可达 10cm,利用该精密星历改正后的卫星运动残差将优于 10ps。综上所述,使用卫星导航系统中的非 GEO 卫星加上实时精密星历进行卫星双向时间传递误差补偿从理论上具有可行性。

△ 4.5　电离层时延改正

4.5.1　电离层时延特性

电离层是距地球表面 60 ~ 1000km 空间范围的大气层,在太阳紫外线、X 射线、γ 射线和高能粒子等的作用下,其中的中性气体分子部分电离,产生了大量的正离子和电子,而形成一个空间区域。对于卫星双向时间频率传递而言,电离层的影响主要有电离层群时延效应和吸收效应[11-15]。当测距的脉冲信号穿过电离层时,电离层的吸收效应使脉冲信号时域波形钝化,同时它们的传播速度和传播路径都会发生变化,还会导致用于触发计数测量的脉冲信号的触发时刻发生微小偏差;电离层群时延效应则导致穿过电离层的时间信号产生附加的群时延。电离层具有色散特性,这种特征对于不同频率的信号所产生的附加群时延不同。J. Jespersen 分析了卫星双向时间传递中单站双向电离层时延差随地面站高度角的变化规律[16],但由于电离层电子浓度存在时变特性,且 J. Jespersen 在分析中没有借鉴外部数据和电离层模型,并没有给出电离层对卫星双向时间传递的真实影响特性。根据本节后面的分析,在卫星双向时间频率传递中电离层的时变特性可对电离层时延误差产生决定性影响,尤其在长基线应用中。

电磁波信号穿过电离层时,由于电离层折射的影响需要附加上电离层的群时延。该群时延与电离层的相位折射率密切相关,相位折射率可用下式表示:

$$n_{\mathrm{p}} \approx 1 - \frac{k_1 \cdot N_{\mathrm{e}}}{f^2} - \frac{k_2 \cdot N_{\mathrm{e}} \cdot B \cdot \cos\theta}{f^3} - \frac{k_3 \cdot N_{\mathrm{e}}^2}{f^4} \qquad (4.32)$$

式中:N_{e} 为沿信号传播路径上的电子密度;系数 $k_1 \approx 40.3$。式(4.32)中,把电离层的影响分为一阶项和二阶项。其中一阶项的修正量可以占到电离层总修正量的 99%,对于绝大多数应用而言,经过电离层一阶修正后的精度就可以满足需求,故可以忽略二阶项的影响。对于测码伪距而言,由于受电离层的色散特性的影响,电磁波在电离层中的群时延取决于群折射率(group refractive index)n_{g}。群折射率与相位折射率之间存在如下关系[15]:

$$n_{\mathrm{g}} = n_{\mathrm{p}} + f \cdot \frac{\mathrm{d}n_{\mathrm{p}}}{\mathrm{d}f} \qquad (4.33)$$

取式(4.32)的一阶项近似表示,代入式(4.33)得

$$n_{\mathrm{g}} = 1 + \frac{40.3 \cdot N_{\mathrm{e}}}{f^2} \qquad (4.34)$$

因此,电磁波信号穿过电离层时受群折射率影响引入的群时延为

$$\tau^{\mathrm{ion}} = \frac{1}{c} \int_s (n_{\mathrm{g}} - 1) \mathrm{d}s = \frac{1}{c} \int_s \frac{40.3 \cdot N_{\mathrm{e}}}{f^2} \mathrm{d}s \qquad (4.35)$$

定义电子总含量(TEC)为时间信号在电离层的传播路径上的总电子含量,单位为 TECU,1 TECU 相当于每平方米有 10^{16} 个自由电子,即 $1\mathrm{TECU} = 10^{16}/\mathrm{m}^2$,从而 $\mathrm{TEC} = \int_s N_{\mathrm{e}} \mathrm{d}s$。进一步电离层时延可用下式表示:

$$\tau^{\mathrm{ion}} = \frac{40.3 \cdot \mathrm{TEC}}{c \cdot f^2} \qquad (4.36)$$

式中:TEC 的值会随位置、时间和太阳活动等因素变化而变化,通常的范围在 $10^{16} \sim 10^{19}$,TEC 可进一步表示为垂直电子总量(VTEC)与倾斜因子 F 的乘积。倾斜因子 F 可表示为地球半径 R_{e}、地面站高度角 ϕ 和电子密度最大时的电离层高度 h(通常取 $350 \sim 450\mathrm{km}$)的函数,具体表示如下:

$$F = \frac{1}{\sqrt{1 - \left(\dfrac{R_{\mathrm{e}}\cos\phi}{R_{\mathrm{e}} + h}\right)^2}} \qquad (4.37)$$

回顾式(4.20),在站间双向时间频率传递中由电离层时延引入的误差项为

$$\Delta\tau_{\mathrm{tw}}^{\mathrm{ion}} = \frac{1}{2} \left[(\tau_{\mathrm{AS}}^{\mathrm{ion}} - \tau_{\mathrm{SA}}^{\mathrm{ion}}) - (\tau_{\mathrm{BS}}^{\mathrm{ion}} - \tau_{\mathrm{SB}}^{\mathrm{ion}}) \right] \qquad (4.38)$$

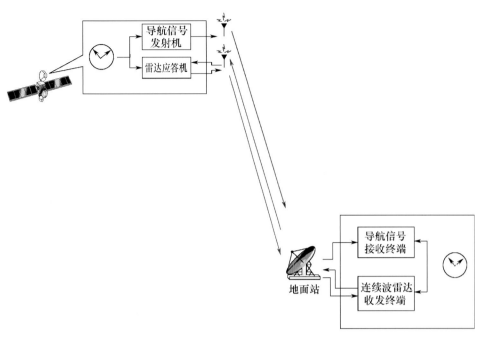

图 3.3 应答式雷达辅助法星地时间传递系统结构

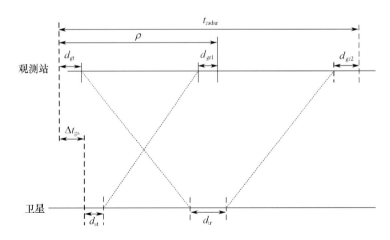

图 3.5 应答式雷达辅助法星地时间传递时序图

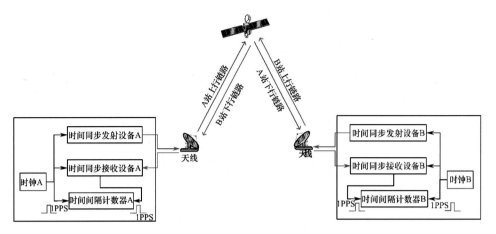

图 4.1 卫星双向时间频率传递原理示意图

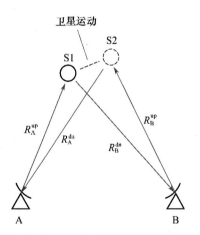

图 4.5 卫星运动误差原理图

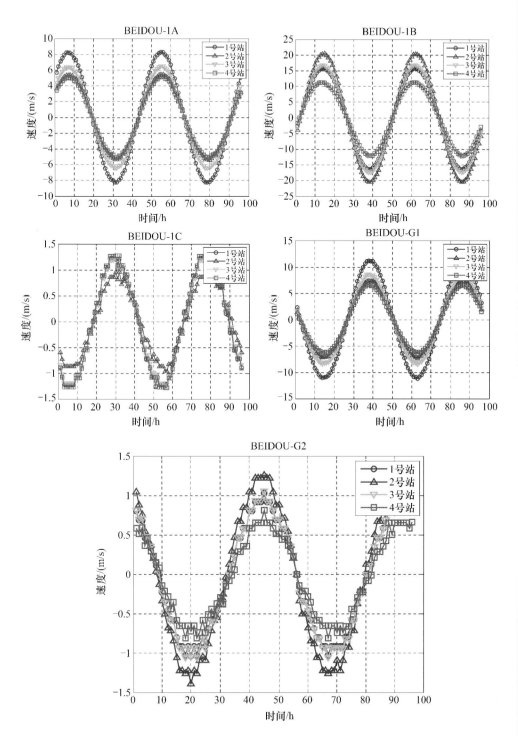

图 4.7　GEO 卫星运动速度在卫星和地面站连线方向上的投影

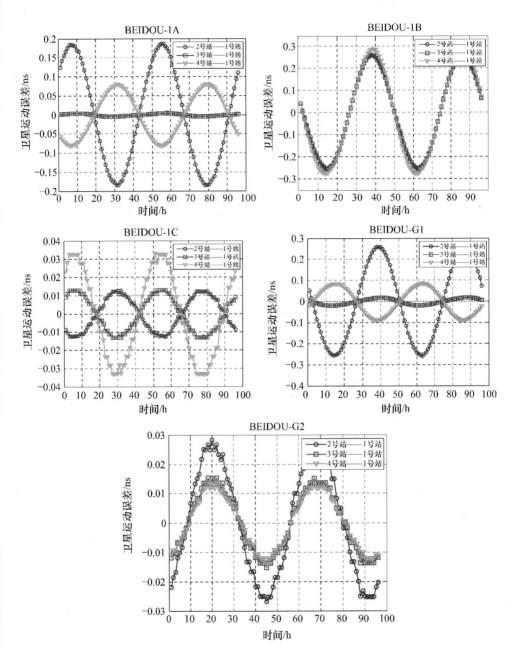

图 4.8　GEO 卫星运动误差

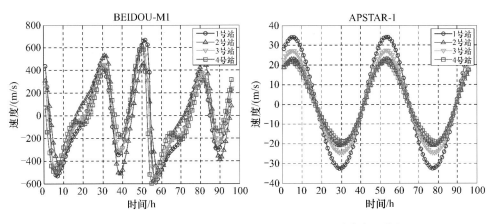

图 4.10 非 GEO 卫星运动速度在卫星和地面站连线方向上的投影

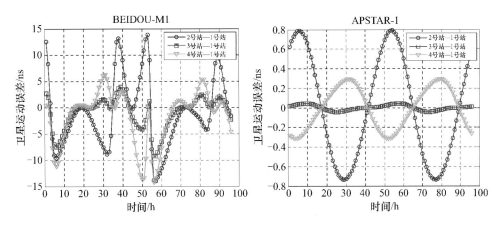

图 4.11 非 GEO 卫星运动误差

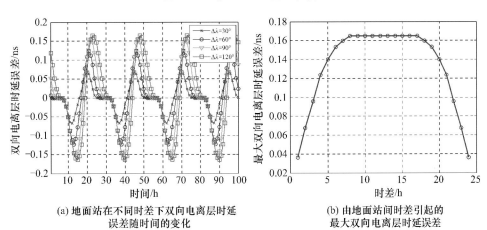

(a) 地面站在不同时差下双向电离层时延误差随时间的变化

(b) 由地面站间时差引起的最大双向电离层时延误差

图 4.15 双向电离层时延误差随地面站间时差的变化情况

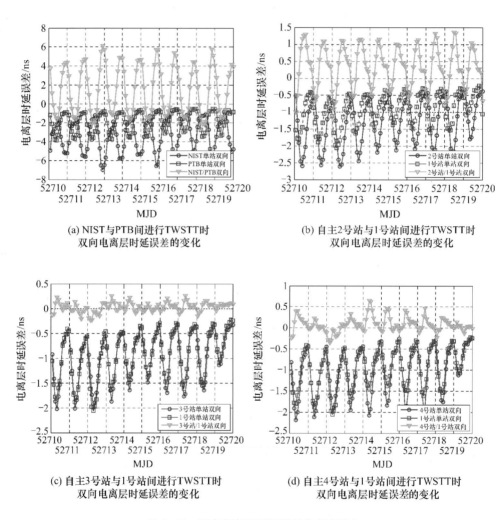

(a) NIST与PTB间进行TWSTT时
双向电离层时延误差的变化

(b) 自主2号站与1号站间进行TWSTT时
双向电离层时延误差的变化

(c) 自主3号站与1号站间进行TWSTT时
双向电离层时延误差的变化

(d) 自主4号站与1号站间进行TWSTT时
双向电离层时延误差的变化

图4.17　双向电离层时延误差的真实变化

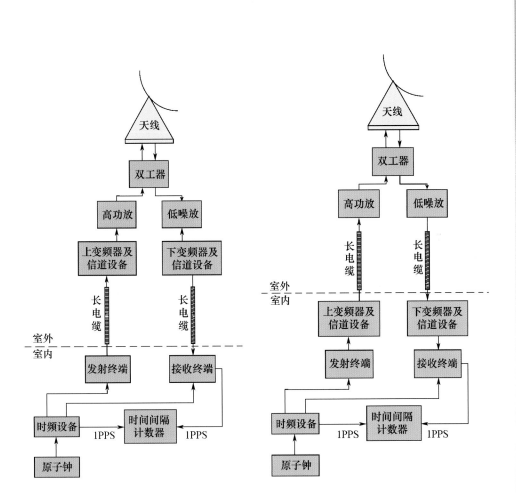

(a) 信道外置的地面站结构   (b) 信道内置的地面站结构

图 4.22　典型的双向时间频率传递地面站结构

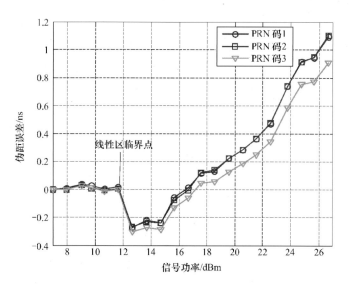

图 4.23 地面站时延误差随信号功率的变化

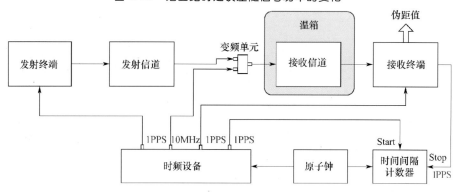

图 4.24 地面站设备时延温度特性试验系统框图

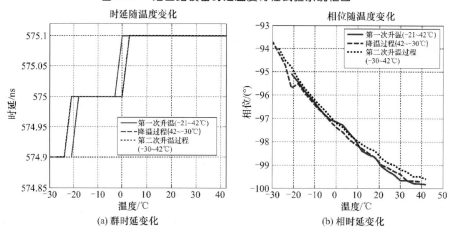

图 4.25 长电缆的群时延和相时延随温度变化特性

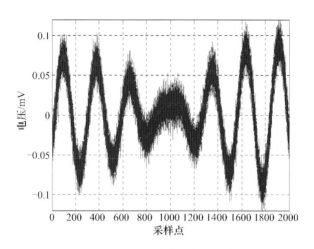

图 4.34　示波器采集到的时间信号

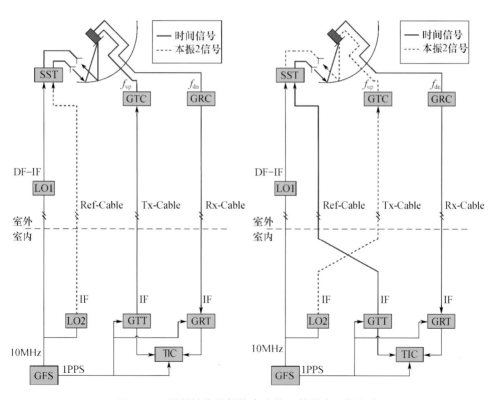

图 4.42　模拟转发器标校方法的两种基本工作模式

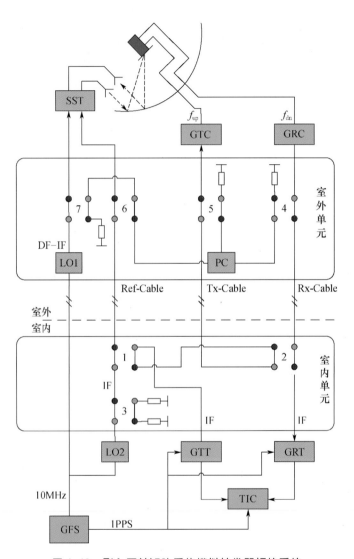

图 4.43 引入开关矩阵后的模拟转发器标校系统

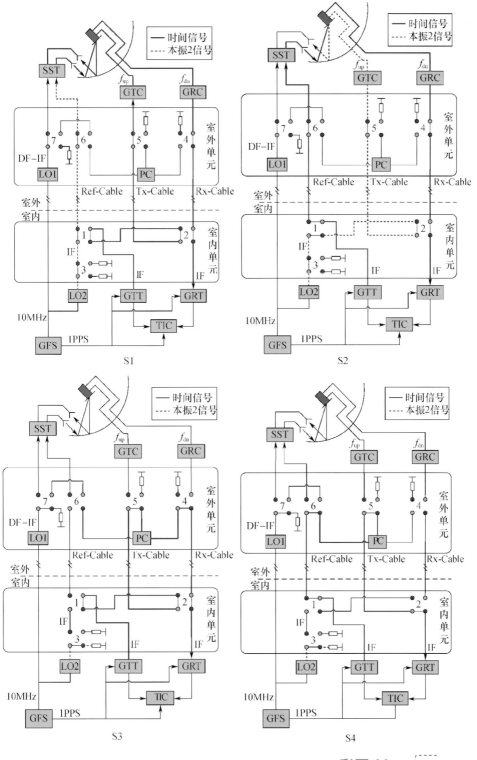

S1

S2

S3

S4

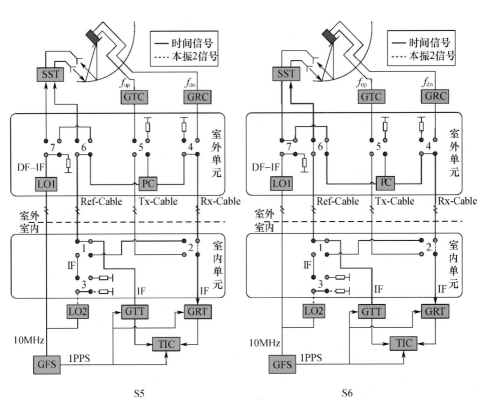

S5   S6

图 4.44 模拟转发器标校系统的 6 种工作模式

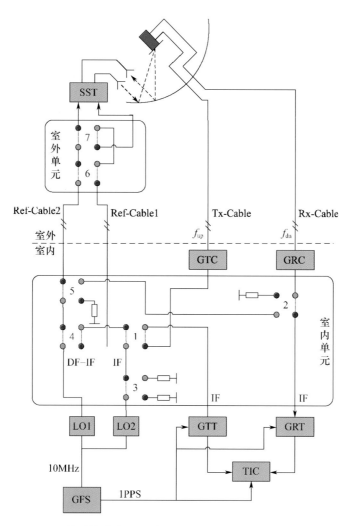

图 4.45 针对信道内置比对系统地面站的模拟转发器标校系统

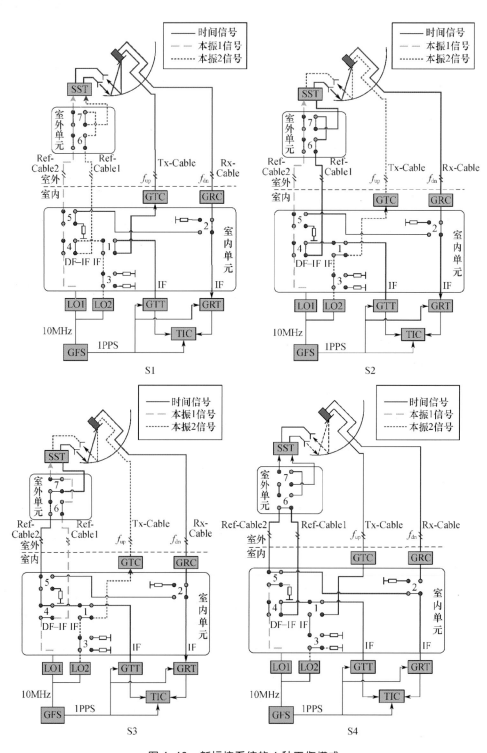

图4.46 新标校系统的4种工作模式

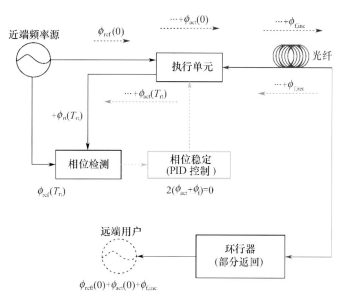

图 5.7　光纤传递标准频率信号基本原理框图

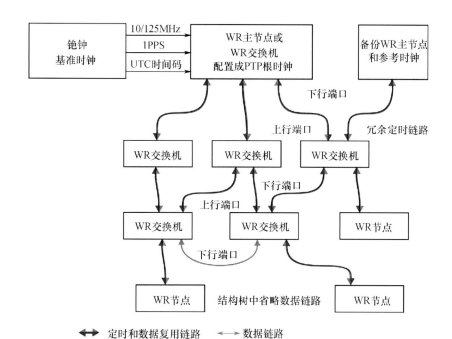

图 5.19　White rabbit 比对网络拓扑结构示意图

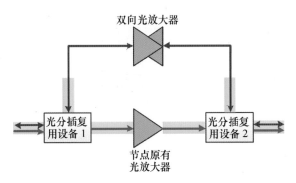

图 5.32　基于光纤网络节点的远程时频传输方案

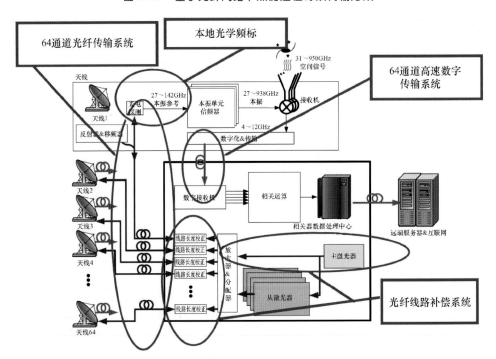

图 7.3　ALMA 系统信号传输体系

式中:下标 tw 表示双向差分。结合式(4.36)和式(4.37),可获得对于单个地面站和卫星间的双向电离层时延(简称为单站双向电离层时延):

$$\Delta\tau_{AS}^{ion} = \frac{1}{2}(\tau_{AS}^{ion} - \tau_{SA}^{ion}) = F_{AS} \cdot \frac{40.3 \cdot VTEC\big|_{AS}}{2c} \cdot \left(\frac{1}{f_{up}^2} - \frac{1}{f_{dn}^2}\right) \qquad (4.39)$$

式中:F_{AS} 为地面站 A 观测卫星 S 时的倾斜因子;f_{up}、f_{dn} 分别为站间卫星双向时间频率传递的上下行频率值。进一步整理为

$$\Delta\tau_{tw}^{ion} = F_{AS} \cdot \frac{40.3 \cdot VTEC\big|_{AS}}{2c} \cdot \left(\frac{1}{f_{up}^2} - \frac{1}{f_{dn}^2}\right) - F_{BS} \cdot \frac{40.3 \cdot VTEC\big|_{BS}}{2c} \cdot \left(\frac{1}{f_{up}^2} - \frac{1}{f_{dn}^2}\right) =$$

$$\frac{40.3}{2c} \cdot \left(\frac{1}{f_{up}^2} - \frac{1}{f_{dn}^2}\right) \cdot (F_{AS} \cdot VTEC\big|_{AS} - F_{BS} \cdot VTEC\big|_{BS}) \qquad (4.40)$$

可见站间卫星双向时间传递中的电离层误差项 $\Delta\tau_{tw}^{ion}$ 主要与信号频率选择、地面站与卫星的空间位置关系以及时间传递时 AS 路径和 BS 路径上的电离层电子浓度等因素相关。

根据式(4.39)对使用 C 频段和 Ku 频段信号进行卫星双向时间频率传递时的单站双向电离层误差进行了仿真,仿真中取 $F = 1$,VTEC = 70TECU,电离层时延如图 4.13 所示。由图可知,由于下行频率通常低于上行频率,单站双向电离层误差为负值,其绝对值随着时间传递所选用频点的升高而降低。对于 C 频段该误差可大于 1ns,而对于 Ku 频段,该误差则小于 100ps。国际卫星双向时间频率传递所选用的时间信号上行频率约为 14GHz,下行频率约为 12GHz,对应的单站双向电离层时延约为 −80ps。而对于使用的 C 频段信号的卫星双向时间传递系统而言,单站双向电离层时延约为 −1.7ns。

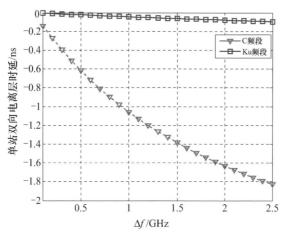

图 4.13　单站双向电离层时延

单站双向电离层时延随卫星高度角的变化如图 4.14 所示。由图可知,单站双向电离层时延随卫星高度角的降低而增大。当 VTEC = 70TECU 时,当卫星高度角由

90°下降到45°,对于 C 频段和 Ku 频段卫星双向时间频率传递而言,单站双向电离层时延分别变为 $-2.8\mathrm{ns}$ 和 $-150\mathrm{ps}$。如果卫星高度角低于20°,对于 C 频段卫星双向时间频率传递,单站双向电离层时延将超过 $-4\mathrm{ns}$。

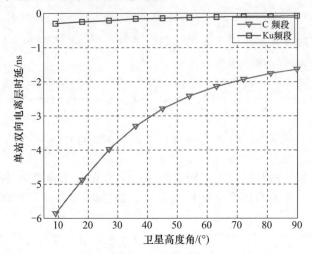

图 4.14 单站双向电离层时延随高度角的变化趋势

通常的观点认为,卫星双向时间比对在经过双向差分和站间差分后,电离层时延误差项 $\Delta\tau_{\mathrm{tw}}^{\mathrm{ion}}$ 将几乎被完全抵消,其影响可被忽略[5]。这一观点的正确与否取决于两个前提,一是对时间传递的精度需求,二是参与时间传递的两站间组成的基线的长短。目前国际上的卫星双向时间频率传递试验已获得 1ns 量级的精度,许多实验室已获得亚纳秒级精度[12-13],随着传递精度的提高,电离层时延误差被重新重视起来。尤其是在长基线卫星双向时间频率传递中,随着距离的变大,站间电离层的相关性下降,$\Delta\tau_{\mathrm{tw}}^{\mathrm{ion}}$ 也将增大。从后面的分析可以发现,即使不是远距离的洲际时间传递,C 频段卫星双向时间频率传递中的 $\Delta\tau_{\mathrm{tw}}^{\mathrm{ion}}$ 也会随着基线长度的增长增大至 1ns 量级。

电离层的电子浓度和太阳活动关系密切,平静的电离层会由于昼夜交替而呈现出周日变化特性。当参与双向时间传递的两站间基线较长时,由于时差的原因造成 AS、BS 路径电离层延迟的变化周期出现相位差,从而导致 $\Delta\tau_{\mathrm{tw}}^{\mathrm{ion}}$ 有较大残差。Klobuchar 模型[14]很好地描述了 $\Delta\tau_{\mathrm{tw}}^{\mathrm{ion}}$ 的这种周期变化特性。在 Klobuchar 模型中,任一时刻 t 的电离层时延为[15]

$$\tau^{\mathrm{ion}} = D_{\mathrm{c}} + A \cdot \cos\frac{2\pi}{P}(t - T_{\mathrm{P}}) \tag{4.41}$$

式中:t 为以秒为单位的地面站至卫星连线与中心电离层交点处的地方时;$D_{\mathrm{c}} = 5\mathrm{ns}$,为夜间垂直电离层时延;$T_{\mathrm{P}} = 50400\mathrm{s}$(对应地方时的 14:00);$A$ 为白天电离层时延曲线的幅度,由 GPS 广播星历中的参数 α_n 和中心电离层穿刺点的地磁纬度 ϕ_{m}^n 求得;P 为电离层余弦变化的周期,由 GPS 广播星历中的参数 β_n 和中心电离层穿刺点的地磁

纬度 ϕ_{m}^{n} 求得。有

$$A = \begin{cases} \sum_{n=0}^{3} \alpha_n \phi_{\mathrm{m}}^{n} & \text{当 } A > 0 \text{ 时} \\ 0, & \text{当 } A \leqslant 0 \text{ 时} \end{cases} \tag{4.42}$$

$$P = \begin{cases} \sum_{n=0}^{3} \beta_n \phi_{\mathrm{m}}^{n} & \text{当 } A > 72000 \text{ 时} \\ 72000 & \text{当 } A \leqslant 72000 \text{ 时} \end{cases} \tag{4.43}$$

Klobuchar 模型是针对 GPS 的 L1 单频点电离层校正设计的,对于站间时间传递的电离层时延校正,令 $m_{\mathrm{up}} = f_{\mathrm{L1}}^2 / f_{\mathrm{up}}^2$、$m_{\mathrm{dn}} = f_{\mathrm{L1}}^2 / f_{\mathrm{dn}}^2$,则可得到时间信号上下行链路的电离层时延:

$$\begin{cases} \tau_{\mathrm{up}}^{\mathrm{ion}} = m_{\mathrm{up}} \cdot \left[D_c + A \cdot \cos \dfrac{2\pi}{P}(t - T_{\mathrm{P}}) \right] \\ \tau_{\mathrm{dn}}^{\mathrm{ion}} = m_{\mathrm{dn}} \cdot \left[D_c + A \cdot \cos \dfrac{2\pi}{P}(t - T_{\mathrm{P}}) \right] \end{cases} \tag{4.44}$$

将式(4.44)代入式(4.38),经推导得

$$\Delta\tau_{\mathrm{tw}}^{\mathrm{ion}}(t) = \frac{1}{2}(m_{\mathrm{up}} - m_{\mathrm{dn}})\left[A_{\mathrm{AS}} \cdot \cos \frac{2\pi}{P_{\mathrm{AS}}}(t - T_{\mathrm{P,AS}}) - A_{\mathrm{BS}} \cdot \cos \frac{2\pi}{P_{\mathrm{BS}}}(t - T_{\mathrm{P,BS}}) \right]$$
$$\tag{4.45}$$

式(4.45)中,当 $A_{\mathrm{AS}} \neq A_{\mathrm{BS}}$ 时,AS 路径和 BS 路径上的电离层时延存在明显不对称,此时将有显著的双向电离层时延误差。即使当 $A_{\mathrm{AS}} = A_{\mathrm{BS}}$ 时,由于 A、B 地面站间时差的存在,同样也会导致双向电离层时延误差不为零。为了分析由时差引入的电离层时延不对称,假设 AS、BS 路径上的电离层时延变化规律完全一致,仅余弦变化的初相不同,令 AS、BS 路径中心电离层穿刺点间的经度差为 $\Delta\lambda$,则

$$\Delta\tau_{\mathrm{tw}}^{\mathrm{ion}}(t) = \frac{A}{2}(m_{\mathrm{up}} - m_{\mathrm{dn}})\left[\cos \frac{2\pi}{P}(t - T_{\mathrm{P}}) - \cos \frac{2\pi}{P}(t + 240 \cdot \Delta\lambda - T_{\mathrm{P}}) \right] \tag{4.46}$$

根据式(4.46),使用 2007 年 1 月 1 日北纬 40°、东经 100° 中心电离层穿刺点处的 Klobuchar 模型数据对 $\Delta\tau_{\mathrm{tw}}^{\mathrm{ion}}$ 随 AS、BS 电离层穿刺点经度差的变化进行了仿真。仿真中使用 C 频段时间信号,仿真结果如图 4.15 所示。

图 4.15(a)为 A、B 站间存在经度差时的双向电离层时延误差 $\Delta\tau_{\mathrm{tw}}^{\mathrm{ion}}$ 随时间的变化曲线。由于电离层活动的周日特性,即使 AS、BS 路径的电离层活动规律相同,仍然会在站间双向时间传递结果中引入电离层时延误差。该误差的大小主要与 A、B 两站间的经度差有关,由图 4.15(b)可知,当 A、B 两站间的时差为 8 ~ 17h 时,该误差出现最大值。

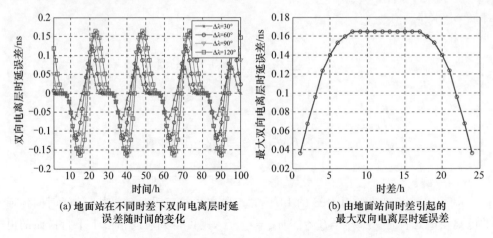

(a) 地面站在不同时差下双向电离层时延　　　(b) 由地面站间时差引起的
误差随时间的变化　　　　　　　　　　　　最大双向电离层时延误差

图 4.15　双向电离层时延误差随地面站间时差的变化情况(见彩图)

为了对卫星双向时间频率传递时真实的电离层时延误差特性进行研究,基于国际 GNSS 服务(IGS)提供的全球电离层格网图(TEC Map)进行了仿真。仿真针对我国境内几个时间传递地面站及国外的两个地面站进行,具体的仿真参数如表 4.4 所列。

表 4.4　电离层格网图仿真参数

地面站	卫星	时间信号频率	仿真时间选取
NIST[①]	Intelsat 903		
PTB[②]	(325.5° E)		
自主 1 号站		上行:6000MHz 下行:4000MHz	MJD[③]:52711～52720
自主 2 号站	BEIDOU-1C		
自主 3 号站	(110.5° E)		
自主 4 号站			
① 美国国家标准技术研究所;② 德国物理技术研究院;③ 约化儒略日			

仿真基于式(4.40)进行,其中 VTEC 值从 IGS 的全球 TEC Map 数据产品 IONEX 文件中获取。由于在 IGS 的 TEC Map 中电离层被模型化为距离海平面高度为 450km 处的单层,为了计算地面站和卫星连线上的 TEC 值,需要确定电离层穿刺点和倾斜因子。对于单电离层上 (β,λ) 处在 t 时刻的 VTEC 值,则需要通过时间内插和空间内插求取。使用 IONEX 数据文件计算地面站和卫星间的电子浓度的方法参见文献[16-18],此处不再赘述。该仿真的流程图如图 4.16 所示。

使用上述参数和仿真模型获得的结果如图 4.17 所示。

从图 4.17(a)可看出,由于 NIST 站和 PTB 站间基线最长,二者的电离层穿刺点时差约为 6h,这导致二者电离层穿刺点处的电离层活动的周期变化有较大的相位差。这一相位差导致双站双向差分非但没有抵消电离层时延误差,反而将其放大了。

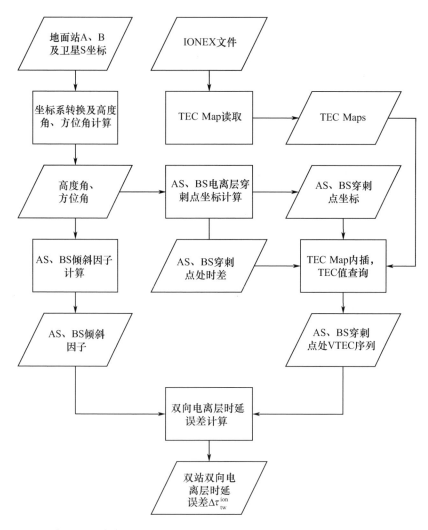

图 4.16　使用 IGS 电离层格网图进行卫星双向时间传递电离层时延误差仿真的流程图

对于国内的时间传递,基线比洲际时间传递要短得多,因此参与时间传递的两地面站间的时差较小。由图 4.17(c)、图 4.17(d)可知:当两地面站间本地时的时差较小时,双向电离层时延误差较好地得到了抵消;而图 4.17(b)中,两地面站间本地时的时差约为 2.3h,对于 C 频段站间时间传递,双向电离层时延误差 $\Delta\tau_{tw}^{ion}$ 仍有可能达到 1ns 以上。

显然,如果采用更高频率的时间信号,双向电离层时延误差将可进一步减小。为此,使用相同的仿真参数对 Ku 频段时间传递进行了建模,并将 C 频段和 Ku 频段的仿真结果列于表 4.5 中进行对比。由表 4.5 可见:当时间信号的频率为 Ku 频段时,对于亚纳秒级精度的卫星双向时间传递,电离层时延误差可以忽略;对于更高精度的卫星双向时间传递,则应视基线长短区别对待。而对于 C 频段信号而言,亚纳秒级

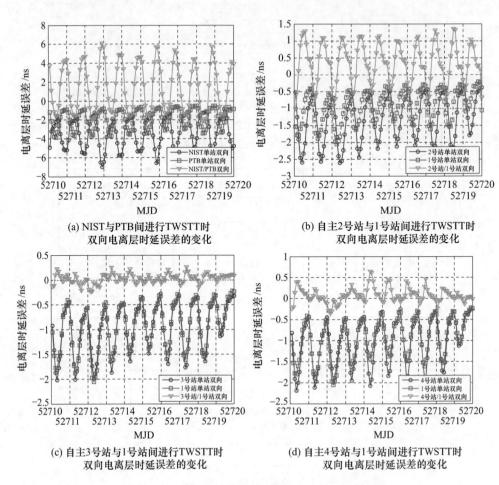

(a) NIST与PTB间进行TWSTT时
双向电离层时延误差的变化

(b) 自主2号站与1号站间进行TWSTT时
双向电离层时延误差的变化

(c) 自主3号站与1号站间进行TWSTT时
双向电离层时延误差的变化

(d) 自主4号站与1号站间进行TWSTT时
双向电离层时延误差的变化

图4.17　双向电离层时延误差的真实变化(见彩图)

的卫星双向时间频率传递中也不能忽略电离层时延误差的影响。

表4.5　使用电离层格网图对 Ku 频段卫星双向时间传递的仿真结果

地面站组合	电离层穿刺点处时差/h	$\Delta\tau_{tw}^{ion}$ /ns	
		C 频段	Ku 频段
NIST,PTB	5.8	$-2.15 \sim 6.11$	$-0.10 \sim 0.28$
2 号站,1 号站	2.3	$-1.01 \sim 1.35$	$-0.05 \sim 0.06$
3 号站,1 号站	0.7	$-0.24 \sim 0.26$	$-0.01 \sim 0.01$
4 号站,1 号站	0.4	$-0.36 \sim 0.65$	$-0.02 \sim 0.03$

综上所述,卫星双向时间传递的电离层时延误差 $\Delta\tau_{tw}^{ion}$ 主要受时间传递所选用的信号频段及参与时间传递的地面站间经度差的影响。对于 C 频段信号,导致电离层时延误差比 Ku 频段卫星双向时间频率传递大了一个数量级。如果时间传递地面站都分布在国内,基线相对较短,使得双站双向差分能较好地抵消电离层时延误差,但

当两站间的时差大于 2h 时,$\Delta\tau_{tw}^{ion}$ 仍可能达到 1ns 量级。

4.5.2　电离层时延误差的消除方法

4.5.1 节的研究结论显示,对于 C 频段卫星双向时间频率传递系统,双向电离层时延误差 $\Delta\tau_{tw}^{ion}$ 在 1ns 精度量级的时间传递中无法被忽略。因此需采取必要的技术手段对电离层时延误差进行消除。对于电离层时延误差的消除,有以下 3 类技术手段可供选用:

（1）经验模型法。

（2）电离层格网图法。

（3）多频观测量组合法。

电离层时延经验模型大都是根据全球数十年的电离层监测数据采用数学方法拟合获得的,常见的有 Bent 模型[19]、IRI 模型[20]、Klobuchar 模型[21] 等,其误差改正有效性都在 60% 左右[22]。对于卫星双向时间频率传递应用,由于双站双向差分已对消了大部分的电离层误差,而经验模型的有效性比较有限,此时再用经验模型对电离层时延误差进行修正将不再有效,甚至会对观测数据造成污染。因此电离层时延经验模型对卫星双向时间传递的电离层时延误差消除是不适用的[23-30]。

4.5.2.1　电离层格网图法

IGS TEC Map 为卫星双向时间频率传递电离层时延校正提供了一种事后处理的手段。M. H. Pajares 对 IGS TEC Map 的性能进行了研究[28],其结论显示:IGS TEC Map 的标准差在北半球为 3 ~ 9TECU,北纬 40° 以北降至 3TECU 以下;在南半球为 4 ~ 8TECU,南纬 30° 以南维持在 4 ~ 5TECU。IGS TEC Map 的偏差为 0 ~ 2TECU。由于 IGS TEC Map 给出的是特定时刻电离层格网交点上的 VTEC,对于任意时刻穿刺点不在格网交点时的 VTEC 值精度,还需计入因时间和空间内插而引入的误差。这取决于电离层活动的时间相关性和空间相关性。对于空间相关性,黄天锡利用卫星信标观测站静止卫星 ATS-6 观测 140.056MHz 超高频信标法拉第旋转,积分得出电子浓度的空间相关性[29],见表 4.6。对于 IGS TEC Map 的单电离层模型,单个格网的南北边界相距 300km,东西边界相距 600km,据表 4.6 可知,单个格网内的 VTEC 具有强相关性,最大空间内插误差约为 10%。此时,对 C 频段卫星双向时间频率传递的双向电离层时延误差 $\Delta\tau_{tw}^{ion}$,使用 IGS TEC Map 改正后的误差将低于 10ps 量级。

表 4.6　电离层空间相关性

距离/km	100 ~ 400	400 ~ 1500	1500 ~ 3000	3000 ~ 5000	5000 ~ 10000
相关系数	0.95	0.87	0.70	0.50	0.30
相关性描述	极强相关	强相关	标准相关	弱相关	松散相关

4.5.2.2　多频观测量组合法

使用多频观测量的组合消除卫星双向时间传递中电离层误差的基本方法在

1989 年已经提出[10]。其基本原理是同一地面站 A 使用多个上行频率向转发卫星发射时间信号,这些信号经卫星转发后被地面站 A 自己接收,获得多频伪距观测量。通过多频观测量间的线性组合可求解出地面站与卫星连线上的 TEC 值。4.5.1 节已说明,电离层一阶修正量约占总修正量的 99%,因此对于一般的应用,使用双频组合观测量即可满足电离层时延误差修正的需求。

令 A 站发射的上行信号频率为 f_{up1}、f_{up2},经卫星转发后变频为 f_{dn1}、f_{dn2},对应上下行频点信号的电离层时延分别为 τ_{up1}^{ion}、τ_{up2}^{ion}、τ_{dn1}^{ion}、τ_{dn2}^{ion},A 站两发射通道的设备时延为 τ_{A1}^{T}、τ_{A2}^{T},两接收通道的设备时延为 τ_{A1}^{R}、τ_{A2}^{R},卫星对两信号的转发时延为 τ_{S1}、τ_{S2},A、S 间几何距离为 R_{AS}^{geo},两信号的上下行总 Sagnac 效应时延为 τ_1^{sag}、τ_2^{sag},则 A 站获得的双频伪距观测量为

$$\begin{cases} \rho_1 = R_{AS}^{geo} + \tau_{A1}^{T} + \tau_{A1}^{R} + \tau_{S1} + \tau_1^{sag} + \tau_{up1}^{ion} + \tau_{dn1}^{ion} \\ \rho_2 = R_{AS}^{geo} + \tau_{A2}^{T} + \tau_{A2}^{R} + \tau_{S2} + \tau_2^{sag} + \tau_{up2}^{ion} + \tau_{dn2}^{ion} \end{cases} \tag{4.47}$$

将式(4.47)中的双频观测量组合可得

$$\rho_1 - \rho_2 = \left[(\tau_{A1}^{T} + \tau_{A1}^{R}) - (\tau_{A2}^{T} + \tau_{A2}^{R}) \right] + (\tau_{S1} - \tau_{S2}) +$$
$$(\tau_1^{sag} - \tau_2^{sag}) + \left[(\tau_{up1}^{ion} + \tau_{dn1}^{ion}) - (\tau_{up2}^{ion} + \tau_{dn2}^{ion}) \right] \tag{4.48}$$

式中:$\left[(\tau_{A1}^{T} + \tau_{A1}^{R}) - (\tau_{A2}^{T} + \tau_{A2}^{R}) \right]$ 为 1、2 两收发通道的组合时延差,可通过地面站设备时延标校获得;$(\tau_{S1} - \tau_{S2})$ 为卫星转发通道时延差,可通过动力学定轨的方法测得[30];$(\tau_1^{sag} - \tau_2^{sag})$ 为两信号的上、下行总 Sagnac 效应时延差,对于 A 站自发自收,$\tau_1^{sag} = \tau_2^{sag}$。令 $\Delta\tau_A = (\tau_{A1}^{T} + \tau_{A1}^{R}) - (\tau_{A2}^{T} + \tau_{A2}^{R})$、$\Delta\tau_S = \tau_{S1} - \tau_{S2}$,则式(4.48)可改写为

$$\rho_1 - \rho_2 = \Delta\tau_A + \Delta\tau_S + \left[(\tau_{up1}^{ion} + \tau_{dn1}^{ion}) - (\tau_{up2}^{ion} + \tau_{dn2}^{ion}) \right] \tag{4.49}$$

结合式(4.36)与式(4.49)得

$$(\tau_{up1}^{ion} + \tau_{dn1}^{ion}) - (\tau_{up2}^{ion} + \tau_{dn2}^{ion}) = \frac{40.3 \cdot TEC}{c} \left[\left(\frac{1}{f_{up1}^2} + \frac{1}{f_{dn1}^2} \right) - \left(\frac{1}{f_{up2}^2} + \frac{1}{f_{dn2}^2} \right) \right] \tag{4.50}$$

将式(4.50)代入式(4.49),经推导得

$$TEC = c \cdot \frac{(\rho_1 - \rho_2) - \Delta\tau_A - \Delta\tau_S}{40.3 \cdot \left[\left(\frac{1}{f_{up1}^2} + \frac{1}{f_{dn1}^2} \right) - \left(\frac{1}{f_{up2}^2} + \frac{1}{f_{dn2}^2} \right) \right]} \tag{4.51}$$

由式(4.51)获得 TEC 值后即可对卫星双向时间频率传递的电离层时延误差进行修正。

李慧茹等使用该方法建立了测试系统,并对方法的有效性进行了验证[30]。通过与 IGS TEC Map 求得的 TEC 值的比较,结果显示使用双频观测量组合法获得的 TEC 值曲线与 IGS TEC Map 求得的 TEC 值有相似的变化趋势,但二者之间仍存在可达到 100TECU 的偏差。

对于这一结果,其误差成分可能由如下几部分组成。首先是地面站设备时延差 $\Delta\tau_A$ 的标校残差。对于包含射频前端和天线的地面站设备时延,标校误差在 1ns 或亚纳秒量级。令 $f_{up1}=6000\,\text{MHz}$、$f_{up2}=5575\,\text{MHz}$、$f_{dn1}=4000\,\text{MHz}$、$f_{dn2}=3350\,\text{MHz}$,代入式(4.51)得

$$\text{TEC} = -2.7841\times10^{16}\cdot\left[\,(\rho_1-\rho_2)-\Delta\tau_A-\Delta\tau_S\,\right] \tag{4.52}$$

则 1ns 的标校误差将引起约 27.8TECU 的 TEC 值误差。其次是卫星转发时延差 $\Delta\tau_S$ 的测量误差。由于 $\Delta\tau_S$ 无法直接测量,通过动力学定轨的方法进行测量将存在较大残差,其对 TEC 值误差的影响将大于 $\Delta\tau_A$ 标校残差的影响。显然,在目前的标校技术水平下,使用该方法进行 TEC 值测量不具备太高的实用性。

综上所述,对于卫星双向时间传递中的电离层时延误差,需要针对时间传递的精度需求和对双向电离层时延 $\Delta\tau_{tw}^{ion}$ 的量级评估采用不同的处理策略。对 1ns 精度量级的 C 频段卫星双向时间频率传递,需要采用高精度 TEC Map 进行电离层时延消除。随着卫星双向时间频率传递技术的发展,对于将来更高精度的时间传递,电离层时延误差将成为无法忽略的误差因素。对于多频观测量组合消除电离层时延误差,由于目前对设备时延和卫星转发时延的标校误差量级要大于 $\Delta\tau_{tw}^{ion}$ 的量级,这种校正手段对于现阶段的卫星双向时间频率传递应用来说还有一定的差距。

4.6　对流层时延误差

处于地球大气层最底层的是中性气体,覆盖范围是从地球表面到高度为 50km 的空间,当时间信号在大气层中传播时,中性气体中的平流层和对流层也会对信号的传输造成影响,其中对流层部分的影响超过 80%,因此通常将电磁波信号在中性气体中因折射而产生的附加时延称为对流层时延。对于单点定位或单向时间传递而言,对流层时延是一个重要的误差项。当高度角为 $10°$ 时对流层的延迟量可达到 20m[26,31];但对于卫星双向时间频率传递,由于观测量的双站双向差分,对流层时延误差被大大地降低了。回顾式(4.20),卫星双向时间传递中对流层时延误差为

$$\Delta\tau_{tw}^{tro} = \frac{1}{2}\left[\,(\tau_{AS}^{tro}-\tau_{SA}^{tro})-(\tau_{BS}^{tro}-\tau_{SB}^{tro})\,\right] \tag{4.53}$$

对流层是非色散介质,穿过对流层的信号所受的对流层延迟大小相等,符号相等。故理论上当 20GHz 以下的电磁波信号穿过对流层时同一个站的上下行链路具有相同的对流层时延。通过双向对消,对流层时延误差为零。而实际上在这个频段上对流层是具有微弱色散特性的,从下面的分析可以看出,对于 Ku 频段信号,由于这种微弱色散特性可能在卫星双向时间传递中引入 10ps 量级的对流层时延误差,对于 C 频段信号,这一误差则在 $1\sim10\text{ps}$ 量级。

对流层对电磁波信号的影响体现为幅度的衰落和传播速度的减慢。令对流层复折射率为

$$n = n' - \mathrm{j}n'' \tag{4.54}$$

则频率为 f 的电磁波在对流层中传播距离 L 产生的频率响应为[27]

$$E(L) = E_0 \cdot \exp\left[-\mathrm{j}(2\pi f/c) \cdot L \cdot n \right] =$$

$$\left[E_0 \cdot \exp\left(-2\pi f/c \right) \cdot L \cdot n'' \right] \cdot \exp\left(-\mathrm{j}(2\pi f/c) \cdot L \cdot n' \right) \tag{4.55}$$

可见,复折射率中的实部导致电磁波信号产生群时延,而虚部导致电磁波信号的幅度衰落。

定义对流层的复折射指数为

$$N = 10^6 (n - 1) \tag{4.56}$$

H. J. Liebe 和 D. H. Layton 通过大量实测试验建立了被称为毫米波传播模型(MPM)的复折射指数 N 的宽带模型[32-33],其适用性覆盖了 $1 \sim 1000\mathrm{GHz}$ 的电磁波信号。

在 MPM 中,复折射指数被分解为

$$N = N_0 + N'(f) - \mathrm{j}N''(f) \tag{4.57}$$

式中:f 的单位为 GHz。式(4.57)中,N_0 为非色散分量,由 4 个分量组成:

$$N_0 = N_{\mathrm{p}}^0 + N_{\mathrm{e}}^0 + N_{\mathrm{w}}^0 + N_{\mathrm{R}}^0 \tag{4.58}$$

式中:N_{p}^0 为干燥空气的贡献;N_{e}^0 分量为水蒸气的贡献;N_{w}^0 分量为悬浮水滴(SWD)的贡献;N_{R}^0 分量为雨水的贡献。对于微波频段而言,试验结果显示 N_{p}^0 和 N_{e}^0 为非色散的:

$$N_{\mathrm{p}}^0 = 2.588 \cdot p \cdot \theta \tag{4.59}$$

$$N_{\mathrm{e}}^0 = 2.39 \cdot e \cdot \theta + 41.6 \cdot e \cdot \theta^2 \tag{4.60}$$

式中:p 为干燥空气压力系数;e 为水蒸气压力系数;θ 为温度系数。N_{p}^0 和 N_{e}^0 的计算方法将在后面介绍 SWD 复折射指数和雨水复折射指数时给出(见式(4.69)和式(4.72))。

式(4.57)中等号右侧后两项为对流层复折射指数中的色散分量,可进一步分解为氧气吸收线分量、水蒸气吸收线分量、干燥空气连续分量、水蒸气连续分量、SWD 连续分量及雨水连续分量。

$$N''(f) = \sum_{i=1}^{n_a} (S \cdot F'')_i + N_{\mathrm{p}}'' + \sum_{j=1}^{n_b} (S \cdot F'')_j + N_{\mathrm{e}}'' + N_{\mathrm{w}}'' + N_{\mathrm{R}}'' \tag{4.61}$$

$$N'(f) = \sum_{i=1}^{n_a} (S \cdot F')_i + N_{\mathrm{p}}' + \sum_{j=1}^{n_b} (S \cdot F')_j + N_{\mathrm{e}}' + N_{\mathrm{w}}' + N_{\mathrm{R}}' \tag{4.62}$$

式中:S 为以 kHz 为单位的线强度;F' 和 F'' 为线形函数的实部和虚部,单位为 GHz^{-1}。

干燥空气连续分量：

$$N_p''(f) = f(2a_0\{\gamma_0[1 + (f/\gamma_0)^2]\}^{-1} + a_p \cdot p \cdot \theta^{1.5})p\theta^2 \tag{4.63}$$

$$N_p'(f) = a_0\{[1 + (f/\gamma_0)^2]^{-1} - 1\}p\theta^2 \tag{4.64}$$

式中：$\gamma_0 = 4.8 \times 10^{-3}(p + 1.1e)\theta^{0.8}(\text{GHz})$；$a_0 = 3.07 \times 10^{-4}$；$a_p = 1.40(1 - 1.2f^{1.5} \times 10^{-5}) \times 10^{-10}$。

水蒸气连续分量：

$$N_e''(f) = f(b_f p + b_e e)e\theta^3 \tag{4.65}$$

$$N_e'(f) = f^2 b_0 e\theta^3 \tag{4.66}$$

式中：$b_f = 1.13 \times 10^{-6}$；$b_e = 3.57 \times 10^{-5} \cdot \theta^{7.5}$；$b_0 = 6.47 \times 10^{-6}$。

SWD 连续分量：

$$N_w''(f) = \frac{9}{2}w[\varepsilon''(1 + \eta^2)]^{-1} \tag{4.67}$$

$$N_w'(f) = \frac{9}{2}w\{(\varepsilon_0 + 2)^{-1} - \eta \cdot [\varepsilon''(1 + \eta^2)]^{-1}\} \tag{4.68}$$

$$N_w^0 = \frac{3}{2}w[1 - 3/(\varepsilon_0 + 2)] \tag{4.69}$$

式中：$\eta = (2 + \varepsilon')/\varepsilon''$，$\varepsilon'(f) = \varepsilon_2 + (\varepsilon_0 - \varepsilon_1) \cdot [1 + (f/f_D)^2]^{-1} + (\varepsilon_1 - \varepsilon_2) \cdot \{f_s[1 + (f/f_s)^2]\}^{-1}$；$\varepsilon''(f) = f(\varepsilon_0 - \varepsilon_1) \cdot [1 + (f/f_D)^2]^{-1} + (\varepsilon_1 - \varepsilon_2) \cdot \{f_s[1 + (f/f_s)^2]\}^{-1}$；$\varepsilon_0 = 77.66 + 103.3(\theta - 1)$。

雨水连续分量：

$$N_R''(f) = a \cdot R^b \tag{4.70}$$

$$N_R'(f) = -N_R^0[x^{2.5}/(1 + x^{2.5})] \tag{4.71}$$

$$N_R^0 = R(3.68 - 0.012R)/f_R \tag{4.72}$$

式中：$f_R = 53 - R(370 - 1.5R) \times 10^{-3}$；$x = f/f_R$。

由复折射指数引起的能量衰减率 α（单位：dB/km）和群时延率 β（单位：ps/km）（相对于真空而言）分别为

$$\alpha = 0.1820 \cdot f \cdot N''(f) \tag{4.73}$$

$$\beta = 3.336[N_0 + N'(f)] \tag{4.74}$$

令 $\beta_1 = 3.336 \cdot N_0$，$\beta_2 = 3.336 \cdot N'(f)$，则可将 β 分为非色散分量和色散分量，对于卫星双向时间传递而言，非色散分量不会在传递结果中引入误差。

利用 MPM，对不同气象条件下 α 和 β 进行了计算。MPM 仿真参数如表 4.7 所列。

表 4.7　MPM 仿真参数

气象参数	大气压/kPa	温度/℃	相对湿度/%	悬浮水汽浓度/(g/m³)	降雨量/(mm/h)
1	101.3	25	0	0	0
2	101.3	25	10	0	0
3	101.3	25	50	0	0
4	101.3	25	95	0	0
5	101.3	25	95	0	1
6	101.3	25	95	0	10
7	101.3	25	95	0	50
8	101.3	25	95	0	100

　　利用表 4.7 中的气象参数获得的 α、β_1 和 β_2 分别如图 4.18(a)、(b)、(c)所示。其中,图 4.18(c)显示了随着信号频率的增长,对流层群时延率 β 将出现显著的色散特性。从图 4.18(d)中可以看出,对于卫星双向时间频率传递常用的 C 和 Ku 频段而言,β 仍具有微弱的色散特性,尤其是当降雨量较大时。

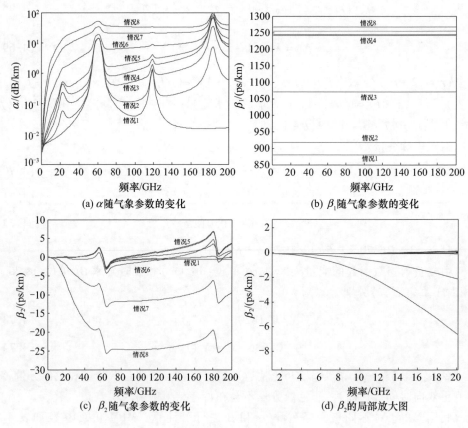

(a) α 随气象参数的变化　　　　(b) β_1 随气象参数的变化

(c) β_2 随气象参数的变化　　　　(d) β_2 的局部放大图

图 4.18　MPM 仿真结果

为了利用 MPM 对 $\Delta\tau_{\mathrm{tw}}^{\mathrm{tro}}$ 进行分析,需要确定信号在对流层中的传播路径长度 L,它等于天顶对流层高度与投影函数的乘积。有多种投影函数可用来计算路径长度[29],在卫星高度角高于 15°时,这些投影函数差异不大[2]。在此采用精度较高的 UNBabc 投影函数[30] 进行计算:

$$m(E) = \frac{1 + \dfrac{a}{1 + \dfrac{b}{1+c}}}{\sin E + \dfrac{a}{\sin E + \dfrac{b}{\sin E + \dfrac{c}{\sin E}}}} \qquad (4.75)$$

式中: a、b、c 为模型参数。

在获得信号在对流层中的传播路径长度 L 后,结合式(4.53)和式(4.74)可得

$$\Delta\tau_{\mathrm{tw}}^{\mathrm{tro}} = \frac{1}{2}\left[\left(\tau_{\mathrm{AS}}^{\mathrm{tro}} - \tau_{\mathrm{SA}}^{\mathrm{tro}}\right) \left(\tau_{\mathrm{BS}}^{\mathrm{tro}} \quad \tau_{\mathrm{SB}}^{\mathrm{tro}}\right)\right] =$$

$$\frac{1}{2}\left[\left(\beta_{\mathrm{AS}} \cdot L_{\mathrm{AS}} - \beta_{\mathrm{SA}} \cdot L_{\mathrm{SA}}\right) - \left(\beta_{\mathrm{BS}} \cdot L_{\mathrm{BS}} - \beta_{\mathrm{SB}} \cdot L_{\mathrm{SB}}\right)\right] \qquad (4.76)$$

在卫星双向时间频率传递操作中,对于同一地面站来说上、下行链路的时间间隔通常不超过 1s。在这么短的时间内,可认为气象参数没有变化。因此对于同一地面站和卫星间的对流层群时延率的计算可使用相同的气象参数进行。根据式(4.70)在不同气象参数下对 $\Delta\tau_{\mathrm{tw}}^{\mathrm{tro}}$ 进行了仿真。仿真中所使用的气象参数如表 4.8 所列。

表 4.8 $\Delta\tau_{\mathrm{tw}}^{\mathrm{tro}}$ 仿真中使用的气象参数

情况	气象参数			
	温度/℃	湿度/%	气压/kPa	降雨量/(mm/h)
1	25	0	101.3	0
2	25	50	101.3	0
3	25	100	101.3	50
4	25	100	101.3	100

使用上述参数对地面站间时间频率传递的对流层时延进行了计算,计算分别针对 C 频段和 Ku 频段进行,结果列于表 4.9 和表 4.10。由表中数据可见,由于对流层对 20GHz 以下的信号仅具有微弱色散特性,经过卫星双向时间频率传递的双向对消,可将对流层误差降到 10ps 量级以下,在目前的亚纳秒级精度的传递中可以忽略。在影响对流层时延的气象参数中,降雨对于对流层时延误差有较大影响。在干燥天气里,C 频段单站双向对流层时延小于 1ps;而当有较大降雨量时,该误差可大于 10ps。同时,当参与卫星双向时间传递的两站间天气差异较小时,$\Delta\tau_{\mathrm{tw}}^{\mathrm{tro}}$ 很小,对于 C

频段信号的影响不超过 10ps；当两站间有较大天气差异时，对于 C 频段信号 $\Delta\tau_{tw}^{tro}$ 会大于 10ps。同时，对比表 4.9 和表 4.10 中的数据可看出，对于频率较低的 C 频段信号进行双向时间频率传递，其对流层时延误差比 Ku 频段信号要小得多，这与电离层时延误差的情况正好相反。但考虑到对流层时延误差本身要比电离层时延误差小得多，因此综合来看，在卫星双向时间频率传递中 Ku 信号的误差性能比 C 频段信号要优越。

表 4.9　C 频段卫星双向时间传递中的对流层时延误差计算结果

卫星	地面站	气象参数	单站双向对流层时延误差/ps	$\Delta\tau_{tw}^{tro}$/ps
BEIDOU-1C (110.5°E)	2 号站, 1 号站	2 号站:情况 1	0.15	11.80
		1 号站:情况 4	−24.46	
	3 号站, 1 号站	3 号站:情况 3	−5.60	−4.00
		1 号站:情况 2	0.41	
	4 号站, 1 号站	4 号站:情况 4	−17.32	−8.86
		1 号站:情况 2	−24.46	

表 4.10　Ku 频段卫星双向时间传递中的对流层时延误差计算结果

卫星	地面站	气象参数	单站双向对流层时延误差/ps	$\Delta\tau_{tw}^{tro}$/ps
BEIDOU-1C (110.5°E)	2 号站, 1 号站	2 号站:情况 1	0.64	36.76
		1 号站:情况 4	−72.87	
	3 号站, 1 号站	3 号站:情况 3	−18.77	−10.13
		1 号站:情况 2	1.49	
	4 号站, 1 号站	4 号站:情况 4	−54.79	−27.64
		1 号站:情况 2	−72.87	

4.7　地面站设备时延误差

根据式(4.20)，地面站设备时延误差可表达为

$$\Delta\tau_{tw}^{G} = \frac{1}{2}\left[(\tau_A^T - \tau_B^T) - (\tau_A^R - \tau_B^R)\right] \qquad (4.77)$$

由式(4.77)可知，$\Delta\tau_{tw}^{G}$ 表示 A、B 两个地面站间设备时延的不对称，对于单个地面站而言，设备时延误差主要指的是发射设备和接收设备间的时延差异。由于地面站本身的结构很复杂，并且设备时延受地面站环境参数、设备器件老化、时频信号波动等

因素的影响也会呈现出复杂的时变特性,因此,即使用相同设备建设的两地面站也会因为所处的地理位置和环境不同存在设备时延不对称误差。在卫星双向时间频率传递系统中地面站的设备时延误差已成为目前卫星双向时间传递的最大误差项,是目前时间传递精度能否进一步提高的最大瓶颈[34-39]。

针对地面站设备时延进行了大量的试验研究,所获得的发射、接收设备时延的典型测量值如图 4.19(a)、(b)所示。该组测量值是在室内环境的有线连接下测得的,包含了地面站除收、发射天线以外的所有设备时延。从图中可发现,地面站设备时延具有如下几个特点:

(1) 有较大绝对值,通常达到数微秒。

(2) 不同地面站间时延误差不同,对于图 4.19 中两个采用相同设备的地面站约为 119ns;对于采用不同设备和结构的地面站,该差值将会更大。

(3) 地面站设备时延对测量条件很敏感,会因测量条件的差异表现出复杂的时变特性。

这些特点使得地面站设备时延成为卫星双向时间传递中最大的误差源,同时也导致对设备时延误差的处理手段的复杂化。

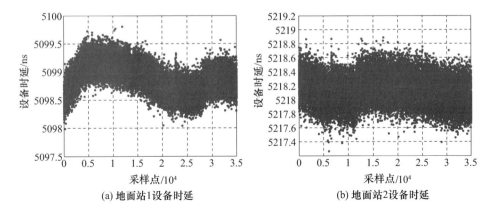

(a) 地面站1设备时延   (b) 地面站2设备时延

图 4.19 典型的地面站设备时延测量值

目前卫星双向时间频率传递地面站都采用多种设计技术和测量手段来降低设备时延误差。首先,从设计角度,目前的地面站对室内设备进行环境参数的精密控制,使用恒温恒湿机房来放置地面站室内设备;对于室内和室外设备的连接,尽量采用温度系数较低的稳相电缆;同时对室外环境参数进行实时监控,用于对设备在室外环境下的时延变化进行补偿。其次,从测量角度,在地面站设备集成完毕后进行设备时延的零值标定;在地面站运行过程中使用在线标校手段对设备时延进行实时测量。通过这些技术的有效应用,可将地面站设备时延误差校正至 1ns 以下[35-41]。但即便是这样,对于 1ns 或亚纳秒量级精度的传递,改正后的地面站设备时延误差仍然是最大的误差项。

4.8 卫星转发时延误差

卫星转发时延误差是由于转发卫星对 A、B 两站所发射的时间信号的转发时延不一致造成的,当 A、B 两站的信号使用卫星的同一转发通道和天线时,二者的卫星转发时延相等。但当卫星对 A、B 站信号使用不同的转发通道或不同的天线波束时,则会因转发时延不一致而引入卫星转发时延误差。典型的例子是欧洲和美国之间的洲际卫星双向时间频率传递经常使用的 Intelsat 卫星,Intelsat 卫星会使用不同的转发通道对两站信号进行转发,从而产生转发时延误差。同时,信号干扰和阻塞也会引起卫星转发时延误差。信号干扰会引起卫星转发时延的不稳定;而信号阻塞则会导致卫星使用另一空闲通道对信号进行转发。T. E. Parker 等在跨大西洋的洲际双向时间传递中观察到了由于信号干扰和阻塞所引起的卫星转发时延变化。其中,由于信号阻塞所引起的转发通道切换可能引入 5ns 的误差[1]。一般来说,卫星转发时延误差不会超过 80ps[3]。

为了减小卫星转发时延误差,应在卫星发射之前对卫星的转发时延进行标定,同时应尽量避免使用较为繁忙的卫星进行时间信号的转发。

4.9 站间双向时间传递误差预算

根据 4.3 节 ~4.8 节对卫星双向时间频率传递中各误差项的研究,现将卫星双向时间频率传递中的误差源及对最终钟差解算的影响总结于表 4.11。

表 4.11　卫星双向时间传递误差预算表

误差源	误差量级/ps		在如下精度量级上能否忽略		
	校正前	校正后	1ns	0.1ns	0.01ns
观测误差	50	50	√	√	×
Sagnac 效应误差	$0 \sim 2 \times 10^5$	50	√	√	×
卫星运动误差(ECEF 坐标系)	$10 \sim 300$	10	√	√	×
电离层时延误差	$100 \sim 1000$	10	√	√	×
对流层时延误差	$1 \sim 10$	$1 \sim 10$	√	√	×
地面站设备时延误差	10^5 量级	$100 \sim 500$	×	×	×
卫星转发时延误差	80	80	×	×	×

对于卫星双向时间传递而言,若要获得亚纳秒级的传递精度,必须对 Sagnac 效应误差、卫星运动误差、电离层误差和地面站设备时延误差加以补偿和校正。在这些误差中:Sagnac 效应误差可使用理论计算值进行补偿,补偿后的残差小于 50ps;GEO 卫星在 ECEF 坐标系下的运动误差通过调整钟差可减小到 10ps 以下;电离层时延误

差可使用 IGS TEC Map 进行改正,改正后的残差小于 10ps;地面站设备时延误差可通过设备时延标校予以校正,校正后的残差约为 500ps。因此,在目前的技术水平下,卫星双向站间时间传递所能获得的理论精度水平为

$$\sigma_{\Delta T} = \sqrt{\sum_i \sigma_i^2} =$$

$$\sqrt{2 \times 0.05^2 + 2 \times 0.01^2 + 0.001^2 + 0.5^2 + 0.08^2} \approx 0.51 \text{ns} \qquad (4.78)$$

可见,即使经过标校,地面站设备时延误差仍是卫星双向时间传递中最大的误差项,而地面站设备时延标校的精度直接决定着卫星双向时间频率传递的精度性能。在目前所进行的一些试验中,时间频率传递精度与式(4.78)中的理论精度仍有较大差距,其原因主要是对双向时间频率传递误差认识不足和地面站设备时延标校精度不够高。

4.10　卫星双向设备时延标校

卫星双向时间频率传递通过双向差分使得大部分误差项得以抵消,因此时间传递精度取决于两地面站与卫星间链路的对称性,如空间位置的对称性、传播路径中大气介质的对称性、卫星转发时延的对称性及地面站设备时延的对称性等。其中,地面站设备时延的对称性是最难以保证的。这一方面是由于双向时间传递的地面站结构复杂,不同的地面站在建设时无法保证设备时延的一致性;另一方面地面站设备时延对环境温度、信号强度、多径干扰等许多因素很敏感,呈现出复杂的时变特性,进一步增加了不对称。研究者近 10 年来对卫星双向时间频率传递的研究主要集中在设备时延的特性分析和标校技术上[36-38,41]。对于设备时延的特性,普遍的观点认为环境温度是引起设备时延变化的最主要因素,通过控制及监测环境温度可有效提高设备时延稳定性。对于设备时延标校技术,比较成熟的主要有基于高速示波器的直接测量技术、基于恒温基准设备的相对标校技术及基于模拟转发器的标校技术,其中只有第三种技术能方便、有效地对包含天线在内的地面站收、发单向时延进行测量。

本章针对典型的地面站设备时延特性和地面站设备时延标校技术进行研究。首先通过大量试验对地面站设备时延与温度和时频信号波动间的关系进行了研究,并提出了相应的误差校正方法。其次,在对地面站设备时延标校技术进行分类研究的基础上,重点研究了模拟转发器标校技术。针对地面站结构的特点对该技术进行了改进和重新设计,并建立了原型试验验证系统。利用试验系统进行的性能评估试验结果显示了该技术在地面站设备时延标校中的优良性能和独特优势。

4.7 节已分析,对于双向时间传递而言,地面站设备时延误差来自于收、发设备时延偏差。而在实际的测量中,该时延值是无法直接测量得到的,需要多种手段结合进行测量。根据测量方法的不同,能得到的直接观测量是发射设备的部分时延及发

射与接收设备的时延和。通常将地面站发射设备或接收设备的时延称为单向设备时延,而将发射与接收设备的时延和称为地面站设备的组合设备时延。研究地面站设备时延,首先必须明确各类时延的定义和技术内涵,这直接关系到设备时延的测量方法和误差校正方法。

1）单向设备时延

单向设备时延分为发射单向设备时延和接收单向设备时延。

如图 4.20 所示,发射单向设备时延定义为以时频基准信号为起始点,到发射天线相位中心处的时延,通常选择 1PPS 信号作为时频基准信号,其起始点定义为 1PPS 信号的上升沿,且必须严格定义触发电平。如果触发电平选择不当,所引入的误差可达到约 5ns。

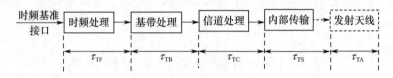

图 4.20　发射单向设备时延示意图

如图 4.21 所示,接收单向设备时延定义以接收天线相位中心为起始点到接收终端输出的时频信号为终点的时延,其中同样应严格定义终点的触发电平。

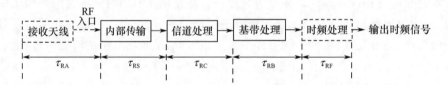

图 4.21　接收单向设备时延示意图

实际应用中,地面测站天线时延的直接测量比较难,通常采用的方法是理论计算或者间接测量。除去天线部分的时延,剩余的发射单向设备时延是能够直接测量的。

2）组合设备时延

组合设备时延是指通过发射设备与接收设备组成闭合测量回路而得到的地面站收、发设备的总时延量,其测量起点为发射单向时延的测量起点,测量终点为接收单向时延的测量终点。在基于高速示波器的直接测量技术中,接收单向设备时延就是通过组合设备时延测量和发射单向设备时延测量得到的。

4.10.1　地面站设备时延的特性分析

图 4.22 展示了两种典型的地面站结构,其中图 4.22(a)为信道外置的地面站结构,图 4.22(b)为信道内置的地面站结构。两种结构的主要差异在于发射、接收信道靠近天线还是靠近基带处理终端,这一差异将对设备时延的稳定性及标校方法产生

影响。但无论采用什么结构,卫星双向时间频率传递地面站都具有相同的主要设备构成,即收、发终端,时频设备,时间间隔计数器,收、发信道,天线单元,及连接室内设备和室外设备的长电缆。其中,时频设备对地面站原子钟产生的基准时频信号进行分路、放大等处理,产生地面站设备所需的各种时频信号。

基于 PRN 码相位观测的测量原理和地面站结构共同决定了地面站设备时延的特性。F. G. Ascarrunz、D. A. Howe 及 T. E. Parker 等详细研究了地面站设备时延受各种外界因素的影响特性[42],根据其结论可将地面站设备时延变化归结为如下 3 类因素的影响:

(1) 地面测站周围环境特性的影响;

(2) 干扰信号的影响;

(3) 地面站设备特性不理想而导致的信号失真的影响。

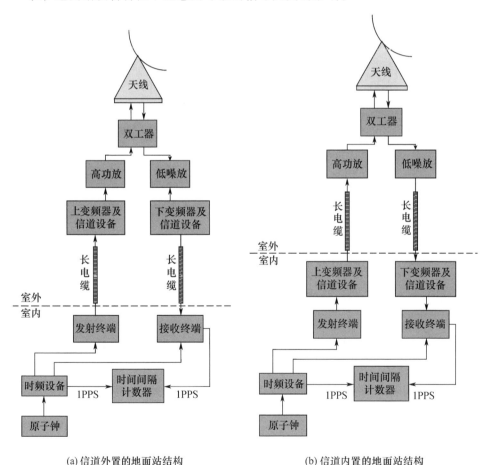

(a) 信道外置的地面站结构　　　　(b) 信道内置的地面站结构

图 4.22　典型的双向时间频率传递地面站结构(见彩图)

由图 4.22 可知,地面站设备由室内设备和室外设备组成,室外设备主要有天线单元、信道单元(对于图 4.22(a)中的结构而言)及连接室内设备和室外设备的长电缆,其中,长电缆的长度通常超过 100m。对于室外设备,环境参数(温度、湿度等)会呈现昼夜和季节性的交替变化。受环境参数的影响,长电缆及其他设备会发生电长度的变化,从而引起设备时延的变化。T. E. Parker 研究了地面站设备时延随环境温度、湿度和气压的变化特性[3],其结论显示,地面站环境温度的变化对设备时延的影响最大。对此,F. G. Ascarrunz 引入"时延温度系数"的概念进行分析,通过试验得出收、发终端的时延温度系数约为 30ps/℃,室外长电缆的温度系数约为 −80ppm/℃,而整个地面站的时延温度系数的绝对值可达到 100ps/℃ 以上[35]。研究者孙宏伟等做了类似的研究,他们测量了户外单元包括发射和接收系统的温度系数,约为 −85ps/℃[43]。

干扰信号对设备时延的影响主要体现为信道中存在多径信号和使用不同 PRN 码的扩频信号时会引起 PRN 码相位测量值的变化。多径信号的产生有可能来自地面站天线周围反射物的反射信号,也有可能来自地面站内部设备由于阻抗失配而造成的信号反射。在地面站建设时通常都会采取各种多径抑制措施,但来自地面站内部信号反射所造成的多径干扰仍无法完全避免。多径信号对于当前卫星双向时间传递普遍采用的 BPSK 调制信号产生的误差在纳秒级的量级[31]。目前有多种技术手段可以抑制多径信号对测距的影响,如在天线上加装抑径装置、窄相关技术、多径估计延迟锁定环(MEDLL)技术等,提高 PRN 码速率和采用二进制偏移载波(BOC)类调制的信号作为时间信号也是降低多径干扰的有效方法。当同一信道中存在多路码分多址的时间信号时,互相之间会引入测量误差[31,38],F. G. Ascarrunz 和 D. A. Howe 的结论显示,这种干扰有可能引起的时间测量误差可达到 3~7ns。

地面测站的设备特性不理想而导致的信号失真对设备时延测量的影响主要体现为地面站设备的非线性引起的信号失真。对于发射设备,时间信号从 D/A 变换后需要经过多级放大及变频处理才被发射出去,在这些处理过程中,模拟器件的非线性会引起信号的失真,其中最典型的是有源器件的增益非线性所导致的失真。对于接收设备,也有相似的情况。F. G. Ascarrunz 通过试验分析了信号失真所引起的时延测量的变化[35],结论显示,当信号电平配置不当,导致信号超过功率放大器的 1dB 压缩点时,有可能引起最大为 8ns 的测量误差。在做试验的过程中,也观察到了类似的现象,相应的试验数据如图 4.23 所示。可以看到,在有源设备(主要是功率放大器)的线性区内,伪距测量值很平稳,而当信号功率超过线性区时,将会产生测量误差,随着信号的增大,该误差可能增大至约 1ns。

综合国内外的研究结论,普遍的观点认为环境温度是引起设备时延变化的最主要因素。因此,这里重点对设备时延的温度特性进行了试验研究。此外,时频信号的波动同样会对设备时延测量产生很大影响。

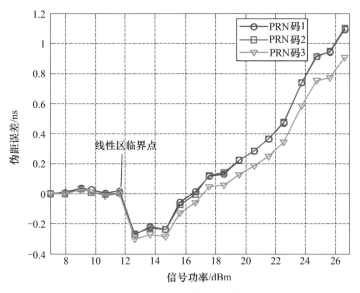

图 4.23　地面站时延误差随信号功率的变化（见彩图）

4.10.1.1　温度特性分析

对信道内置结构地面站除天线单元（包括低噪声放大器、高功率放大器等射频前端器件）以外设备时延的温度特性进行了全面的试验研究，所建立的试验系统框图如图 4.24 所示。试验时，将该试验系统置于恒温机房内，并将被研究的设备放置于温箱中。调节温箱温度在 0～50℃ 范围内以 10℃ 的步进变化，在每个温度点上维持 4h，以保证温箱内的设备受热充分。在每个温度点上记录下稳定的测量数据，从而计算出各设备时延的温度系数。时延温度系数 k 的计算公式为

$$k = \frac{1}{n-1}\sum_{i=1}^{n-1}\left(\frac{\rho_{i+1}-\rho_i}{T_{i+1}-T_i}\right) \tag{4.79}$$

式中：n 为温度调节点数；ρ 为试验系统所获得的测量数据，对于终端或信道的测量而言 ρ 为伪距数据，对于时频设备的测量而言 ρ 为时间间隔计数器的测量值；T 为温度值。

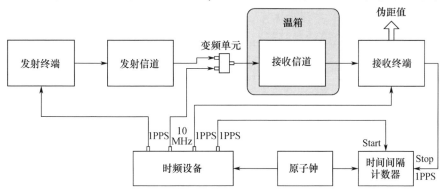

图 4.24　地面站设备时延温度特性试验系统框图（见彩图）

由式(4.79)可知,使用时延温度系数来描述环境温度对设备时延的影响特性,其前提为设备时延随温度的变化是线性或近似线性的。从后面的试验结果来看,试验中所研究的所有设备都满足这一前提。

利用该试验系统获得的试验结果如表4.12所列。

表 4.12　设备时延温度系数试验结果

测量值/ns　　　　设备 温度/℃	发射终端	发射信道	接收信道	接收终端	时频设备
0	3164.880	3165.736	3165.724	3166.167	55.1926
10	3165.632	3165.876	3165.792	3165.854	55.4154
20	3166.034	3166.177	3165.918	3165.920	55.7555
30	3166.526	3166.302	3166.112	3166.458	56.1710
40	3167.012	3166.501	3166.497	3168.246	56.6874
50	3167.456	3166.642	3167.521	3169.784	57.2845

利用表4.12中数据计算得到的各设备的时延温度系数如表4.13所列。可以看到,时频设备和信道设备的时延温度系数较低,而终端设备的温度系数较高。

表 4.13　设备时延温度系数

设备	时延温度系数/(ps/℃)
发射终端	51
发射信道	18
接收信道	34
接收终端	72
时频设备	26

本书针对长电缆时延的温度特性也做了温度系数试验研究。将100m长的稳相电缆置于温箱,调节温箱温度在 −30 ~ 42℃之间以3℃为步进变化,首先从 −21℃升温至42℃,然后降温至 −30℃,再升温至42℃。使用矢量网络分析仪对长电缆的群时延和相时延进行测量,结果如图4.25所示。

由图4.25可见,电缆的群时延和相时延随温度的变化方向相反。考虑到测量误差和其他因素的影响,可近似认为电缆的相时延随温度的变化是线性的;相应地,群时延变化也应当是线性的,但由于读取测量数据时截取的有效位数不够,从群时延数据中无法看出精确的线性特性。对于基于PRN码相位观测量的双向时间传递系统,要格外关注群时延的温度特性,由图4.25(a)可知,当温度从 −30℃变化到42℃时,稳相电缆时延发生了约200ps的变化。若使用普通电缆,情况则要差得多。

4.10.1.2　时频信号特性分析

在地面站设备进行有线连接并置于恒温环境时,设备时延仍可能发生无规律的波动变化。通过与时频信号相位的监测数据对比发现,这种波动是由时频信号波动

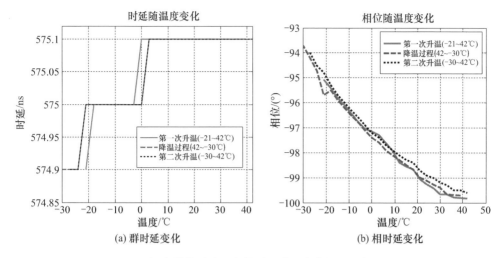

图 4.25　长电缆的群时延和相时延随温度变化特性(见彩图)

引起的。并且在温度恒定时,时频信号波动对设备时延的影响是决定性的,使用时频信号监测数据进行校正后设备时延具有很高稳定性。下面对设备时延的时频特性进行分析,研究时频信号波动对设备时延的影响机理,并给出校正方法。

在时间传递测量中,发射伪码、接收机本地码在时频信号驱动下产生,时频信号噪声将会对发射伪码、接收机本地码的稳定性产生影响,从而在时间传递结果中引入误差。发射伪码初相随发射时频信号的相位波动产生等量同方向的波动;伪距测量随接收时频信号的相位波动产生等量反方向的波动。其原理如图 4.26 所示。

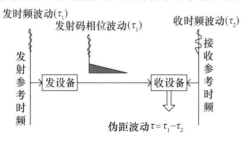

图 4.26　时频信号波动对同步发射、接收设备的影响

为了研究设备时延的时频特性,使用恒温基准标校设备进行了试验。发射单向设备时延的恒温基准标校设备原理如图 4.27 所示。

标校观测量为

$$\rho_{\mathrm{T}} = \tau_{\mathrm{cal}}^{\mathrm{T}} + \tau_{\mathrm{ref}}^{\mathrm{R}} + n_{\mathrm{cal}}^{\mathrm{T}} - n_{\mathrm{ref}}^{\mathrm{R}} \tag{4.80}$$

式中:$\tau_{\mathrm{cal}}^{\mathrm{T}}$ 为被测发链路时延;$\tau_{\mathrm{ref}}^{\mathrm{R}}$ 为基准收链路时延;$n_{\mathrm{cal}}^{\mathrm{T}}$ 为被测发时频噪声;$n_{\mathrm{ref}}^{\mathrm{R}}$ 为基准收时频噪声。标定被测发链路和基准收链路的初始时延,当满足 $\sigma(\tau_{\mathrm{ref}}^{\mathrm{R}}) \ll \sigma(\tau_{\mathrm{cal}}^{\mathrm{T}})$ 时,标校观测量的误差为

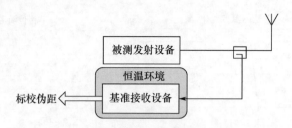

图 4.27　发射单向设备时延的恒温基准标校设备原理

$$\varepsilon_{\rho_T}(t) \approx - n_{\text{ref}}^{\text{T}}(t) \tag{4.81}$$

图 4.28 是试验中观察到的一段发射标校伪距观测量与基准接收时频信号相位的对比,二者相关系数为 -0.7255。这表明,当基准收链路时延稳定性得到有效的控制后,时频信号相位噪声对标校精度有较大影响。

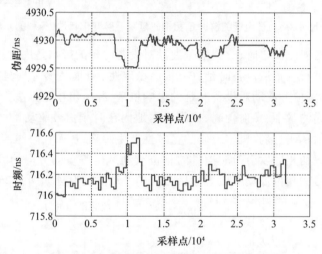

图 4.28　标校伪距与基准接收终端时频相位对比

接收设备时延测量原理与发射设备时延测量类似,在获得设备时延初始值后通过设备时延的恒温基准标校设备对接收设备时延变化进行监测。接收单向设备时延的恒温基准标校设备原理如图 4.29 所示。

图 4.29　接收单向设备时延的恒温基准标校设备原理

标校观测量表示为

$$\rho_R = \tau_{\text{cal}}^{\text{R}} + \tau_{\text{ref}}^{\text{T}} + n_{\text{ref}}^{\text{T}} - n_{\text{cal}}^{\text{R}} \tag{4.82}$$

式中：$\tau_{\text{cal}}^{\text{R}}$ 为被测收链路时延；$\tau_{\text{ref}}^{\text{T}}$ 为基准发链路时延；$n_{\text{cal}}^{\text{R}}$ 为被测收时频噪声；$n_{\text{ref}}^{\text{T}}$ 为基准发时频噪声。当满足 $\sigma(\tau_{\text{ref}}^{\text{T}}) \ll \sigma(\tau_{\text{cal}}^{\text{R}})$ 时，标校观测量的误差为

$$\varepsilon_{\rho_R}(t) \approx n_{\text{ref}}^{\text{R}}(t) \tag{4.83}$$

在满足某些设计要求后，$\varepsilon_{\rho_T}(t) \approx -n_{\text{T}}^{\text{ref}}(t)$、$\varepsilon_{\rho_R}(t) \approx n_{\text{R}}^{\text{ref}}(t)$。在设备时延测量过程中对基准设备时频波动进行监测，监测数据对标校伪距校正后，可有效减小伪距误差。

为了验证上述结论，选取发射标校、接收标校试验数据各一段，按照上述校正方法进行校正。图 4.30 为一段未校正发射标校伪距、基准接收设备时频信号相位监测实时数据及校正后的发射标校伪距。经过校正，标校伪距方差由 0.0380ns 改善到 0.0206ns。

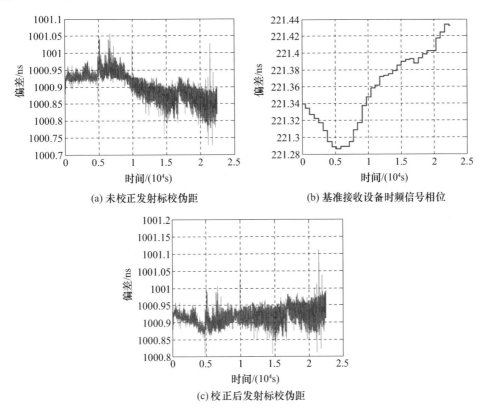

(a) 未校正发射标校伪距　　　　(b) 基准接收设备时频信号相位

(c) 校正后发射标校伪距

图 4.30　发射标校伪距的校正

图 4.31 为一段未校正接收标校伪距、基准发射设备时频相位监测实时数据及校正后的接收标校伪距。经过校正，标校伪距方差由 0.3513ns 改善到 0.0796ns。

图 4.30、图 4.31 显示，按照式（4.81）、式（4.83）对发射、接收标校伪距进行校

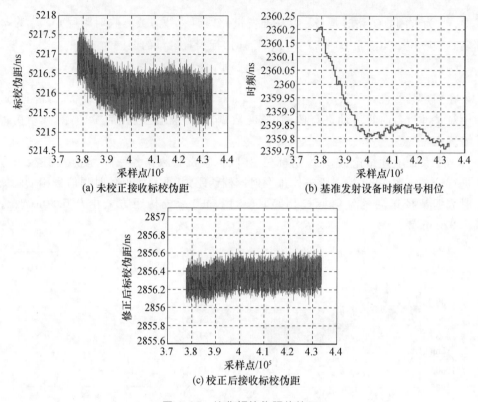

(a) 未校正接收标校伪距　　　　　　(b) 基准发射设备时频信号相位

(c) 校正后接收标校伪距

图 4.31　接收标校伪距的校正

正,能有效地改善设备时延稳定度。

4.10.2　地面站设备时延标校技术的分类研究

在卫星双向时间传递中,地面站设备时延误差是最大的误差,是目前限制卫星双向时间频率传递精度进一步提升的主要瓶颈。地面站设备时延误差来自于两个地面站收、发单向时延的不对称,由于地面站结构复杂,以及各地面站所处的环境不一致,这种不对称是无法通过设计来消除的,因此,设备时延标校成为解决地面站设备时延误差的最主要手段。

经过数十年的研究,卫星双向时间频率传递设备时延标校技术已经发展得较为成熟,这些标校技术归纳起来主要有 3 类:

（1）基于高速示波器的直接测量技术;

（2）基于恒温基准设备的相对标校技术;

（3）基于模拟转发器的设备时延标校技术。

本节将对前两种技术进行说明,基于模拟转发器的设备时延标校技术将在4.10.3 节中展开深入研究。

4.10.2.1　基于高速示波器的直接测量技术

目前的卫星双向时间频率传递采用码相位观测量,对于地面站发射设备,地面站原子钟提供的 1PPS 信号触发基带电路生成测距伪码并进行载波调制,1PPS 信号的上升沿对应着伪码的初始相位 $C(0)$。设时间信号在地面站发射设备中传输所引入的时延为 τ^{T},则地面站发射设备出口处的时间信号可表达为

$$s(t) = A \cdot C\left(\frac{t - \tau^{\mathrm{T}}}{T_{\mathrm{c}}}\right) \cdot \cos(\omega_{\mathrm{T}} t + \phi) + n(t) \tag{4.84}$$

式中:C 为时间信号所使用的码序列;T_{c} 为伪码码片宽度;ω_{T} 为发射信号角频率;$n(t)$ 为噪声。则伪码初相将在 $t = \tau^{\mathrm{T}}$ 时刻出现。因此,通过测量 1PPS 上升沿与地面站发射设备出口处伪码初相之间的时间差,即可获得地面站发射设备时延值。

示波器测量方法正是利用了 1PPS 上升沿与伪码初相的对应关系,通过对 1PPS 触发信号和测距信号的高速采样和精确传递处理,确定地面站设备时延。使用高速示波器进行地面站发射设备时延直接测量的原理如图 4.32 所示。

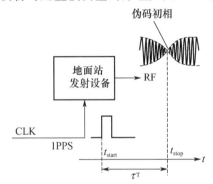

图 4.32　基于高速示波器的地面站发射设备时延测量原理

令 1PPS 参考信号的前沿时刻为 t_{start},地面站发射设备信道输出端口对应码片的相位翻转时刻为 t_{stop},则时间传递发射设备的有线时延 τ^{T} 为

$$\tau^{\mathrm{T}} = t_{\mathrm{stop}} - t_{\mathrm{start}} \tag{4.85}$$

对于地面站接收设备的时延,无法使用示波器直接测量,需要借助时间传递发射设备或信号模拟器设备来完成测量。测量时,发射设备和被测接收设备组成有线回路,地面站接收设备对发射设备所发送的测距信号进行解调,获得观测量 τ_{round}。该观测量所指示的时延包括发射设备时延 τ^{T}、接收设备时延 τ^{R} 以及它们之间的连接线缆的时延 τ_{w}。在精确测量出发射设备时延和线缆时延后,即可得到接收设备的有线时延 τ^{R},即

$$\tau^{\mathrm{R}} = \tau_{\mathrm{round}} - \tau^{\mathrm{T}} - \tau_{\mathrm{w}} \tag{4.86}$$

接收设备时延的有线标定原理如图 4.33 所示。

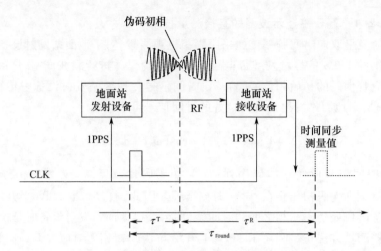

图 4.33　时间传递接收设备时延有线标定原理

　　在实际的测量中,由于设备热噪声、时频信号波动以及示波器触发抖动等因素的影响,高速示波器采样得到的时间信号翻转点会产生抖动。这种翻转点的不确定性会引起测量误差,尤其对于传统的高速示波器时延测量,依靠肉眼观察来确定信号翻转点,会引起较大的操作误差。图 4.34 所示为试验中采集到的真实时间信号波形,通过 1000 次采集信号的叠加,可以明显地看出翻转点的不确定性。

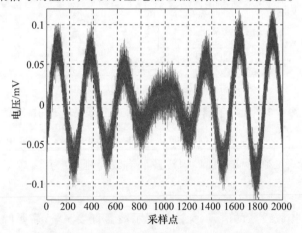

图 4.34　示波器采集到的时间信号(见彩图)

　　可通过信号和数据处理的手段来降低时间信号翻转点不确定性的影响,从而提高时延测量的精度。基于高速示波器的设备时延测量方法信号处理流程如图 4.35所示。

　　为了对基于高速示波器的设备时延测量技术进行验证,利用任意波形发生器、可调时延线、高速示波器等设备搭建了试验系统,如图 4.36 所示。

　　试验中所用仪器及关键性能如表 4.14 所列。

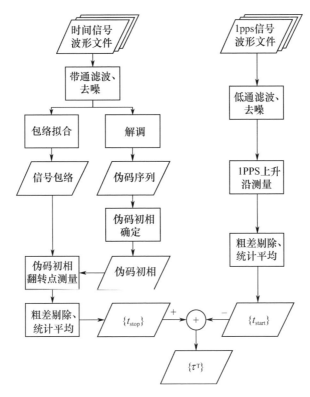

图 4.35 基于高速示波器的设备时延测量方法信号处理流程

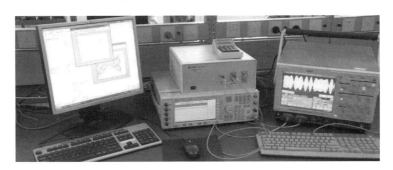

图 4.36 高速示波器设备时延测量技术验证系统

表 4.14 示波器方法验证试验中的仪器及关键性能

仪器名称	关键性能指标
任意波形发生器	最高输出频率:10GHz
可调时延线	时延精度:0.5ps
高速示波器	采样率:20Gsample/s,采样带宽:6GHz

试验时,任意波形发生器产生射频时间信号,该信号经过可调时延线后连接到高速示波器上进行测量。调节可调时延线在被测信号中加入确定时延,并在每个时延

量上使用示波器进行 1000 次测量,测量结果的均值和标准差列于表 4.15。

表 4.15　高速示波器测量技术验证试验结果的统计分析

可调时延线的时延/ns	测量均值/ns	测量方差/ns
0.1	0.08	0.06
0.2	0.21	0.05
0.3	0.30	0.06
0.5	0.49	0.06
1	0.94	0.05
2	1.91	0.07

该方法的设备时延的测量精度主要受到设备时延计算误差、示波器通道一致性、电缆测量误差的影响。其中设备时延计算误差为 0.1ns 左右,示波器通道一致性误差不会超过示波器采样时间间隔,对于 20GHz 的示波器来说为 0.05ns,电缆的标定误差,在 1GHz 时为 0.05ns。因此,该方法的设备时延标定精度为

$$\sqrt{0.1^2 + 0.05^2 + 0.05^2} \approx 0.12(\text{ns})$$

4.10.2.2　基于恒温基准设备的相对标校技术

基于恒温基准设备的地面站设备时延标校技术是一种相对标校技术,它使用经过高速示波器方法标定的发射或接收设备作为测量基准,对被测设备的时延进行测量。为了保证基准设备的时延稳定度,通常将其放置于恒温机箱中,因此将该技术称为恒温基准标校技术。

使用该技术对时间传递发射设备时延进行测量时,利用已经过时延值绝对标定的时间传递接收设备作为基准设备,并将其置于恒温环境中,以保持其时延的稳定。被测发射设备与基准接收设备组成回路,并使用相同的时频基准信号,以消除由二者时钟的不同步引入的测量误差。基准接收设备对被测发射设备发送的测距信号解调,获得组合时延观测量。由于基准接收设备已经过精确标定,并且具有很高的时延稳定度,因此在一定的精度要求下可将其视为时延已知且恒定不变的测量设备。据此可获得被测发射设备的时延值。

发射设备的恒温基准标校原理如图 4.37 所示。

设被测时间传递发射设备与基准接收设备间的传输线缆时延为 τ。测试信号从被测发射设备发出,通过基准接收设备的测量,获得观测量 T。则 $T - \tau$ 即为被测发射设备和基准接收设备组成的测量环路的设备时延之和,即组合时延。时序如图 4.38 所示。

由图 4.38 看出,组合时延为

$$\tau_{\text{cal}}^{\text{T}} + \tau_{\text{ref}}^{\text{R}} = T - \tau \tag{4.87}$$

由于基准接收设备被置于恒温环境中,其设备时延 $\tau_{\text{ref}}^{\text{R}}$ 被视为稳定的。因此,组

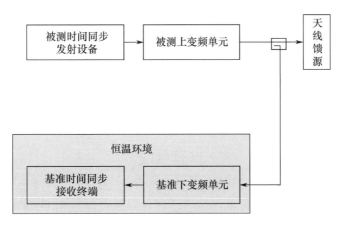

图 4.37　发射设备的恒温基准标校原理

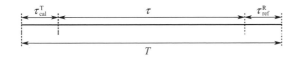

图 4.38　发射设备的基准差分在线测量时序

合零值 $\tau_{cal}^{T} + \tau_{ref}^{R}$ 的变化规律和被标校发射设备的设备时延 τ_{cal}^{T} 的变化规律相同,对 $\tau_{cal}^{T} + \tau_{ref}^{R}$ 的稳定性分析等同于对 τ_{cal}^{T} 的稳定性分析。

　　时间传递接收设备时延的恒温基准标校方法与发射设备时延恒温基准标校方法类似,使用恒温基准发射设备作为测量基准对其进行标校。

　　接收设备在线测量原理如图 4.39 所示。

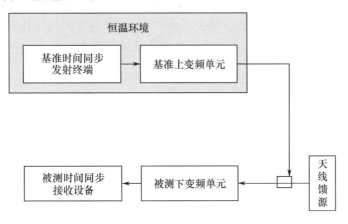

图 4.39　接收设备在线测量原理

　　令被测时间传递接收设备与基准发射设备间的传输线缆时延为 τ。测试信号从基准发射设备发出,通过被测接收设备的测量,获得观测量 T。则 $T - \tau$ 即为被测接收设备和基准发射设备组成的测量环路的设备时延之和,即组合时延。时序如

图 4.40 所示。

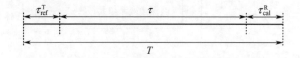

图 4.40 接收设备的基准差分在线测量时序

如图所示,组合时延为

$$\tau_{\text{ref}}^{\text{T}} + \tau_{\text{cal}}^{\text{R}} = T - \tau \tag{4.88}$$

由于基准发射设备被置于恒温环境中,其设备时延 $\tau_{\text{ref}}^{\text{T}}$ 被视为稳定的。因此,组合零值 $\tau_{\text{ref}}^{\text{T}} + \tau_{\text{cal}}^{\text{R}}$ 的变化规律和被标校接收设备的设备时延 $\tau_{\text{cal}}^{\text{R}}$ 的变化规律相同,对 $\tau_{\text{ref}}^{\text{T}} + \tau_{\text{cal}}^{\text{R}}$ 的稳定性分析等同于对 $\tau_{\text{cal}}^{\text{R}}$ 的稳定性分析。

4.10.3 基于模拟转发器的设备时延标校技术

对于卫星双向时间传递中地面站设备时延的标校,最终目的是要对包含天线在内的收、发设备时延差($\tau^{\text{T}} - \tau^{\text{R}}$)进行测量。从 4.4 节分析可知,无论是基于高速示波器的直接测量还是基于恒温基准设备的相对标校,都无法实现对包含收、发天线在内的整个发射或接收链路设备时延进行测量。因此,这些方法都需要和天线时延测量技术结合起来使用才能实现对($\tau^{\text{T}} - \tau^{\text{R}}$)的标校。而对于时间传递地面站所使用的大型天线,其相位中心和时延缺乏直接测量手段,通常是通过分段测量和等光程计算结合的方法合成天线时延,这一方法存在精度检核困难的问题,限制了示波器方法和恒温基准方法在设备时延标校中的应用。

基于模拟转发器的标校技术正好弥补了上述方法的缺点,它通过引入模拟转发器,在被测地面站内部构造了冗余测量回路,可以实现包含天线在内的地面站收、发单向时延测量。基于模拟转发器的地面站设备时延的概念由 G. D. Jong 于 1989 年提出[39],并在此基础上发展出了世界上第一套模拟转发器最小系统[40]。目前该技术在国外已得到许多时间传递实验室的采纳。

4.10.3.1 模拟转发器标校原理

1)基本工作模式

基于模拟转发器的地面站设备时延标校系统的基本模型如图 4.41 所示,图中符号定义如下:

GTT:地面站发射终端。　　　　　　LO1:本振 1。

GRT:地面站接收终端。　　　　　　LO2:本振 2。

GTC:地面站发射信道。　　　　　　TIC:时间间隔计数器。

GRC:地面站接收信道。　　　　　　Ref – Cable:参考信号电缆。

SST:模拟转发器。　　　　　　　　Tx – Cable:发射信号电缆。

GFS:地面站时频源。　　　　　　　Rx – Cable:接收信号电缆。

IF Ref:参考中频。　　　　　　　　　　IF Rx:接收中频。

IF Tx:发射中频。

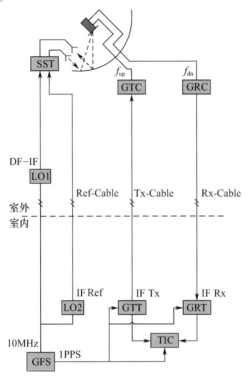

图 4.41　模拟转发器方法的基本模型

　　该方法通过在地面站天线馈面附近构造一个模拟转发器,使得地面站可利用其组成无线"自发/自收"链路。

　　在基本的无线"自发/自收"工作模式下,地面站发出的上行信号经模拟转发器变频后被地面站接收终端接收,该测量值包含了 GTT、Tx-Cable、GTC、地面站发射天线、2 倍的地面站天线到模拟转发器天线空间距离、模拟转发器时延、地面站接收天线、GRC、Rx-Cable、GRT 以及一些短电缆的时延。令该模式的观测量为 τ_1、模拟转发器的转发时延为 τ_{tr1}、地面站天线到模拟转发器天线空间距离为 R、各种短电缆的总时延为 τ_{w1},则

$$\tau_1 = \tau^T + \tau^R + 2R/c + \tau_{tr1} + \tau_{w1} \tag{4.89}$$

$$\tau^T + \tau^R = \tau_1 - (2R/c + \tau_{tr1} + \tau_{w1}) \tag{4.90}$$

　　为了从 $\tau^T + \tau^R$ 中分离出 τ^T 和 τ^R,需要引入额外的观测量,为此,将模拟转发变频器设计为具有两个本振信号输入的特殊形式。令 $DF = f_{up} - f_{dn}$,IF 为地面站收、发终端中频频率,如图 4.42 所示,通过互换 LO2 和 IF Tx 信号可获得第二个观测量:

$$\tau_2 = \tau_{\text{modem}} + \tau_{\text{cable}}^{\text{ref}} + \tau^{\text{R}} + R/c + \tau_{\text{tr2}} + \tau_{\text{w2}} \qquad (4.91)$$

$$\tau_{\text{modem}} + \tau_{\text{cable}}^{\text{ref}} + \tau^{\text{R}} = \tau_2 - (R/c + \tau_{\text{tr2}} + \tau_{\text{w2}}) \qquad (4.92)$$

式中:$\tau_{\text{cable}}^{\text{ref}}$ 表示 Ref-Cable 的时延;τ_{modem} 表示 GTT 的时延。

结合式(4.91)和式(4.92)可知,在各种短电缆时延 τ_{w} 及空间距离 R 精确标定的前提下,只要能精确测量得到 $\tau_{\text{cable}}^{\text{ref}}$,就可实现 τ^{T} 和 τ^{R} 的分离,这就是模拟转发器的基本标校原理。模拟转发器标校方法的两种基本工作模式如图 4.42 所示。

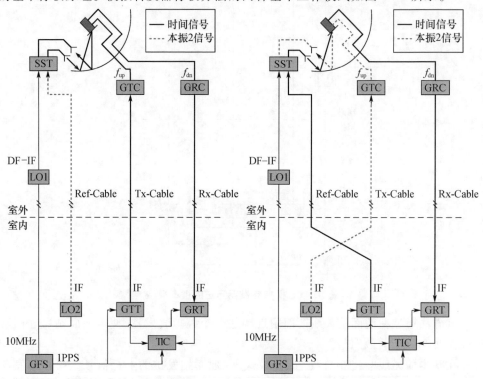

图 4.42　模拟转发器标校方法的两种基本工作模式(见彩图)

2)收、发单向设备时延解算

为了对 $\tau_{\text{cable}}^{\text{ref}}$ 进行测量,需要在基于模拟转发器的标校系统中引入更多的测量回路。同时,为了实现各测量回路间的在线自动切换,在模拟转发器标校系统中加入了7 个开关矩阵,每个开关矩阵有 4 个电气特性完全相同的管脚,通过开关切换,每个管脚能和相邻位置的管脚连通,处于对角位置的两个管脚不能连通。引入开关矩阵后的模拟转发器标校系统框图如图 4.43 所示,其中 PC 为三端口合路器,图中的室外单元和室内单元都进行了温度控制,置于其中的电缆和开关矩阵等设备具备较高的时延稳定度,因此,对于其中的短电缆、开关矩阵等设备时延,可在系统集成的初期使用矢量网络分析仪、高速示波器等设备标定并进行零值装订。需要注意的是,对比图 4.41 和图 4.43 所示的系统,Ref-Cable 被室外单元分割为两部分:一部分是连接室内单元和室外单元的长电缆,在此仍称其为 Ref-Cable;另一部分是连接室外单元和 SST 的较短电缆,以下称为 L-Cable。

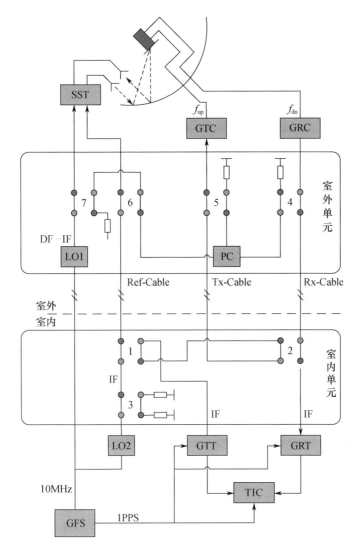

图 4.43　引入开关矩阵后的模拟转发器标校系统(见彩图)

利用该系统可实现 6 种模式的时延测量,将 6 种工作模式分别命名为 S1 ~ S6,各模式下的测量回路如图 4.44 所示。

为了说明每种模式的测量方程及标校解算结果,做如下定义和假设:

(1)模拟转发天线与地面站天线相心间的空间距离 R、转发时延 τ_{tr} 已精确标定;

(2)GTT、GRT 时延在系统集成前已使用高速示波器精确标定,分别标记为 τ_{modem}^{Tx}、τ_{modem}^{Rx};

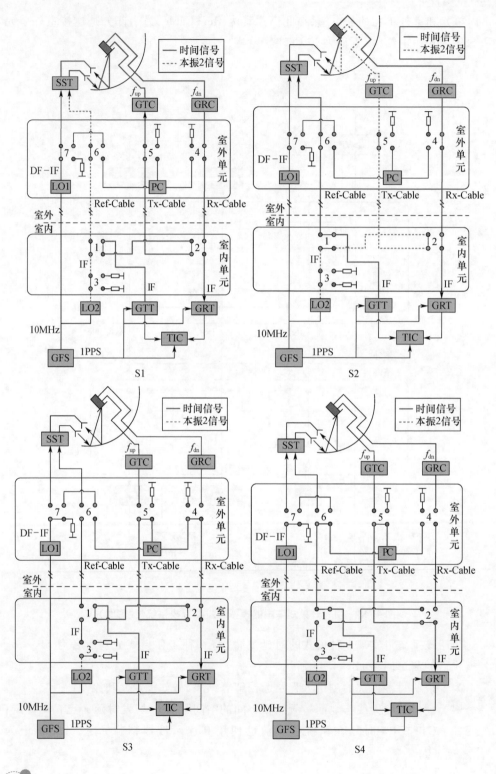

S1

S2

S3

S4

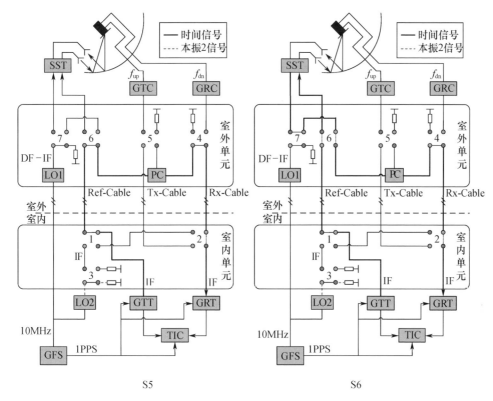

图 4.44　模拟转发器标校系统的 6 种工作模式（见彩图）

（3）室内单元和室外单元内的所有短电缆、开关矩阵时延稳定且已精确标定，在下面的描述中将这些量表示为 τ_{w}；

（4）射频长电缆 Tx-Cable 裸露于室外，其时延为 $\tau_{\mathrm{cable}}^{\mathrm{Tx}}$；

（5）射频长电缆 Rx-Cable 裸露于室外，其时延为 $\tau_{\mathrm{cable}}^{\mathrm{Rx}}$；

（6）射频长电缆 Ref-Cable 裸露于室外，其时延为 $\tau_{\mathrm{cable}}^{\mathrm{ref}}$；

（7）将连接室外单元和 SST 的两段 L-Cable 设计为等长，其时延之和为 $\tau_{\mathrm{cable}}^{\mathrm{L}}$。

则通过 S1 ~ S6 的测量可得到 6 个观测方程：

$$\begin{cases} \tau_1 = \tau^{\mathrm{T}} + \tau^{\mathrm{R}} + 2R/c + \tau_{\mathrm{tr1}} + \tau_{\mathrm{w1}} \\[6pt] \tau_2 = \tau_{\mathrm{modem}}^{\mathrm{Tx}} + \tau_{\mathrm{cable}}^{\mathrm{ref}} + \tau_{\mathrm{cable}}^{\mathrm{L}}/2 + \tau_{\mathrm{tr2}} + R/c + \tau^{\mathrm{R}} + \tau_{\mathrm{w2}} \\[6pt] \tau_3 = \tau_{\mathrm{modem}}^{\mathrm{Tx}} + \tau_{\mathrm{cable}}^{\mathrm{Tx}} + \tau_{\mathrm{cable}}^{\mathrm{Rx}} + \tau_{\mathrm{modem}}^{\mathrm{Rx}} + \tau_{\mathrm{w3}} \\[6pt] \tau_4 = \tau_{\mathrm{modem}}^{\mathrm{Tx}} + \tau_{\mathrm{cable}}^{\mathrm{ref}} + \tau_{\mathrm{cable}}^{\mathrm{Tx}} + \tau_{\mathrm{modem}}^{\mathrm{Rx}} + \tau_{\mathrm{w4}} \\[6pt] \tau_5 = \tau_{\mathrm{modem}}^{\mathrm{Tx}} + \tau_{\mathrm{cable}}^{\mathrm{ref}} + \tau_{\mathrm{cable}}^{\mathrm{Rx}} + \tau_{\mathrm{modem}}^{\mathrm{Rx}} + \tau_{\mathrm{w5}} \\[6pt] \tau_6 = \tau_{\mathrm{modem}}^{\mathrm{Tx}} + \tau_{\mathrm{cable}}^{\mathrm{ref}} + \tau_{\mathrm{cable}}^{\mathrm{L}} + \tau_{\mathrm{cable}}^{\mathrm{Rx}} + \tau_{\mathrm{modem}}^{\mathrm{Rx}} + \tau_{\mathrm{w6}} \end{cases} \tag{4.93}$$

式(4.93)中,需要求解的时延量为 τ^{T}、τ^{R}、τ_{cable}^{Tx}、τ_{cable}^{Rx}、τ_{cable}^{ref} 和 τ_{cable}^{L}。令

$$X = \begin{bmatrix} \tau^{T} & \tau^{R} & \tau_{cable}^{Tx} & \tau_{cable}^{Rx} & \tau_{cable}^{ref} & \tau_{cable}^{L} \end{bmatrix}^{T}$$

$$B = \begin{bmatrix} \tau_1 - 2R/c - \tau_{tr1} - \tau_{w1} \\ \tau_2 - \tau_{modem}^{Tx} - \tau_{tr2} - R/c - \tau_{w2} \\ \tau_3 - \tau_{modem}^{Tx} - \tau_{modem}^{Rx} - \tau_{w3} \\ \tau_4 - \tau_{modem}^{Tx} - \tau_{modem}^{Rx} - \tau_{w4} \\ \tau_5 - \tau_{modem}^{Tx} - \tau_{modem}^{Rx} - \tau_{w5} \\ \tau_6 - \tau_{modem}^{Tx} - \tau_{modem}^{Rx} - \tau_{w6} \end{bmatrix} \qquad (4.94)$$

$$H = \begin{bmatrix} 1 & 1 & 0 & 0 & 0 & 0 \\ 0 & 1 & 0 & 0 & 1 & 0.5 \\ 0 & 0 & 1 & 1 & 0 & 0 \\ 0 & 0 & 1 & 0 & 1 & 0 \\ 0 & 0 & 0 & 1 & 1 & 0 \\ 0 & 0 & 0 & 1 & 1 & 1 \end{bmatrix}$$

则式(4.94)可表示为如下矩阵方程:

$$H \cdot X = B \qquad (4.95)$$

式中:H 为满秩矩阵。解方程(4.95)可求得 X 的唯一解,从而获得包含天线在内的地面站收、发单向设备时延。

由上述分析可知,基于模拟转发器的设备时延标校方法的一个设计原则是:将具备较高时延稳定度的设备时延预先标定并装订进系统时延零值,这样的设备主要包括位于室内的设备和置于室外单元内的设备;而将无法进行温度控制,时延稳定度较差的设备时延作为未知量通过测量方程进行求解,这样的设备主要是裸露于室外的长电缆、射频设备及天线。从对设备时延特性的分析可知,地面站设备时延与环境温度具有高度相关性,因此模拟转发器标校方法的这种设计准则是比较科学的。除此之外,该方法还规避了对地面站天线时延的单独测量,只需要精确标定天线相位中心,就可将包含天线在内的设备时延解算得到。

4.10.3.2 模拟转发器标校系统设计

基于模拟转发器的地面站设备时延标校系统在国外的许多时间传递实验室已得到应用[31,40-41],G. D. Jong 等对安装在荷兰 VSL 实验室的标校系统的精度性能进行了长达4.9年的验证,结论显示,其标校精度优于1ns。德国 TimeTech 公司基于该原理开发的模拟转发器标校系统能实现0.3ns 的标校精度[40]。

但是,模拟转发器标校技术却无法直接用于信道内置卫星双向时间频率传递地面站。这主要是由其与信道外置卫星双向时间频率传递地面站的结构差异造成的。在信道外置的时间传递地面站中,将收、发信道与天线一起置于室外,使用长电缆与

室内的收、发终端进行连接,长电缆传输中频信号;而在信道内置比对系统的地面站设计中则将收、发信道置于室内,使用长电缆传输射频信号。这两种设计方式各有优缺点,前者降低了地面站对功放增益的需求;后者则由于将地面站设备尽可能地置于温度受控环境而提高了设备时延的稳定度。将上节中的模拟转发器方法用于第二种结构形式的地面站,由于进入室外单元的信号是射频信号,将导致 S3～S6 模式无法工作,因此需要对测量方程和工作模式重新设计。

　　针对信道内置对比系统地面站的结构特点,提出一种新的模拟转发器标校系统如图 4.45 所示。

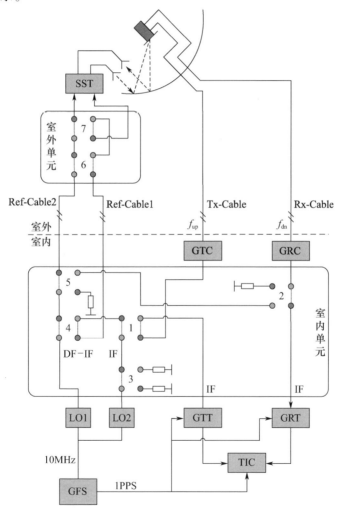

图 4.45　针对信道内置比对系统地面站的模拟转发器标校系统(见彩图)

该系统有 4 个基本工作模式:S1～S4,如图 4.46 所示。

为了说明每种模式的测量方程及标校解算结果,做出如下定义和假设:

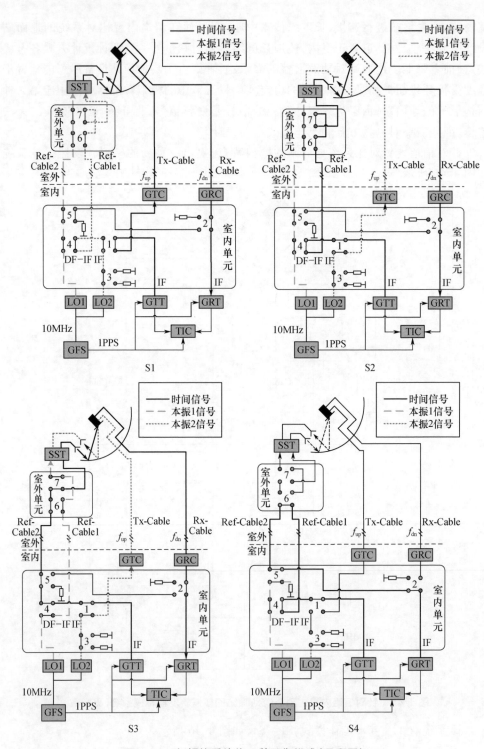

图 4.46　新标校系统的 4 种工作模式(见彩图)

（1）模拟天线转发与地面站天线相心间的空间距离 R、转发时延 τ_{tr} 已精确标定；

（2）GTT、GRT 时延在系统集成前已使用高速示波器精确标定，分别标记为 τ_{modem}^{Tx}、τ_{modem}^{Rx}；

（3）室内单元和室外单元内的所有短电缆、开关矩阵时延稳定且已精确标定，在后续的描述中将这些量表示为 τ_w；

（4）射频长电缆 Tx-Cable 裸露于室外，其时延为 τ_{cable}^{Tx}；

（5）射频长电缆 Rx-Cable 裸露于室外，其时延为 τ_{cable}^{Rx}；

（6）射频长电缆 Ref-Cable1 和 Ref-Cable2 裸露于室外，其时延分别为 τ_{cable}^{refl}、τ_{cable}^{ref2}。

则由 S1～S4 可得到 4 个观测方程：

$$\begin{cases} \tau_1 = \tau^T + \tau^R + 2R/c + \tau_{tr1} + \tau_{w1} \\ \tau_2 = \tau_{modem}^{Tx} + \tau_{cable}^{refl} + \tau_{tr2} + R/c + \tau^R + \tau_{w2} \\ \tau_3 = \tau_{modem}^{Tx} + \tau_{cable}^{ref2} + \tau_{tr2} + R/c + \tau^R + \tau_{w3} \\ \tau_4 = \tau_{modem}^{Tx} + \tau_{cable}^{refl} + \tau_{cable}^{ref2} + \tau_{modem}^{Rx} + \tau_{w4} \end{cases} \tag{4.96}$$

式（4.96）中，需要求解的时延量为 τ^T、τ^R、τ_{cable}^{refl} 和 τ_{cable}^{ref2}。令

$$\boldsymbol{X} = \begin{bmatrix} \tau^T & \tau^R & \tau_{cable}^{refl} & \tau_{cable}^{ref2} \end{bmatrix}^T \tag{4.97}$$

$$\boldsymbol{B} = \begin{bmatrix} \tau_1 - 2R/c - \tau_{tr1} - \tau_{w1} \\ \tau_2 - \tau_{modem}^{Tx} - \tau_{tr2} - R/c - \tau_{w2} \\ \tau_3 - \tau_{modem}^{Tx} - \tau_{tr2} - R/c - \tau_{w3} \\ \tau_4 - \tau_{modem}^{Tx} - \tau_{modem}^{Rx} - \tau_{w4} \end{bmatrix} \tag{4.98}$$

$$\boldsymbol{H} = \begin{bmatrix} 1 & 1 & 0 & 0 \\ 0 & 1 & 1 & 0 \\ 0 & 1 & 0 & 1 \\ 0 & 0 & 1 & 1 \end{bmatrix} \tag{4.99}$$

则式（4.99）可表示为矩阵方程：

$$\boldsymbol{H} \cdot \boldsymbol{X} = \boldsymbol{B} \tag{4.100}$$

式中：$\boldsymbol{H}$ 为满秩矩阵，解方程式（4.100）可获得 $\boldsymbol{X}$ 唯一解，从而获得包含天线在内的地面站收、发设备的单向时延。

该方法设计的模拟转发器标校系统极大地简化了室外单元的设计。由于室外单元内仅包含时延稳定性很高的开关矩阵，因此降低了对室外单元的温度控制要求，提高了其时延稳定性。同时，分析针对信道外置结构的标校系统，其测量方程并没有实现对所有未知量的直接测量，对于连接室外单元和模拟转发器的两段 L-Cable 的测量，是通过将其设计为等长而间接计算得到的，当等长的条件不严格满足时，这种间

接计算的方法会在标校结果中引入误差。即式(4.94)中矩阵 $\boldsymbol{H}$ 中的 0.5 为估算值,当估算不准确时,会引入误差。在设计的新标校系统中,通过增加对室外长电缆 Ref-Cable2 的测量,规避了原系统的这一问题,4 种工作模式对所有室外设备实现了直接测量。

根据式(4.100)设备时延解算误差 $\Delta\boldsymbol{X}$ 与测量误差 $\Delta\boldsymbol{B}$ 之间的关系为

$$\Delta\boldsymbol{X} = \boldsymbol{H}^{-1} \cdot \Delta\boldsymbol{B} \tag{4.101}$$

则原有的模拟转发器标校系统和新设计的模拟转发器标校系统的设备时延解算误差可分别表示为

$$\begin{cases} \Delta\tau^{\mathrm{T}}\big|_{\mathrm{old}} = \Delta b_1 - \Delta b_2 - \Delta b_3/2 - \Delta b_4/2 + \Delta b_6/2 \\ \Delta\tau^{\mathrm{R}}\big|_{\mathrm{old}} = \Delta b_2 + \Delta b_3/2 - \Delta b_4/2 - \Delta b_6/2 \end{cases} \tag{4.102}$$

$$\begin{cases} \Delta\tau^{\mathrm{T}}\big|_{\mathrm{new}} = \Delta b_1 - \Delta b_2/2 - \Delta b_3/2 + \Delta b_4/2 \\ \Delta\tau^{\mathrm{R}}\big|_{\mathrm{new}} = \Delta b_2/2 + \Delta b_3/2 - \Delta b_4/2 \end{cases} \tag{4.103}$$

式中:下标 old 代表原标校系统;下标 new 代表新设计的标校系统。代入各测量值的误差得

$$\begin{cases} \Delta\tau^{\mathrm{T}}\big|_{\mathrm{old}} = \Delta\tau_{\mathrm{obs1}} - \Delta R/c + \Delta\tau_{\mathrm{modem}}^{\mathrm{Tx}} + (\Delta\tau_{\mathrm{tr2}} - \Delta\tau_{\mathrm{tr1}}) + \Delta\tau_{\mathrm{w}} \\ \Delta\tau^{\mathrm{R}}\big|_{\mathrm{old}} = \Delta\tau_{\mathrm{obs2}} - \Delta R/c + (\Delta\tau_{\mathrm{modem}}^{\mathrm{Rx}}/2 - \Delta\tau_{\mathrm{modem}}^{\mathrm{Tx}}/2) - \Delta\tau_{\mathrm{tr2}} + \Delta\tau_{\mathrm{w}} \end{cases} \tag{4.104}$$

$$\begin{cases} \Delta\tau^{\mathrm{T}}\big|_{\mathrm{new}} = \Delta\tau_{\mathrm{obs1}} + (\Delta\tau_{\mathrm{modem}}^{\mathrm{Tx}}/2 - \Delta\tau_{\mathrm{modem}}^{\mathrm{Rx}}/2) + (\Delta\tau_{\mathrm{tr2}} - \Delta\tau_{\mathrm{tr1}}) + \Delta\tau_{\mathrm{w}} \\ \Delta\tau^{\mathrm{R}}\big|_{\mathrm{new}} = \Delta\tau_{\mathrm{obs2}} - \Delta R/c + (\Delta\tau_{\mathrm{modem}}^{\mathrm{Rx}}/2 - \Delta\tau_{\mathrm{modem}}^{\mathrm{Tx}}/2) - \Delta\tau_{\mathrm{tr2}} + \Delta\tau_{\mathrm{w}} \end{cases} \tag{4.105}$$

式中:$\Delta\tau_{\mathrm{obs}}$ 为各标校模式中直接观测量的误差之和;$\Delta\tau_{\mathrm{w}}$ 为各标校模式中短电缆标定误差之和。可以看到,在本书所设计的标校系统中,R 的标定误差不对 τ^{T} 的标校精度产生影响,而 $\Delta\tau^{\mathrm{R}}\big|_{\mathrm{new}}$ 和 $\Delta\tau^{\mathrm{R}}\big|_{\mathrm{old}}$ 有相似的表达形式。同时,在两种标校系统中,模拟转发器的时延误差对时延解算结果产生同样的影响。

4.10.3.3 标校性能评估与验证

为了验证本标校方法的正确性及精度性能,使用板卡式双向时间频率传递收/发终端、上/下变频器、模拟转发器、信号源、开关网络、高速示波器、可调时延线等设备建立了基于模拟转发器的地面站时延标校试验验证系统。试验验证系统框图如图 4.47 所示。

试验验证系统全部使用有线连接。在该试验验证系统中:信号源 1 和信号源 2 用于产生频率分别为 IF 和(DF - IF)的本振信号;可调时延线用于 Tx-Cable 或 Rx-Cable 中加入时延,以验证当设备时延发生变化时标校解算结果的正确性;高速示波器用于测量收、发链路的单向设备时延,以对基于模拟转发器的标校结果进行检核。图 4.48 所示为试验验证系统的实物图。

使用图 4.48 中的试验验证系统,开展了以下 3 个评估与验证试验:

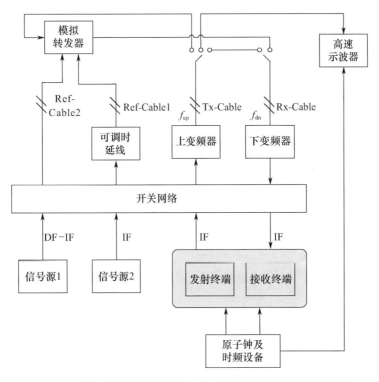

图 4.47　基于模拟转发器的地面站时延标校试验验证系统框图

（1）模拟转发器标校方法的绝对检核试验；

（2）模拟转发器标校方法的相对检核试验；

（3）模拟转发器标校方法的精度评估试验。

图 4.48　基于模拟转发器的地面站时延标校试验验证系统实物图

下面分别对 3 个试验进行说明和分析。

1）模拟转发器标校方法的绝对检核试验

模拟转发器标校方法的绝对检核试验中将高速示波器作为标准测量设备,其时延测量精度可达到约 0.1ns,利用其测得的收、发单向设备时延对模拟转发器标校结果进行检核。试验前,对试验验证系统中的所有电缆、连接头、开关网络、模拟转发器及收、发终端的单向设备时延进行了标定,并在设备时延解算中予以扣除。绝对检核试验的流程如下:

（1）使用高速示波器对包含上变频器、Tx-Cable 在内的发射链路单向设备时延进行直接测量,测量值 $\tau_{\text{ref}}^{\text{T}}$ 作为试验系统的发射单向时延的标准量;

（2）连接 Tx-Cable 和 Rx-Cable 的远端,使用接收终端对包含上/下变频器、长电缆在内的组合设备时延进行测量,组合设备时延减去 $\tau_{\text{ref}}^{\text{T}}$ 后得到试验系统的接收单向设备时延标准量 $\tau_{\text{ref}}^{\text{R}}$;

（3）使用模拟转发器标校系统进行 S1～S4 这 4 种模式的设备时延测量,并代入式(4.18)解算出试验系统的收、发单向设备时延,分别记为 $\tau_{\text{test}}^{\text{T}}$、$\tau_{\text{test}}^{\text{R}}$;

（4）计算收、发单向设备时延的闭合差 $\Delta\tau^{\text{T}} = \tau_{\text{test}}^{\text{T}} - \tau_{\text{ref}}^{\text{T}}$,$\Delta\tau^{\text{R}} = \tau_{\text{test}}^{\text{R}} - \tau_{\text{ref}}^{\text{R}}$,它们即为绝对检核结果。

按照上述流程进行试验,解算出的 $\tau_{\text{test}}^{\text{T}}$、$\tau_{\text{test}}^{\text{R}}$ 时间序列如图 4.49 所示。

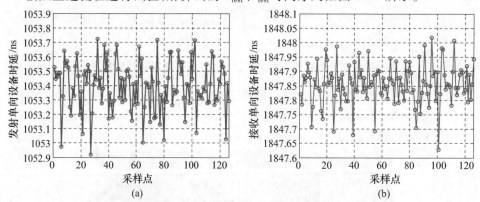

图 4.49　模拟转发器标校解算结果

数据处理结果如表 4.16 所列。

表 4.16　模拟转发器标校方法的绝对检核试验数据

参数	时延均值/ns	时延标准差/ns
$\tau_{\text{ref}}^{\text{T}}$	1051.87	—
$\tau_{\text{ref}}^{\text{R}}$	1849.24	—
$\tau_{\text{test}}^{\text{T}}$	1054.39	0.17
$\tau_{\text{test}}^{\text{R}}$	1847.86	0.07
$\Delta\tau^{\text{T}}$	1.52	0.17
$\Delta\tau^{\text{R}}$	−1.38	0.07

由表 4.16 可看出,尽管已经对所有电缆、模拟转发器等设备进行了时延标定,但模拟转发器标校方法和高速示波器直接测量法所得到的单向设备时延之间仍然有绝对值约为 1.5ns 的闭合差。进一步分析可以发现,$(\tau_{\text{ref}}^{\text{T}} + \tau_{\text{ref}}^{\text{R}})$ 和 $(\tau_{\text{test}}^{\text{T}} + \tau_{\text{test}}^{\text{R}})$ 之间仅存在 0.14ns 的差异,这说明模拟转发器法和高速示波器法具有很高的一致性,而单向设备时延间的较大闭合差主要来自于两种测量方法的测量参考不一致。时频设备输出的一路 1PPS 信号通过电缆连接到收、发终端,用于产生测距信号和触发计数测量;另一路 1PPS 信号通过电缆连接到高速示波器作为其测量的触发信号。虽然两条连接电缆的时延在计算中已经扣除,但由于 1PPS 信号在进入接收终端和示波器后仍然要经过一段时延才能触发测量操作,通常来说,接收终端和示波器内的这一段时延是不同的。这意味着接收终端和高速示波器所进行测量的测量参考是不一致的,测量参考的不一致直接导致了检核结果的闭合差不为零。

同时,从表 4.16 中还可发现,使用模拟转发器标校获得的发射单向设备时延的标准差要大于接收单向设备时延的标准差,这与之前的结论是一致的。后面几个试验的结果也得到相似的结果。

2) 模拟转发器标校方法的相对检核试验

模拟转发器标校方法的相对检核中将高精度可调时延线作为标准时延设备,其时延精度为 0.5ps。调节可调时延线在 Tx-Cable 或 Rx-Cable 中加入固定时延,对各时延量上的模拟转发器标校结果做差,对相对差值进行检核。试验前,对试验验证系统中的所有电缆、连接头、开关网络、模拟转发器及收、发终端的单向设备时延进行了标定,并在设备时延解算中予以扣除。相对检核试验的流程如下:

(1) 在 Tx-Cable 或 Rx-Cable 中接入可调时延线,并以一定的步进调节可调时延线的时延量,时延量记为 $\{\tau_i^{\text{D}}\}$,$i = 1, 2, 3, \cdots$;

(2) 每调节一次时延,使用模拟转发器标校系统进行 S1 ~ S4 这 4 种模式的设备时延测量,并代入式 (4.18) 解算出试验系统的收、发单向设备时延 $\{\tau_i^{\text{T}}\}$、$\{\tau_i^{\text{R}}\}$,$i = 1, 2, 3, \cdots$;

(3) 计算收、发单向设备时延的相对闭合差 $\Delta\tau_i^{\text{T}} = \tau_i^{\text{T}} - \tau_{i-1}^{\text{T}} - \tau_i^{\text{D}}$,$\Delta\tau_i^{\text{R}} = \tau_i^{\text{R}} - \tau_{i-1}^{\text{R}} - \tau_i^{\text{D}}$,获得相对闭合差序列 $\{\Delta\tau_i^{\text{T}}\}$、$\{\Delta\tau_i^{\text{R}}\}$,$i = 2, 3, \cdots$,它们即为相对检核结果。

按照上述流程进行试验,当可调时延线接入 Tx-Cable 时,所得到的数据处理结果如表 4.17 所列。

表 4.17 模拟转发器标校方法的相对检核试验数据 1

可调时延线时延/ns	发射单向设备时延/ns		接收单向设备时延/ns	
	均值	标准差	均值	标准差
0	1070.04	0.36	1847.76	0.12
5	1075.33	0.43	1847.83	0.12
10	1080.45	0.54	1847.67	0.21

则相对闭合差序列如图 4.50 所示,相对闭合差分别为 0.29ns(左)和 0.12ns(右)。

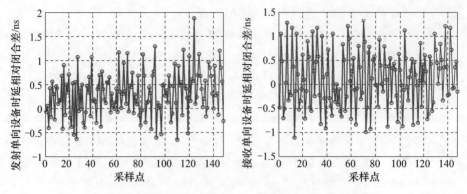

图 4.50　可调时延线接入 Tx-Cable 时的相对闭合差

当可调时延线接入 Rx-Cable 时,所得到的数据处理结果如表 4.18 所列。

表 4.18　模拟转发器标校方法的相对检核试验数据 2

可调时延线时延/ns	发射单向设备时延/ns		接收单向设备时延/ns	
	均值	标准差	均值	标准差
0	1054.03	0.21	1862.71	0.08
5	1054.01	0.20	1867.67	0.08
10	1054.14	0.23	1872.54	0.09

则相对闭合差序列如图 4.51 所示,相对闭合差分别为 -0.04ns(左)和 -0.14ns(右)。

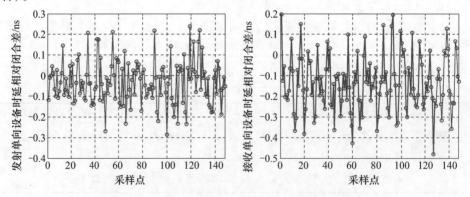

图 4.51　可调时延线接入 Rx-Cable 时的相对闭合差

综合以上的试验结果,可认为模拟转发器标校方法的系统误差通常小于 0.15ns。

3) 模拟转发器标校方法的精度评估试验

为了对模拟转发器标校方法的精度进行评估,利用图 4.48 所示的试验验证系统进行了 24h 的连续试验。试验中不使用可调时延线和示波器。每 1h 进行一次标校模式的切换,共循环进行 6 组完整的工作模式测量。

根据式(4.100)对所获得的有效数据进行处理,所得到的发射、接收单向设备时延如图 4.52 所示。其中:τ^T 的均值为 1054.63ns,标准差为 0.52ns;τ^R 的均值为 1848.00ns,标准差为 0.11ns。可得收、发单向设备时延的总标准差为 0.53ns。因此可计算出模拟转发器标校方法的精度为

$$\sqrt{0.53^2 + 0.15^2} = 0.55\text{ns} \tag{4.106}$$

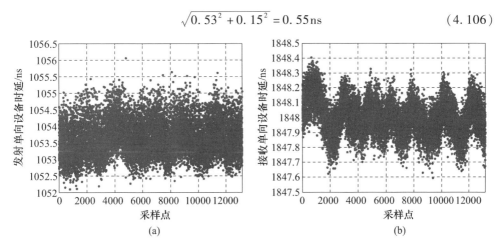

图 4.52 发射、接收单向设备时延

4.11 卫星双向时间比对系统设计

卫星双向时间频率传递系统通过卫星转发双向时间比对信号,实现异地两站之间的双向时间比对测量,完成站间时间传递。卫星双向时间频率传递系统一般包括一个中心站和一个或多个节点站,中心站为整个卫星双向时间频率传递系统的中心节点,与各分节点站交换观测数据,完成数据处理和时间传递。

4.11.1 系统组成与工作原理

卫星双向时间传递系统组成一般包括发射设备、接收设备、天线、时频设备、数据处理设备等,如图 4.53 所示。

发射设备由发射终端、上变频器、功率放大器等组成。其主要功能是以输入的 1PPS 信号为时间参考,生成时间传递中频信号并变频为射频信号,再经功率放大器将信号功率放大至预定电平,输出至天线向卫星发射。

接收设备由低噪放、下变频器、接收终端等组成。其主要功能是对天线从卫星接收下来的射频信号进行处理,首先由低噪放放大至预定的电平,再经下变频器将射频信号变频至中频信号,由接收终端对接收到的时间比对信号进行伪距测量及

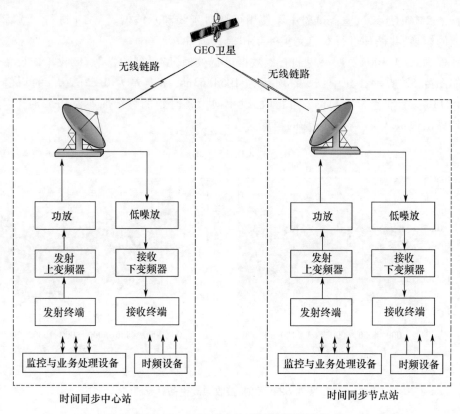

图 4.53　卫星双向比对系统设备组成

数据解调。

　　天线由反射面、馈源网络、馈线(或波导)等组成,主要功能是将发射电路信号转换成电磁波信号发射,并将接收到的电磁波信号转换成接收电路信号。

　　时频设备为全系统提供统一的时间频率基准信号,一方面为信号处理设备提供频率参考,另一方面也是时间传递处理的时间参考。

　　数据处理设备由计算机、接口部件和数据处理软件组成,完成与设备的信息交互和时间传递的数据处理。

4.11.2　链路设计

　　卫星双向时间比对信号在空间传输过程中会受到各种衰减,主要包括自由空间损耗、大气损耗和雨衰损耗等。信号传输也受卫星转发器性能的影响,在系统设计时要考虑所使用的卫星转发器的特性。

4.11.2.1　信号传输损耗

1)自由空间损耗

自由空间损耗 LF(dB)是信号传播过程中的主要损耗,可由下式计算:

$$LF = 92.45 + 20\lg(d \times f) \tag{4.107}$$

式中:d 为星地距离(km);f 为信号频率(GHz)。

2)大气吸收损耗

大气吸收损耗 L_a 与频率、地面站仰角等参数有关,可由下式计算:

$$L_a = \frac{0.042 \cdot e^{0.0691f}}{\sin\theta} \tag{4.108}$$

式中:θ 为天线仰角(°);f 为频率(GHz)。

3)雨衰损耗

降雨引起的衰减值 L_{Rain} 计算可参考 ITU-R P618 中的建议,具体步骤如下:

(1)确定平均年份中超出 0.01% 时间的降雨率 $R_{0.01}$。

可由当地气象部门获得降雨率,也可由 ITU-R P837 中的降雨率分布图查出,如图 4.54 所示。

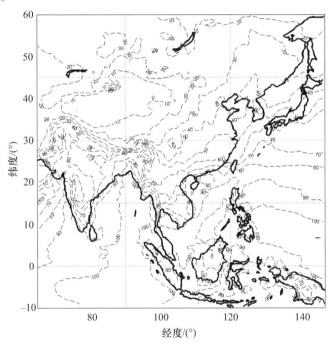

图 4.54　降雨率分布图

(2)计算有效降雨高度 h_R(km)。

根据地面站的位置,通过 ITU-R P839-3 给出的 0℃ 平均等温线的海拔高度曲线查出 h_0,则

$$h_R = h_0 + 0.36 \tag{4.109}$$

(3)计算降雨高度下穿过的雨区斜距 L_s。

当天线仰角 θ 大于 5° 时,可由下式计算:

$$L_s = \frac{h_R - h_s}{\sin\theta} \tag{4.110}$$

式中:h_s 为地面站的高度。

(4) 计算斜距的水平投影距离 L_G。

$$L_G = L_s \cos\theta \tag{4.111}$$

(5) 计算降雨衰减系数 γ_R(dB/km)。

参考 ITU-R P838 中的方法,有

$$\gamma_R = k(R_{0.01})^\alpha \tag{4.112}$$

其中

$$k = [k_H + k_V + (k_H - k)\cos^2\theta \cdot \cos 2\tau]/2 \tag{4.113}$$

式中:τ 为极化倾斜角;k_H、k_V 为常量系数。

$$\alpha = [k_H \alpha_H + k_V \alpha_V + (k_H \alpha_H - k_V \alpha_V)\cos^2\theta \cdot \cos 2\tau]/2k \tag{4.114}$$

(6) 计算 0.01% 时间的水平衰减因子 $\gamma_{0.01}$。

$$\gamma_{0.01} = [1 + 0.78\sqrt{L_G \gamma_R / f} - 0.38(1 - e^{-2L_G})]^{-1} \tag{4.115}$$

(7) 计算 0.01% 时间的垂直调整因子 $\nu_{0.01}$。

$$\nu_{0.01} = [1 + \sqrt{\sin\theta}(31(1 - e^{-\theta/(1+\chi)})(\sqrt{L_R \gamma_R}/f^2) - 0.45)]^{-1} \tag{4.116}$$

式中

$$\chi = \begin{cases} 36 - \alpha & \alpha < 36 \\ 0 & \text{其他} \end{cases} \tag{4.117}$$

$$L_R = \begin{cases} L_G \gamma_{0.01}/\cos\theta & \zeta > \theta \\ (h_R - h_s)/\sin\theta & \text{其他} \end{cases} \tag{4.118}$$

$$\zeta = \arctan\left(\frac{h_R - h_s}{L_G \gamma_{0.01}}\right) \tag{4.119}$$

(8) 有效路径长度 L_E(km)。

$$L_E = L_R \nu_{0.01} \tag{4.120}$$

(9) 不超过年平均 0.01% 的降雨衰减为

$$L_{\text{Rain},0.01} = \gamma_R L_E \tag{4.121}$$

4.11.2.2 卫星转发链路计算

卫星转发链路计算是一个根据卫星转发器参数并综合考虑地面站发射有效全向辐射功率(EIRP)和接收端解调门限的设计过程。卫星转发器有 3 个主要参数,分别为饱和通量密度(SFD)、有效全向辐射功率(EIRP)、接收系统品质因数(G/T)。

（1）地面上行发射 EIRP 可由下式计算：

$$\text{EIRP}_{\text{U}} = \Phi_{\text{S}} - G_1 + L_{\text{U}} - L_{\text{all}} \tag{4.122}$$

式中：EIRP_{U} 为发射站的有效全向辐射功率（dB）；Φ_{S} 为卫星饱和通量密度（dB）；G_1 为有效单位面积天线增益（dB）；L_{U} 为上行信号链路的损耗（dB）；L_{all} 为上行信号数量（dB）。

（2）地面站到卫星的上行链路载噪比 C/N_0 计算为

$$(C/N_0)_{\text{U}} = \text{EIRP}_{\text{U}} - L_{\text{U}} + (G/T)_{\text{S}} - K \tag{4.123}$$

式中：$(G/T)_{\text{S}}$ 为卫星接收的品质因数（dB）；K 为玻耳兹曼常数（dB）。

（3）卫星到地面站的下行链路载噪比 C/N_0 计算：

$$(C/N_0)_{\text{D}} = \text{EIRP}_{\text{S}} - L_{\text{pd}} - L_{\text{D}} + (G/T)_{\text{G}} - K \tag{4.124}$$

式中：EIRP_{S} 为卫星发射的有效全向辐射功率（dB）；L_{pd} 为转发器功率分配系数（dB）；L_{D} 为下行信号链路的衰减（dB）；$(G/T)_{\text{G}}$ 为主控站接收的品质因数（dB）。

（4）节点站接收品质因数。

节点站天线增益可由公式 $G_{\text{R}} = \eta(\pi D f/c)^2$ 求得，天线到低噪放的插损为 L_{f}，低噪放的噪声温度为 T_{LNA}。利用下式可以计算得到低噪放入口处的等效噪声温度 T_{s}：

$$T_{\text{s}} = T_{\text{a}}/L_{\text{f}} + (1 - 1/L_{\text{f}})T_0 + T_{\text{LNA}} \tag{4.125}$$

则节点站的接收品质因数为

$$G_{\text{R}}/T_{\text{s}} \tag{4.126}$$

（5）上、下行链路总载噪比。

根据上、下行链路单独计算得到的载噪比，可以得到总载噪比为

$$C/N_0 = ((C/N_0)_{\text{U}}^{-1} + (C/N_0)_{\text{D}}^{-1})^{-1} \tag{4.127}$$

（6）伪距测量精度核算。

测距的测量精度由伪码环路跟踪精度决定，计算公式如下：

$$\sigma = T_{\text{c}}\sqrt{\frac{B_{\text{L}}d}{2C/N_0}\left[1 + \frac{1}{T(C/N_0)}\right]} \tag{4.128}$$

式中：T_{c} 为码片宽度；B_{L} 为环路滤波等效噪声带宽；d 为超前支路与滞后支路间的相关器间隔；T 为预检测积分时间。

假如伪距测量精度要求为 0.5ns，伪码速率为 2MHz，则 $T_{\text{c}} = 500$ns，设 $B_{\text{L}} = 0.25$Hz，$d = 0.5$，$T = 0.05$ms，可得满足测距误差精度要求的 $(C/N_0)_{\text{TH}} = 49$dBHz。

◢ 4.12 本章小结

本章针对典型的卫星双向时间频率传递误差模型进行了全面和深入的分析。通过理论建模和试验数据分析，并结合外部高精度数据，对主要误差成分的时变特性进

行了仿真研究,得出了如下结论:

(1) 使用两行轨道根数对卫星运动误差进行了仿真研究,结果显示,由于 GEO 卫星摄动,可在钟差解算结果中引入 10 ~ 300ps 的误差,且该误差呈现周期性变化规律。对非 GEO 卫星用于卫星双向时间频率传递的性能进行了探索,非 GEO 卫星运动误差可达到 10ns 以上,严重影响传递精度,但通过使用精度优于 1km 的卫星定轨数据参与钟差解算,可将该误差降到 1ns 以下,满足亚纳秒级精度的传递需求。

(2) 使用 Klobuchar 模型对电离层时延误差随地面站间基线的变化特性进行了研究。结果显示,由于电离层电子浓度和太阳活动密切相关,导致卫星双向时间频率传递中电离层时延误差随两地面站间的经度差呈现特定变化规律。使用高精度的 TEC Map 数据对几个地面站间时间传递的电离层时延误差的真实变化特性进行了仿真,结论显示,由于地面站间经度差和仰角差异的影响,双向差分有可能将电离层时延误差放大。对于 C 频段卫星双向时间频率传递来说,电离层时延误差大于 1ns,对于亚纳秒级精度的传递需要采用精确的电离层模型进行修正。

(3) 使用 MPM 对对流层时延误差进行了分析。由于对流层的微弱色散特性,有可能在 C 频段卫星双向时间传递中引入 1ps 量级的误差。降雨对于对流层时延误差有较大影响,同时,当参与卫星双向时间频率传递的两站间有较大天气差异时,对流层时延误差可增大到 10ps 量级。

(4) 通过试验对卫星双向时间比对中地面站设备时延进行了研究,总结了地面站设备时延的几个主要特点:绝对值较大;不同地面站间差异较大;存在复杂时变特性。这些特点使得地面站设备时延误差成为卫星双向时间频率传递中最大的误差项。对于地面站设备时延误差的处理决定了卫星双向时间频率传递的精度性能。

本章还针对卫星双向时间频率传递中最大的误差项——地面站设备时延误差进行分析,通过试验对地面站设备时延特性进行了探索,并对地面站设备时延标校技术进行深入研究,提出了针对卫星双向时间比对系统地面站单向设备时延标校的模拟转发器标校方法。主要包括:

(1) 通过试验对地面站设备时延特性进行深入研究,验证了设备时延与环境温度间的高相关性,计算得出地面站各主要设备的时延温度系数。对设备时延与时频信号相位波动的相关特性机理进行了分析,提出了误差补偿方法,并通过对实测数据的误差补偿试验验证了该方法的有效性。

(2) 研究了基于模拟转发器的地面站设备时延标校技术,提出了一种针对信道内置地面站结构的标校方法,并对核心功能单元、工作模式设计和单向设备时延解算方程进行了设计。利用所建立的试验验证系统进行的闭合试验结果表明,所设计的标校系统能以 0.55ns 的精度实现对包含天线在内的地面站收、发单向设备时延的测量,可显著提高卫星双向时间频率传递中地面站时延标校的精度。

参考文献

[1] 周必磊,方宝东,尤伟.卫星双向时间传递中的卫星运动误差研究[C]//第二届中国卫星导航学术年会,2011.

[2] 李隽,张金涛.可搬移卫星双向时间传递系统关键技术研究[C]//第二届中国卫星导航学术年会,2014.

[3] PARKER T E, ZHANG V. Sources of instabilities in two-way satellite time transfer[C]//Proceedings of the 2005 IEEE International Frequency Control Symposium and the Precise Time and Time Interval (PTTI) Systems and Applications Meeting, Vancouver, 2005: 745-751.

[4] PIESTER D, BAUCH A. Studies on instabilities in long-baseline two-way satellite time and frequency transfer (TWSTFT) including a troposphere delay model[C]//Proc. 39th Annual Precise Time and Time Interval(PTTI) Meeting, Long Beach, 2007: 211-222.

[5] 刘利,韩春好.卫星双向时间传递及其误差分析[J].天文学进展,2004,22(3):219-226.

[6] HONGWEI S, IMAE M, GOTOH T. Impact of satellite motion on two-way satellite time and frequency transfer[J]. Electronics Letters, 2003, 39(5): 482-483.

[7] 刘利,韩春好.地心非旋转坐标系中的卫星双向时间传递计算模型[J].宇航计测技术,2004(1):34-39.

[8] 杨文可.高精度站间双向时间频率传递关键技术研究[D].长沙:国防科学技术大学,2014.

[9] 刘利.相对论时间传递理论与高精度时间传递技术[D].郑州:解放军信息工程大学,2004.

[10] 韦栋,赵长印.SGP4/SDP4 模型精度分析[J].天文学报,2009(3):332-339.

[11] SONG H W. Impact of satellite motion on the asia-pacific TWSTFT links[C]//Frequency Control Symposium and Exposition, 2005. Proceedings of the 2005 IEEE International, 2005: 665 – 667.

[12] YANG X H, et al. Two-way satellite time and frequency transfer experiment via IGSO satellite [C]//Frequency Control Symposium, 2007 Joint with the 21st European Frequency and Time Forum, 2007: 1206-1209.

[13] YOKOTA S, et al. Accuracy of two-way satellite time and frequency transfer via non-geostationary satellites[J]. Metrologia, 2005, 42(5): 344-350.

[14] 董大南,陈俊平,王解先.GNSS 高精度定位原理[M].北京:科学出版社,2018.

[15] KAPLAN E D, HEGARTY C J. GPS 原理与应用[M].寇艳红,译.北京:电子工业出版社,2007.

[16] JESPERSEN J. Impact of atmospheric non-reciprocity on satellite two-way time transfer[C]//Proc. 43th Annual Frequency Control Symposium, Denver, 1989: 186-192.

[17] AZOUBIB J, LEWANDOWSKI W. Uncertainties of time links used for TAI[C]//Proc. 34th Annual Precise Time and Time Interval(PTTI) Meeting, Reston, 2002: 413-424.

[18] PIESTER D, et al. Two-way satellite time transfer between USNO and PTB[C]// Proceedings of the 2005 Joint IEEE International Frequency Control Symposium and Precise Time and Time Interval Systems and Applications Meeting, 2005: 316-323.

[19] 向淑兰,何晓薇,牟奇峰.GPS 电离层延迟 Klobuchar 与 IRI 模型研究[J].微计算机信息,

2008(24):200-203.

[20] 伍岳. 第二代导航卫星系统多频数据处理理论及应用[D]. 武汉:武汉大学,2005.

[21] 杨力. 大气对 GPS 测量影响的理论与研究[D]. 郑州:解放军信息工程大学,2001.

[22] 王天应,施闯. 浅析 WAAS 电离层延迟网格修正算法[J]. 测绘信息与工程,2007,32(5):38-41.

[23] SCHAER S. How to use CODE global ionosphere maps[J]. Astronomical Institute, University of Berne, 1997(6):1-9.

[24] MEZA A M,BRUNINI C A,BOSCH W, et al. Comparing vertical total electron content from GPS, Bent and IRI models with TOPEX-Poseidon [J]. Advanced Space Research, 2002, 30 (2):401-406.

[25] BILITZA D. IRI:an international rawer initiative [J]. Advanced in Space Research, 1995, 15 (2):7-10.

[26] KLOBUCHAR J A. A first-order, worldwide, ionospheric, time-delay algorithm[R]. Air Force Cambridge Research Laboratories, the USA, 1975. AFCRL-TR-75-0502, AD A018862, available from the Defense Technical Information Center, Cameron Station, Alexandria, VA22304.

[27] 吴雨航,陈秀万,吴才聪,等. 电离层延迟修正方法评述[J]. 全球定位系统,2008,(2):1-6.

[28] PAJARES M H. Performance of IGS ionosphere TEC maps[R]. IGS Ionosphere Working Group Report, 2003.

[29] 黄天锡. 电离层电子总量空间相关性研究[C]//中国通信学会卫星通信学术讨论会,1984.

[30] 李慧茹,李志刚. 通过卫星双向双频观测对电离层时延的测定[J]. 时间频率学报,2005, 28 (1):29-37.

[31] 何海波. 高精度 GPS 动态测量及质量控制[D]. 郑州:解放军信息工程大学,2002.

[32] LIEBE H J. MPM-an atmospheric millimeter-wave propagation model[J]. International Journal of Infrared and Millimeter Waves, 1989, 10(6):631-650.

[33] LIEBE H J,LAYTON D H. Millimeter-wave properties of the atmosphere:laboratory studies and propagation modeling[R]. NTIA Report, 1987.

[34] 梁静,罗年学,张瑞,等. 三种对流层投影函数的比较及对定位的影响[J]. 测绘信息与工程, 2009, 34(3):3-5.

[35] ASCARRUNZ F G. Timing errors in two-way satellite time and frequency transfer using spread spectrum modulation[D]. Boulder:University of Colorado, 1999:31-35.

[36] FUJIEDA M, et al. Delay difference calibration of TWSTFT earth station using multichannel modem[J]. IEEE Transactions on Instrumentation and Measurement, 2007, 56(2):346-350.

[37] PIESTER D, et al. Calibration of four European TWSTFT earth stations with a portable station through Intelsat 903[C]//Proc. of 19th European Frequency and Time Forum, Besancon,2005:354-359.

[38] PIESTER D, et al. Calibration of six European TWSTFT earth station using a portable station [C]//Proc. of 20th European Frequency and Time Forum,Braunschweig,2006:460-467.

[39] JONG G D. Accurate delay calibration for two-way time transfer earth stations[C]//Proc. of 21th Annual Precise Time and Time Interval(PTTI) Meeting,Redondo,1989:107-115.

[40] JONG G D, POLDERMAN M C. Automated delay measurement system for an earth station for two-way satellite time and frequency transfer[C]//Proc. of 26th Annual Precise Time and Time Interval(PTTI) Meeting, 1995: 305-332.

[41] HUANG Y L, et al. The calibration device for TWSTFT station at TL[C]//Proceedings of the 2005 IEEE International Frequency Control Symposium and Exposition, 2005: 712-715.

[42] HOWE D A, et al. Time tracking error in direct-sequence spread-spectrum networks due to coherence among signals[J]. IEEE Transactions on Communications, 1990(38): 2103-2105.

[43] 孙宏伟,李志刚,李焕信,等. 卫星双向时间传递原理及传递误差估算[J]. 宇航计测技术, 2001, 21(2): 55-58.

第5章 光纤时间频率传递技术

▲ 5.1 引　　言

时间和频率是一对紧密关联而且又相互独立的物理量。有些应用中仅采用高稳定的频率传递和比对就可以满足要求,例如异地原子钟的比对;同样,有时单纯的时间比对技术也能满足应用的要求,例如 GNSS 星载钟与地面站之间的时间比对技术。独立运行时钟之间的频率偏差导致的时间偏差会随着运行时间的增加不断变大,基于光纤链路进行比对是一种有效的方法[1]。

光纤传递频率信号相比于传统的采用同轴线缆传递微波信号具有独特的优势,同轴电缆虽然可以进行稳相传输,但电缆损耗大、体积大、成本高,很难实现远距离传输。光纤以其损耗低、带宽大、抗电磁干扰、价格低的优势被认为非常适合用于微波信号的传输,尤其是远距离传输[2]。现有的时间频率信号远距离传输方法中 GNSS 共视法和卫星双向时间频率传递(TWSTFT)等方法能达到的频率稳定度最好的指标为 10^{-15}/天,已经不能满足日益提高的时频标准信号传输的需要[3],因此研究利用光纤进行时频信号传输,被认为是超稳定时间频率传递非常有潜力的发展方向。

由于受到光信号衰减、发射噪声、光纤色散特性、温度变化以及振动等因素影响,光纤传输链路存在着光学相位的随机起伏,对时频信号精度带来较大的影响,需要进行相应处理。

本章首先分析光纤时频信号传递的性能及优势,介绍光纤时频传递链路关键器件,然后对基于光纤的频率传递技术和时间传递技术进行详细研究,给出光纤频率传递相位补偿和时间比对方法,分析主要影响因素,并对多种条件下的试验结果做介绍。

▲ 5.2 光纤时频传递链路性能分析

基于光纤的时频信号传输载体采用的是单模光纤,光信号在光纤中传输时由于光纤损耗等特性会引起幅度降低,同时波形也会产生失真。光纤损耗、色散、温度特性等属于光纤的传输特性,下面逐一进行介绍。

5.2.1 光纤损耗

光是被限制在纤芯中传输的,光经过一段光纤传输后,光功率会有一定损失,这种功率损失称为损耗。一根光纤的长度越长,光功率的损失就越大,这意味着光功率是随着光纤长度增加而减小的[4]。光功率随着光纤长度增加而减小的快慢程度,用损耗系数 α 来表征:

$$\frac{\mathrm{d}P(z)}{\mathrm{d}z} = -\alpha P(z) \tag{5.1}$$

式中:$P(z)$ 为 z 处的光功率。由式(5.1)可以得出

$$P(z) = P(0)\mathrm{e}^{-\alpha z} \tag{5.2}$$

式中:$P(0)$ 为 $z=0$ 处的光功率。由此可以看出,光纤中的光功率是随传输距离指数减小的。损耗系数 α 表征了光功率损失的快慢程度,其值越大,光功率损失越快。损耗系数 α 的单位为 1/km。

实际中常用 α_{dB} 表示光纤的损耗系数,它是指单位长度光纤所引起的光功率减小的分贝数值,其数学表达式为

$$\alpha_{\mathrm{dB}} = \frac{10}{L}\lg\frac{P_{\mathrm{i}}}{P_{\mathrm{o}}} \quad (\mathrm{dB/km}) \tag{5.3}$$

式中:L 为光纤长度(km);P_{i} 和 P_{o} 分别为输入光纤和由光纤输出的光功率(mW)。α_{dB} 的单位为 dB/km,它和 α 都表示光纤的损耗特性,从它们的定义式可以看出

$$\alpha_{\mathrm{dB}} = \frac{10}{z}\lg\frac{P(0)}{P(z)} = 10\alpha\lg\mathrm{e} \approx 3.43\alpha \tag{5.4}$$

光信号在光纤中传输时由于受到光纤损耗的影响,恢复后的模拟信号和数字脉冲幅度都会减小,因此光信号的传输距离很大程度上由光纤损耗决定。常用的 G.652、G.655 光纤衰减系数在 0.25dB/km 左右,随着光纤制造技术的不断进步,高品质光纤的衰减系数可达到 0.20dB/km。本书中光纤衰减系数理论值按照 0.20dB/km 计取。

5.2.2　光纤色散

色散是指不同频率的电磁波以不同的速度在介质中传播的物理现象。不同波长的光束在同一根光纤中向不同方向传输时,由于光纤色散和偏振模色散(PMD),其时延并不一致。其中光纤的双折射现象引起偏振模色散,光纤所处环境的温度、振动、应力和电磁场等外部影响因素的波动都会引起 PMD 变化。PMD 的理论值通常很小,对于新建的光纤时频传递系统,通过挑选 PMD 值低的光纤可将 PMD 控制在皮秒量级。对于已铺设的光纤,PMD 值要可能大于理论值数十倍,因此在这些光纤链路上进行时频传递需要考虑 PMD 的影响,可以采用扰偏器减小由 PMD 引起的时延差波动[5]。

引起往返路径时延差的主要因素是光纤的色散。不同波长的光束在同一根光纤中传输具有不同的速度导致光纤色散现象。单模光纤的色散主要包括材料色散和波导色散,均和波长有对应变化关系,通过光时域反射仪(OTDR)可以测得在特性温度

下由色散引起的时延差。光纤的色散特性会随着光纤环境的温度变化而变化。单模光纤的波导色散和材料色散随光波长的变化曲线如图 5.1 所示[6]。

单纤双波长双向光纤时频传递系统中,双向光信号在同一根光纤中传输,克服了物理链路上的不对称性,但是当双向光信号波长不一致时,由于光纤的色散特性,引起光纤中不同波长的光信号有不同的群速度,导致双向光信号传输时延的不对称性,随传输距离的增加这种不对称性也增大。

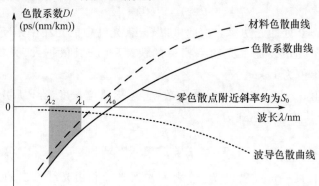

图 5.1　单模光纤的波导色散和材料色散随光波长的变化曲线

图中:λ_0 为光纤零色散点所对应的波长;S_0 为零色散点邻近区域色散系数曲线的斜率。对于零色散光纤 G.652,$\lambda_0 \approx 1310\text{nm}$;而对于色散偏移光纤 G.653,$\lambda_0 \approx 1550\text{nm}$。

图 5.1 中由 $\lambda = \lambda_1, \lambda = \lambda_2, D = 0$ 和色散系数曲线围成的阴影部分面积为在 1km(单位长度)光纤中传输,由光纤色散引起的时延差,计算可得[6]

$$\tau_{\text{diff}} = \left[\frac{1}{2} \cdot S_0(\lambda_2 - \lambda_0) \cdot (\lambda_2 - \lambda_0) - \frac{1}{2} \cdot S_0(\lambda_1 - \lambda_0) \cdot (\lambda_1 - \lambda_0) \right] \cdot L =$$

$$\frac{1}{2} \cdot S_0 \cdot L \cdot \left[(\lambda_2 - \lambda_0)^2 - (\lambda_1 - \lambda_0)^2 \right] =$$

$$\frac{1}{2} \cdot S_0 \cdot L \cdot (\lambda_2 - \lambda_1) \cdot (\lambda_2 + \lambda_1 - 2\lambda_0) \tag{5.5}$$

式中:L 为光纤长度。当环境温度发生变化时,可以认为色散曲线将沿水平方向发生平移,使得 λ_0 也随温度发生变化。由温度变化所引起的色散时延变化量可以表示为

$$\Delta\tau_{\text{diff}} = S_0(\lambda_1 - \lambda_2) \cdot \frac{\mathrm{d}\lambda_0}{\mathrm{d}T} \cdot \Delta T \cdot L \tag{5.6}$$

根据式(5.6),可对由温度引起的色散时延变化进行估算。S_0 的典型值为 $0.07\text{ps}/(\text{nm}^2/\text{km})$,$\mathrm{d}\lambda_0/\mathrm{d}T$ 的值约为 $0.03\text{nm}/\text{℃}$[6]。如果光纤架设于地表,那么必须考虑更大范围的温度变化。以目前光纤双向时间比对波长 1550.12nm/1550.92nm 为例,$\lambda_1 - \lambda_2 = 0.8\text{nm}$,对于 50km 长的光纤、20℃ 的温度变化来说由色散导致的时延变化量 $\Delta\tau_{\text{diff}} = 1.68\text{ps}$。

5.2.3　光纤温度特性

温度不仅影响光纤时频信号传输系统的稳定性,同时也是系统中相位漂移的主要来源。

光纤长度与温度之间关系的因数称为温度系数 T_{CD},典型值为 $1 \times 10^{-6}/℃$。影响此系数的最主要因素是折射率。在给定射频信号频率和温度变化量的情况下,光纤末端信号相位的改变量可以按下面的方法计算[7]。

假设 n 为光纤的折射率,L 为光纤的长度。则光纤中的光速 v 可以按下式表示(其中 c 为真空中光传播速度):

$$v = \frac{c}{n} \quad （m/s） \tag{5.7}$$

通过整根长度为 L 的光纤所需的时间为

$$t - \frac{L}{v} \quad （s） \tag{5.8}$$

当光纤温度改变 $\Delta T(t)$,温度系数为 T_{CD} 时,激光通过光纤改变的时间 Δt 为

$$\Delta t = t \cdot T_{CD} \cdot \Delta T(t) \quad （s） \tag{5.9}$$

射频信号的一个周期是 $1/f_{RF}$(f_{RF} 为射频信号的频率),其对应的相位是 $\phi = 360°$。将这个相位与 Δt 相比,可以很容易得到在温度改变 ΔT 时,射频信号通过长度为 L 的光纤时的相位变化量:

$$\Delta\phi = 360° \cdot f_{RF} \cdot \Delta t \tag{5.10}$$

例如:从夏季到冬季,温度通常会变化 10℃ 左右。对于 15km 长的光纤,1GHz 的射频信号的相位变化量将达到 2700°,转换成时间则是 7.5ns 的延迟。显然在没有抑制由温度变化引起的相位变化的系统中,信号传输的误差是非常大的。

我们可以通过控制光纤的温度变化来改善温度变化引起的误差,但是需要温度稳定在 0.001℃ 之内。这样的要求是很难满足的,至少会使整个系统的体积和成本大大上升。但是,由温度变化引起的信号相位的变化与信号传输的方向无关。所以,由温度变化导致的相位改变可以通过反馈系统的补偿消除。

◤ 5.3　光纤时频传递链路关键器件

5.3.1　激光器

光纤传输系统中用到的光源主要有异质结半导体激光器(LD)和发光二极管(LED)。LED 和半导体激光器在工作原理上有所不同,半导体激光器发射的是受激辐射光,LED 发射的是自发辐射光。LED 的结构与半导体激光器相似,大多是采用

双异质结芯片,把有源层夹在 P 型和 N 型限制层中间,不同的是 LED 不需要光学谐振腔,没有阈值[8]。

对于小容量短距离的系统常用 LED 和多模光纤耦合。相比半导体激光器,LED 驱动电路简单,不需要热稳定和光稳定电路,因此制作成本低产量高。LED 输出光为非相干光,半导体激光器输出光为相干光,相干光的能量由于是在光学谐振腔中产生,因而具有时间和空间的相干性,具有很好的单色性和方向性,因此半导体激光器通常用在传输距离远、带宽大的光纤传输系统。

常用的半导体激光器有法布里-珀罗(FP)激光器,垂直腔表面发射激光器和直调分布反馈(DFB)激光器。

其中 FP 激光器是利用一对平行放置的部分反射镜来构成谐振腔,发出多纵模相干光。改进后的垂直腔表面发射激光器,发射光垂直于半导体表面,因此能够便捷地集成到单个一维或者二维阵列芯片中。而分布反馈激光器利用靠近有源层沿长度方向制作的周期性结构(波纹状)衍射光栅实现光反馈,由于折射率的周期性变化,光能够沿有源层分布式反馈。

FP 激光器的发射光谱由增益谱和激光器纵模特性共同决定,谐振腔的长度较长,导致纵模间隔小,相邻纵模间的增益差别小,因此要得到单纵模振荡比较困难。DFB 激光器的发射光谱由光栅周期决定,它相当于 FP 激光器的腔长,每周期产生一个微型谐振腔,同时具备多个微型谐振腔选模作用,因此很容易形成单纵模振荡。综上所述,相对于 FP 激光器,单纵模 DFB 激光器谱线窄,波长稳定性好,动态谱线好。

目前市场上广泛使用蝶形封装 DFB 激光器,包含激光器芯片、光电探测器、热电制冷器和热沉。DFB 激光器外围控制电路中需要包括恒流功率控制电路和自动温度控制电路。为了改善光纤时频传输系统的总体性能,激光器应具备高工作带宽、低相对强度噪声(RIN)、高输出功率等特性。

5.3.2　光调制器

基于外部调制技术的光纤传输链路性能手段灵活、性能好,相比于直接调制激光器更适合对性能指标要求苛刻的高精度时间频率传递系统。

铌酸锂马赫-曾德尔电光调制器(LN‑MZM)、相位调制器、电吸收调制器等均为常用调制器。其中马赫-曾德尔调制器主要作为外调制器件出现在光链路中,其主要材料为铌酸锂,典型结构如图 5.2 所示。其工作原理为:输入光信号以 50∶50 的比例分成两部分,分别经过不同的铌酸锂晶体进行相位调制,再经过耦合器合成一路,利用 LN‑MZM 干涉结构实现相位调制到幅度调制的转化,最终完成对光信号的强度调制功能。LN‑MZM 的调制函数如图 5.3 所示,通常使其工作在最小、正交、最大 3 个偏置点处,其中在正交偏置点,光纤时频传输链路性能达到最好的线性度和最稳定的状态[9]。

LN‑MZM 的缺点是插入损耗和半波电压较大,容易造成灵敏度受限,只能通过

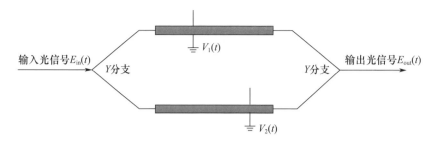

图 5.2　LN – MZM 典型结构

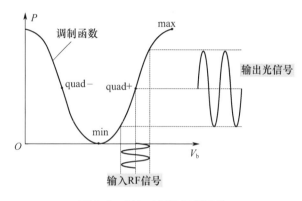

图 5.3　LN – MZM 调制函数

提高注入光载波的光功率提高光纤传输链路的性能弥补,因此 LN-MZM 可处理的最高光功率(调制器最大输入光功率)也是一个重要指标。实际操作中若单纯提高光功率,容易产生端面受损、器件损坏、反射功率过高、光纤非线性效应等问题,并不能满足实际应用需求,必须综合考虑调制器的各个特征参数。为了能够让光纤频率传递系统的性能达到最优化的状态,所选用的调制器应具备高工作带宽特性、低半波电压特性、低损耗特性、高输入功率特性等特点。

5.3.3　光电探测器

光电探测器是利用材料对辐射的敏感性从而将光信号转化成电信号的器件,被广泛应用于不同类型的光电系统中。在半导体光检测器中,光电二极管具有尺寸小、灵敏度高、响应速度快的优点,因此在光纤传输系统中得到广泛应用,目前最常用的探测器结构为 PIN 光电探测器和雪崩光电二极管(APD)探测器[10]。

光电探测器的特性参数如下:

1)量子效率

入射光中含有大量光子,能够转化为光生电流的光子数和入射的总光子数之比称为量子效率。它的计算由下式给出,即

$$\eta = \frac{I_{\mathrm{p}}/q}{P_{\mathrm{in}}/h\nu}\qquad(5.11)$$

式中:q 为电子电荷;I_p 为产生的光电流;h 为普朗克常数;ν 为光子频率。量子效率取决于材料的特性和器件的结构,一般范围在 50% ~90% 。

2) 响应度

响应度(单位为 A/W)是指光电探测器输出的光生电流和入射光功率之间的比值。响应度可以衡量光电探测器光信号转换电信号的效率。响应度在给定的波长时是一个常数,当波长范围比较大时,为非常数。当入射光波长的不断增加时,入射的光子能量会越来越小,当小于禁带的宽度时,响应度会在截止波长处迅速下降。

3) 响应时间

响应时间是用来反映光电探测器对瞬变或是高速调制的光信号的响应能力的参数,影响因素包括耗尽层载流子的渡越时间、耗尽层外产生载流子的扩散时间、光电二极管及其相关电路的时间常数。响应时间可以用光电探测器输出脉冲的上升时间和下降时间表示。一般的光电探测器的产品技术指标中会标识出上升时间,对于PIN 管而言,上升时间通常小于 1ns,对于 APD 而言,一般小于 0.5ns。

4) 暗电流

暗电流是指光电探测器在没有光入射的情况下产生的光电流。在没有入射光但有一定温度的条件下,外部的热能会激发耗尽层产生一些自由电荷,在反向偏置电压的作用下流动,自由电荷形成暗电流。温度越高,自由电荷量越多,暗电流也就越大。根据选用的半导体材料的不同,暗电流的变化范围一般为 0.1 ~500nA。

APD 的增益机理对温度非常敏感,为了保证温度变化时增益值不变,就必须改变 PN 结倍增区的电场,这就要求接收机加入一个补偿电路,以便在温度变化时调节光检测器的偏置电压。APD 相比较 PIN 光电探测器更加复杂,因此在光纤时频信号传输系统设计的过程中常使用 PIN 光电探测器。

为了最大限度地提升基于光纤链路的时间频率信号传输系统的总体性能,选择的光电探测器应同时具备高饱和输入功率、低暗电流、大带宽特性、高响应度等特性[9]。

5.3.4　光放大器

光放大器的主要作用是放大光纤传递链路中的光信号,其中掺铒光纤放大器(EDFA)是目前性能最佳、技术最成熟、应用最广泛的光放大器。它替代了传统的光-电-光式中继器,实现全光信号传输,并且可以完成光信号的双向放大。EDFA 工作在低损耗(仅 0.2dB/km)1550nm 窗口上。目前常用的 EDFA 噪声系数小、增益平坦度好、宽工作带宽,与密集波分复用系统相兼容,同时 EDFA 技术成熟、工作性能稳定。在光纤传输系统及光纤通信系统中根据 EDFA 在系统中的位置及作用,可以分为以下 3 种类型[10]:

(1) 后置放大器,也称功率放大器,主要用在光发射机之后,用于对光信号进行功率提升,然后进入光纤进行传输,由于光发射机输出的光信号功率一般较高,因此对后置放大器的噪声系数、增益要求不高,饱和输出功率是主要参数。

（2）中继放大器,用在光纤线路中每隔一段距离设置一个光放大器,补偿光纤传输损耗以延长光纤传输系统的传输距离,一般要求较低的噪声系数,较大的输出光功率。

（3）前置放大器,用在光接收机之前,放大信号强度弱的光信号,以改善光接收的灵敏度,对噪声系数要求苛刻,对输出光功率要求较低。

在进行远距离的高精度光纤时频传递时,需要完成对光信号的连续、双向传输,通过在节点处使用双向光放大器作为中继装置,可将光纤时频传递链路的距离扩展至 10^3 km 量级。

5.4 基于光纤的频率传递技术

利用光纤传递频率信号主要有 3 种技术手段:光学频率信号的光纤直接传输、基于光学频率梳传递频率信号、基于强度调制的微波频率参考信号的传输。光学频率信号的光纤直接传输是目前频率稳定度最高的一种方案（利用该技术手段获得的频率长期稳定度已经达到了 1×10^{-20} 量级）[11]。

然而,光频率不能由需要频率信号的用户直接使用,必须通过光学频率梳进行转换。基于光学频率梳之间的频率信号,可以在用户端同时获得频率信号和光频率。然而,由于飞秒光梳是超短脉冲并且具有宽带宽,因此色散和非线性效应将在通过光纤传输时引起脉冲失真,难以实现长距离传输,并且光频梳是在传播中分散和延迟,该系统也很复杂。基于强度调制的微波频率参考信号的传输方案相对简单,用户可以方便地获得频率信号[12]。近年来,它已成为人们关注的焦点之一,并得到了广泛的研究。本书中提到的光纤频率传输是指基于强度调制的微波频率参考信号的传输。

5.4.1 光纤频率传递链路基本原理

光纤频率传递是指使用光作为载体,光纤作为传输介质,利用光纤通信链路进行频率标准信号的远程传输。由于光纤具有温度系数低、损耗低、带宽大、对电磁干扰不敏感的优点,与同轴电缆,空气等传输介质相比,可以实现更好的传输稳定性。其基本的原理如图 5.4 所示。

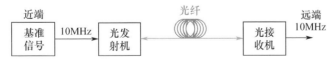

图 5.4 光纤频率传递基本链路原理图

在发送端时间频率信号（一般是由微波信号携带）通过光发射设备调制到光载波上。用户端接收到通过光纤传输来的调制光信号,通过光电探测器得到所需的频率信号。假设在光电转换和传输过程中没有引入噪声,即该光纤传输链路可以认为是理想的,那么用户端可以获得与发送端频率信号同等稳定度的频率源。实际上,光电、电光转换及光纤传输过程中都会引入噪声,使用户端得到频率信号的稳定度在一定程度上恶化。

假设在发送端的频标信号为 $A\cos(\omega t + \varphi_0)$,经过光纤链路传输后,在远端光电探测器恢复出来的电信号为

$$u(t) = G(A + \varepsilon(t))\cos(\omega t + \varphi_0 + \varphi_p(t)) + n(t) \qquad (5.12)$$

式中:G 为光纤链路的增益;$\varepsilon(t)$ 为幅度噪声;$\varphi_p(t)$ 为相位噪声;$n(t)$ 为强度噪声。光纤链路引入的噪声常分为以下 3 类[12]。

1)幅度噪声

这部分噪声主要来自激光器的输出功率波动和调制器偏置电压的漂移。虽然频率稳定度的定义表明幅度噪声不会影响频率稳定性,但是在光电探测过程中存在幅度转相位噪声。尽管该转换的系数很小,但在精度高的情况下,需要额外控制幅度噪声。

2)强度噪声

强度噪声源自激光器的相对强度噪声以及光电探测过程中引入的热噪声和散粒噪声。此外,在长距离光纤传输中,EDFA 通常用于补偿光纤的传输损耗,但 EDFA 在放大光信号的同时引入了额外的放大器自发辐射噪声。上述 4 种强度噪声不依赖于传输距离,具有宽频谱且与频率无关,并且可以视为白噪声(相对强度噪声也与频率无关,远离共振频率)。尽管它没有直接影响频率信号的相位,但其在频率标准信号中心频率附近的分量也会影响频率的稳定度,主要是短期稳定度。考虑到并非所有光子链路都需要 EDFA,激光器的相对强度噪声、热噪声和散粒噪声通常作为光传输链路的本底噪声,而一般单独分析 EDFA 引入的放大器自发辐射噪声。

3)相位噪声

光纤传输过程中引入的相位噪声主要是由光纤的色散(材料色散与偏振色散)、外界环境温度的波动和压力等引入的传输时延抖动引起的。这种类型的噪声是光纤频率传递系统中影响频率稳定度的最主要噪声,其降低了频率的长期稳定度。光纤的传输时延可表示为

$$\tau = \frac{nL}{c} \qquad (5.13)$$

式中:L 为光纤链路的长度;n 为群折射率;c 为真空中的光传播速度。由于群折射率会随入射光的波长、环境的温度与压力而变化,光纤的物理长度也会受温度与压力的影响。因此,光纤的传输时延会受温度、压力、色散等变化而变化,用偏微分方程可表示如下[12]:

$$\Delta\tau = \frac{L}{c}\frac{\partial n}{\partial T}\Delta T + \frac{n}{c}\frac{\partial L}{\partial T}\Delta T + \frac{L}{c}\frac{\partial n}{\partial P}\Delta P + \frac{n}{c}\frac{\partial L}{\partial P}\Delta P + \frac{L}{c}\frac{\partial n}{\partial \lambda}\Delta\lambda \qquad (5.14)$$

式中:右侧的前两项表示温度带来的影响,其中 $\frac{L}{c}\frac{\partial n}{\partial T}$ 表示光纤的热光系数,$\frac{n}{c}\frac{\partial L}{\partial T}$ 表示光纤的热膨胀系数;第三项和第四项是外力产生的压力对传输延迟的影响;最后一项是由激光器的中心波长抖动引入的传输时延变化。

除了上述效果之外,光纤的偏振色散还引入了时延抖动。由于偏振态的随机变化,要用统计方法来表征,常规单模光纤的典型值相对较小,为 $0.05 \sim 0.1 \mathrm{ps}/\sqrt{\mathrm{km}}$,其影响可忽略不计。在高精度的情况下,也可以使用扰偏器来消除。

由于光纤链路受到环境中温度、振动等因素的影响,利用光纤传递频率信号随着光纤传输链路的增加,引入的附加相位噪声会不断增加,影响传输信号的频率稳定度。采用光纤直接传递频率信号不进行相位补偿时,仍可以得到较高的稳定度,而采取相位补偿措施后,可以减小甚至消除光纤链路引入的附加相位噪声,使频率传递稳定度提高几个数量级。

很多试验机构也进行了未补偿和补偿后的频率传递相位变化以及频率稳定度的比对试验,例如日本国家情报与通信技术研究所(NICT)在 150km 的光纤链路上采用补偿和未补偿的两种方法进行 1GHz 频率信号传递,相位波动及阿伦方差比对结果如图 5.5 所示,未补偿的光纤频率传递在 17h 内相位变化幅度为 500ps 左右,频率稳定度(迭代阿伦方差)为 $6 \times 10^{-13}/\mathrm{s}$、$2 \times 10^{-15}/10000\mathrm{s}$;经过共轭相位补偿的光纤频率传递相位波动为皮秒量级,短期频率稳定度提升较小,长期频率稳定度降低两个数量级。因此可以看出,相位补偿系统对光纤频率传递稳定性具有重要意义[13]。

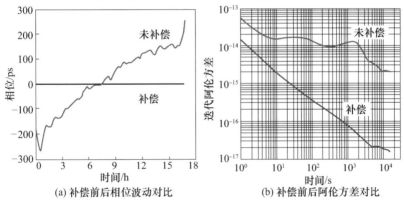

(a) 补偿前后相位波动对比　　　　(b) 补偿前后阿伦方差对比

图 5.5　NICT 采用补偿和未补偿方法进行频率信号传递的测试结果

为了测试未补偿下光纤频率传递稳定度及验证光纤链路对频率传递的影响,进行了开环光纤频率传递试验,如图 5.6 所示。利用相噪测试仪测试铷原子钟输出的 10MHz 的频率稳定度,试验中通过改变相噪仪测试输入端接入光纤的长度获得了一组测试结果[13]。测试结果见表 5.1。

图 5.6　开环光纤频率传递试验

表 5.1　开环光纤频率传递频率稳定度测试结果统计

光纤长度	1s	10s	100s	1000s	10000s
0m(噪底)	9.23×10^{-15}	1.72×10^{-15}	5.00×10^{-16}	3.10×10^{-16}	1.70×10^{-16}
1m	1.45×10^{-13}	3.45×10^{-14}	6.05×10^{-15}	6.60×10^{-16}	1.90×10^{-16}
2km	1.66×10^{-13}	3.73×10^{-14}	7.15×10^{-15}	1.97×10^{-15}	1.27×10^{-15}
7km	1.46×10^{-13}	3.83×10^{-14}	9.75×10^{-15}	7.90×10^{-15}	1.51×10^{-14}
25km	1.49×10^{-13}	4.14×10^{-14}	9.40×10^{-15}	1.09×10^{-14}	1.31×10^{-14}
35km	6.64×10^{-14}	3.96×10^{-14}	1.91×10^{-14}	1.89×10^{-14}	1.20×10^{-14}

从表 5.1 可以得到以下结论:

(1) 10MHz 噪底为 9.23×10^{-15}/s、1.70×10^{-16}/10000s;

(2) 接入 1m 光纤后 10MHz 频率稳定度为 1.45×10^{-13}/s、1.90×10^{-16}/10000s,光发射和光接收终端的引入只对短期频率稳定度有影响;

(3) 接入 2km 光纤后 10MHz 频率稳定度为 1.66×10^{-13}/s、1.27×10^{-15}/10000s,长期频率稳定度的恶化主要是由于光纤传输距离变大;

(4) 接入 35km 光纤后 10MHz 频率稳定度为 6.64×10^{-14}/s、1.20×10^{-14}/10000s,随着光纤传输距离变大,长期频率稳定度恶化到 10^{-14}/10000s 量级,符合试验预期。

综合上述结论,光收发模块只影响短期频率稳定度,可达 10^{-13}/s 量级,通过提高传递中心频率或者信噪比可以提高短期频率稳定度;随着光纤传输距离的增加,长期频率稳定度会恶化到 10^{-14}/10000s 量级,因此利用光纤实现频率信号高稳定度的传输时,需要采取措施对传输过程中的附加相位进行修正及补偿,来提高光纤传输频率的稳定度。

5.4.2　相位补偿原理

环境温度变化、振动、声学噪声、气流、压力等是影响单模光纤内传输的光信号相位的主要因素。这些影响因素通过改变光纤的折射率及长度从而改变光信号在光纤中的传输光程,导致光信号的相位发生变化。例如随着温度的升高,光纤的膨胀度和弯曲程度会逐渐增大,光程随之增加,从而导致了光信号的相位变化。

当用光纤传递频率标准时,抑制光纤相位噪声就显得非常重要。使光纤处在一个恒温、防震、隔音、恒压的环境中,可以消除光纤引入相位噪声,但实际链路受到各种因素影响会引入大量相位噪声。因此需要通过相位补偿去消除相位噪声,即对电光转换前的频率信号进行相位预补偿,使该补偿相位与传输过程中引入的相位噪声抵消,从而实现频率信号的稳相传输[14]。

要利用相位预补偿方法抑制相位噪声,首先必须测得往返传递信号在传输过程中引入的相位变化,然后利用相位调节器件对频率信号进行相位补偿调制,从而达到抑制相位噪声的目的。

经过光纤传输后的频率信号与未经光纤传输的频率信号经过相位检测器件检测可以得到光纤传输过程中引入的相位噪声。当进行两地间光纤频率传输时,通过往返传递光信号测量双程相位噪声,即接收端输出光信号再沿原光纤链路返回,在发射端光电转换后与未经传输的频率信号进行相位比对,从而探测链路相位噪声。根据相位调节器件不同常用的补偿方法有基于光纤延迟器的光学相位补偿、基于移相器的电子相位补偿、基于压控晶振的电子共轭相位补偿。

5.4.2.1　光纤频率传递相位补偿原理

光纤传递标准频率信号系统一般包括一个本地端装置和一个远端装置以及传输用的光纤链路。本地端装置负责信号的调制和放大发射、系统噪声的探测与补偿,远端装置则负责信号的解调和发射返回信号。本地端由标准频率源产生参考信号,经过执行元件附加移动相位,注入光纤传递到远端,在远端用户一部分进行光电转换还原频标信号,另一部分反射回传到本地端,返回信号经过执行元件与参考信号经过相位检测,通过相位稳定单元控制执行元件,对发射信号进行移相。

标准频率源初始相位 ϕ_{ref},执行元件移动相位 ϕ_{act},光纤链路单向引入的相位抖动 ϕ_{f},以参考信号发出的时间为起始时间 $t=0$,光信号在链路上往返一圈的时间为 T_{rt}。结合图 5.7,相位检测单元的相位差为

$$\phi_{\mathrm{ref}}(T_{\mathrm{rt}}) - \phi_{\mathrm{ref}}(0) = \phi_{\mathrm{ref}}(0) + \phi_{\mathrm{act}}(0) + \phi_{\mathrm{f,int}} + \phi_{\mathrm{f,ret}} + \phi_{\mathrm{act}}(T_{\mathrm{rt}}) - \phi_{\mathrm{ref}}(T_{\mathrm{rt}})$$

$$(5.15)$$

式中:$\phi_{\mathrm{f,int}}$ 和 $\phi_{\mathrm{f,ret}}$ 分别为发射和返回单向光纤链路引入的相位抖动。

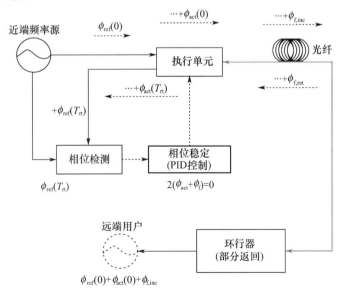

图 5.7　光纤传递标准频率信号基本原理框图(见彩图)

首先假设发射信号和返回信号在光纤链路中传输时受到的噪声是一致的,而且由于往返链路经由同一根光纤,往返链路上受到的色散、环境影响相同,即往返链路引入相位抖动相同都可以写成 ϕ_f,即 $\phi_{f,inc} = \phi_{f,ret} = \phi_f$,在这种假设的情况下,只需考虑噪声的带宽低于 $f < 1/(2\pi T_{rt})$ 的情况,因此可以认为光信号在链路中传输的时间内,环境的变化是极其微小的,故引起的噪声的变化是缓慢的(低频噪声影响);其次假设执行单元的带宽是有限的,也是低于 $f < 1/(2\pi T_{rt})$,执行单元在两个时刻相移是相等的,则 $\phi_{act}(0) = \phi_{act}(T_{rt})$;再次假设如果频率源的相干时间大于 T_{rt},那么 $\phi_{ref}(0) - \phi_{ref}(T_{rt})$ 相减结果是常数,且保持不变。基于以上 3 个假设(信号在光纤链路发射和返回链路的噪声相同、执行单元的带宽低于 $f < 1/(2\pi T_{rt})$、频率源的相干时间长于 T_{rt}),式(5.15)可以简化为

$$\phi_{rt} - \phi_{ref} = 2(\phi_{act} + \phi_f) \tag{5.16}$$

标准频率源信号与返回信号经过相位检测单元后的相位为 $2(\phi_{act} + \phi_f)$。

相位稳定单元控制执行元件调节相位,满足 $2(\phi_{act} + \phi_f) = 0$,使执行元件移动相位与光纤链路单向引入相位抖动相抵消,实现远端用户接收信号与标准频率源产生的信号相位相关。

5.4.2.2 频率传递的特点与补偿器件的选择

影响光纤频率传递系统稳定性的因素主要包含光纤链路的时延抖动和光源本身频率抖动两方面因素。光纤链路时延抖动的本质为光程的改变,造成光纤链路光程改变的原因主要是环境温度变化和振动,体现在时延抖动上各有特点,如图 5.8 所示。

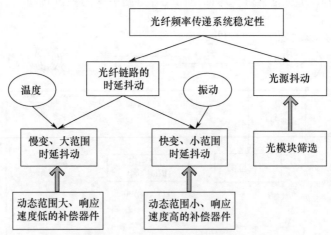

图 5.8 时间频率传输稳定性影响因素与补偿器件示意图

首先,温度的变化较慢,因此造成的时延抖动具有慢变的特点(一般认为在 Hz 量级);振动相对于温度频率较高,造成的时延抖动具有快变的特点(一般认为集中在 10Hz ~ 10kHz 量级)。

其次,实际应用中温度的变化影响光纤链路整体,尤其是对长光纤链路,随着光纤链路长度的增加温度造成的时延抖动也随之增加;振动更多具有局部性和随机性较强的特点,通常对实际光纤链路造成的时延抖动较小。

补偿器件的动态范围通常与其响应频率成反比,即动态范围越大的补偿器件其响应速度越低。针对两类时延抖动的特点,并综合考虑器件对系统延迟(相位裕度)的要求,认为采取将两类时延抖动分别用不同的补偿模块处理能取得较优效果,具体如下:

(1) 对光纤链路的慢变、大范围时延抖动采取动态范围大的补偿器件,其次考虑其频率响应能力,且其补偿模块的电路采用数字电路实现。这是由于低速补偿器件容许反馈电路有较大的延迟,且由于大范围的时延抖动极有可能超过一个信号周期,此情况下采用数字电路实现模块较优。

(2) 对光纤链路的快变、小范围时延抖动采取频率高的补偿器件,其次考虑其动态范围,且其补偿模块的电路采用模拟电路实现。

(3) 两模块共用高频电路部分(GHz 量级的滤波、放大、乘法等),串联两种补偿器件。

5.4.2.3　光学相位补偿技术

光学相位补偿是一种前置补偿系统,是通过与光纤链路相关的一段光纤实现的,将这段光纤分别缠绕在两种光学延迟器上:一种是温控光纤延迟线,是通过改变光纤温度来改变光在光纤中的传输时延,具有动态范围大响应时间长的特点,当光纤温度变化时,光纤长度和折射率都会发生变化;另一种是光纤拉伸器,是将一段很长的光纤缠绕在圆柱形或者圆盘形的压电陶瓷驱动器上,通过压电陶瓷的径向变化使光纤受力拉伸从而得到时延变化,其重复频率可达几百赫,是一种动态范围小、响应时间短的补偿器件。

光学相位矫正的方法就是通过修正光信号在光纤中的传输时延(通过改变光学路径长度实现),系统原理示意图如图 5.9 所示。

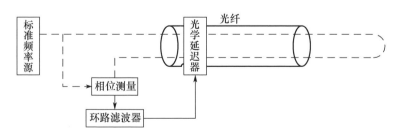

图 5.9　光学相位补偿系统示意图

具体的光学补偿系统如图 5.10 所示。针对光纤中相位延迟随机波动存在快变量与慢变量,如由高速振动引起的相位延迟随机波动为快变量,而日夜温差、季节温度累积引起的相位延迟随机波动为慢变量。目前的光学补偿系统都有两个补偿单元,分别用于处理慢变量和快变量。

为了增加双向传输系统的隔离度,使用了调制频率不同的两种信号:1GHz信号作为前向发射信号;100MHz信号作为后向回波信号。如图5.10所示,100MHz基准信号经过频率合成器,上变频为1GHz信号。光信号在光纤链路中传输经过光学延迟器,传输信号得到矫正。在用户端,探测到的传输信号可以表示为

$$V_{user}(t) \propto \cos(2\pi \cdot 1GHz \cdot t + 10 \cdot \phi_{ref} + \phi'_{correction} + \phi'_p) \qquad (5.17)$$

式中:$\phi'_{correction}$和ϕ'_p分别为应用在1GHz信号上的补偿信息和微扰信息。

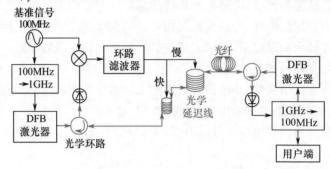

图5.10 光学相位补偿系统原理图

第二个频率合成器的作用是将用户端接收到的1GHz信号下变频为100MHz信号,并作为返回信号重新进入光纤链路。100MHz返回信号在传输过程中将会经过同样的微扰过程,也需要做相应的补偿。经过一次Round-Trip在发射端探测到的返回信号可表示为

$$V_{Round-Trip}(t) \propto \cos(2\pi \cdot 100MHz \cdot t + \phi_{ref} + 2 \cdot (\phi_{correction} + \phi_p)) \qquad (5.18)$$

式中:$\phi_{correction} = \phi'_{correction}/10$ 和 $\phi_p = \phi'_p/10$。

将100MHz基准信号和经过一次Round-Trip后的100MHz比较,得到一个基带误差信号$V_{error} \propto \phi_{correction} + \phi_p$。误差信号经过环路滤波以后直接作用于光学相位补偿器(光学延迟器)。光学相位补偿器由两个子系统构成:快速的、小的相位波动(一般由空气环境引起的机械振动和快速温度变化)是通过改变连接在压电陶瓷上的一段光纤长度实现的;将长15m的一段光纤紧紧缠绕在柱状压电陶瓷上,压电陶瓷直径5cm,驱动电压1kV时的长度变化为10μm,传输信号100MHz时矫正范围可达15ps或10mrad。慢速的、大的相位微扰动是通过加热一个1km长光纤轮进行补偿的(100MHz传输信号时为40ps/℃或25mrad/℃)[15]。

5.4.2.4 电子相位补偿技术

一个基本的电子相位补偿系统如图5.11所示,在该系统中注入光载波信号的相位记为$\phi_{input}(t)$,经过一次Round-Trip后信号的相位记为$\phi_r(t)$,用户端输出信号的相位记为$\phi_{output}(t)$,则

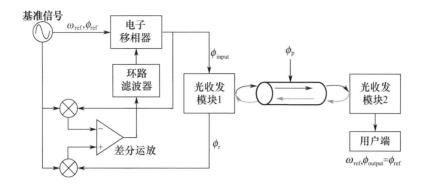

图 5.11 基本的电子相位补偿系统原理图

$$\phi_{\text{output}}(t) = \phi_{\text{input}}(t-\tau) + \int_{t-\tau}^{t} \phi_{\text{p}}(\xi)\,\mathrm{d}\xi \qquad (5.19)$$

式中：τ 为光纤中传输产生的时延；$\phi_{\text{p}}(\xi)$ 为沿光纤传输过程中产生的附加相位。传输时延 τ 的主要影响会限制到环路滤波器。接下来的讨论过程将会忽略时延 τ 的影响。

用户端输出信号必须和频率为 f_{ref} 的基准信号相位相干，并且平均相位均为 ϕ_{ref}。因此，输入光载波信号的平均相位（积分时间远大于 τ 时）为

$$\phi_{\text{input}} = \phi_{\text{ref}} - \phi_{\text{p}} \qquad (5.20)$$

经过一次 Round-Trip 后信号的相位就为

$$\phi_{\text{r}} = \phi_{\text{input}} + 2\phi_{\text{p}} = \phi_{\text{ref}} + \phi_{\text{p}} \qquad (5.21)$$

因此通过保持输入信号和经过 Round-Trip 后信号的共轭关系为

$$\phi_{\text{input}} - \phi_{\text{ref}} = -(\phi_{\text{r}} - \phi_{\text{ref}}) \qquad (5.22)$$

这样就可以迫使输出信号的相位保持 ϕ_{ref}。

在图 5.11 所示的相位补偿器中，起矫正作用的电子移相器与基准信号连接在一起构成了信号的输入端。基准信号经过功率分配器分配到两个相位探测器中，经过两个相位探测器产生的两个基带信号作为低噪声差分运放的两个输入。差分运放的输出经过环路滤波器滤波以后，获得的矫正信号直接控制电子移相器，实现了相位补偿。该方案是一个比较简单的补偿方案，其中有一些明显的缺点：首先，该系统的相位矫正受限于电子移相器的动态范围。电子移相器在非线性响应时的典型动态范围为 180°，并且其插入损耗也会发生变化。同时相比于补偿系统的其他单元，移相器可能会表现为相位噪声过剩。其次，相位探测器对于驱动信号等级很敏感，因此很难保证补偿系统框图中两个相位探测器具有相同的敏感度[16]。

如果将上述补偿系统应用于实际基准信号的传输，就可获得比较差的相位补偿效果。结合上述介绍的相位补偿原理，实际中广泛使用的是一种基于电子相位共轭

的补偿系统[17]，如图5.12所示。

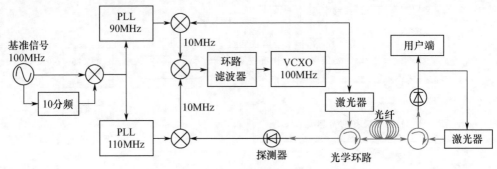

图 5.12 电子相位补偿系统

在该方案中用两个更高精度的混频器和一个相位测量单元替换了上面系统的双相位测量单元。通过使用压控振荡器提高了相位矫正的动态范围和线性度，用压控振荡器做移相器在基准信号频率上传递信号具有更稳定的幅度值。压控振荡器的这些优点使得它能够通过相位补偿器矫正带宽范围内的所有相位波动，而相位补偿器的矫正带宽是由光纤链路中 Round-Trip 传输时延决定的。图 5.12 中 100MHz 压控振荡器的输出信号用于调制 DFB 激光二极管的偏置电流。在用户端通过光电检测装置探测并再生后向传输信号。探测的单向传输过来的信号可以表示为

$$V_{USERend}(t) \propto \cos(\omega_{osc}t + \phi_{osc} + \phi_p) \tag{5.23}$$

经过一次 Round-Trip 后在发射端探测到的信号可以表示为

$$V_{Round-Trip}(t) \propto \cos(\omega_{osc}t + \phi_{osc} + 2\phi_p) \tag{5.24}$$

伺服控制环路迫使压控晶振（VCXO）输出的 100MHz 信号既和基准信号相位正交又能将基准信号产生的附加相位补偿掉。为了实现相位共轭首先利用混频器将基准信号分成 90MHz 信号和 110MHz，两个信号都经过锁相环（PLL）滤波。下变频产生的 90MHz 信号和 VCXO 传递过来的 100MHz 调制信号进行混频获得的 10MHz 信号为

$$V_1(t) \propto \cos((\omega_{osc} - 2\pi \cdot 90MHz) \cdot t + \phi_{osc} - 0.9 \cdot \phi_{ref}) \tag{5.25}$$

同时，由混频产生的 110MHz 信号和一次 Round-Trip 后的信号进行混频获得另一个 10MHz 信号为

$$V_2(t) \propto \cos((2\pi \cdot 110MHz - \omega_{osc}) \cdot t - \phi_{osc} + 1.1 \cdot \phi_{ref} - 2 \cdot \phi_p) \tag{5.26}$$

将两个 10MHz 进行比较获得的基带信号将包含 3 方面的相位，即

$$V_{error}(t) \propto \phi_{osc} + \phi_p - \phi_{ref} \tag{5.27}$$

这个相位将通过正常操作将其补偿掉。则 VCXO 中的相位就变为

$$\phi_{osc} = \phi_{ref} - \phi_p \tag{5.28}$$

经过这样一个过程基准信号就能精确稳定地传输到用户端。

电子相位补偿系统的主要特点是电子相位补偿器自身动态范围无限,能够补偿所有的相位扰动,电子补偿系统的带宽受限于光纤链路的 Round-Trip 时延,具有高精度相位噪声的电子补偿系统具有更好的抑制因子,以及很好的短期频率稳定性,但是电子相位补偿系统结构比较复杂。相比较而言,光学相位补偿系统结构更简单一些,由于受到偏振色散的影响其短稳的抑制因子有限,但是光学相位补偿系统的长稳特性要好于电子相位补偿系统。

5.4.3　光纤频率传递系统设计

光调制频率为 1GHz 的光纤频率传递设计方案如图 5.13 所示:0.9GHz、1.1GHz 频率综合器的功能是分别生成一个锁定在 10MHz 频率基准信号上的本地参考信号,形成双混频时差法的两个支路;综合比相单元主要是通过双混频时差技术综合处理信号 V_1、V_2、V_3、V_4 之间的相位关系,获得反馈控制信号 V_e;反馈控制系统的主要功能则是通过比例 – 微分 – 积分(PID)自动控制技术实现反馈控制信号 V_e 电压与执行单元(压控振荡器)调谐电压的匹配,从而实现对整个环路中相位噪声的自动补偿。

传输到接收站的稳相信号 V_5 由功分器分为两路:一路作为返回信号用于相位噪声识别;另一路则由接收站反馈环路相位锁定至一个 100MHz 压控晶振,实现了远端 100MHz 频率信号输出,同时 100MHz 信号也可以进一步分频处理,获得稳定输出的 10MHz 信号。

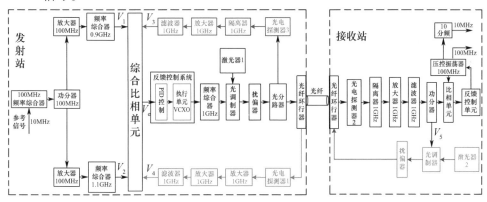

图 5.13　1GHz 光纤频率传递设计方案

1GHz 光纤频率传递方案具体原理如下(分析中不考虑信号的具体幅值,仅涉及具体的相位关系):

假设 10MHz 参考为

$$V_{\text{ref}} = \cos(\omega_{\text{ref}} t + \phi_{\text{ref}}) \tag{5.29}$$

1GHz 频率综合器产生的频率信号记为

$$V_0 = \cos(\omega_0 t + \phi_0) \tag{5.30}$$

为了得到信号在光纤链路传输过程中引入的相位起伏和系统的稳定度测量,还需要另外两个相位分别锁定于10MHz基准频率的信号,即0.9GHz频率综合器信号与1.1GHz频率综合器信号,分别记为

$$V_1 = \cos(\omega_1 t + \varphi_1) \tag{5.31}$$

$$V_2 = \cos(\omega_2 t + \varphi_2) \tag{5.32}$$

经信号 V_0 调制的激光分成两路,一部分直接进入光纤传输链路,另一部分作为参考信号输入综合比相单元,这样做的目的是补偿传输系统中环外器件(激光器、光调制器、光电探测器等)引入的相位噪声,记为信号

$$V_3 = \cos(\omega_0 t + \varphi_0') \tag{5.33}$$

式中: φ_0' 包含了恒温压控晶振 V_0 和环外器件的相位信息。

经过单段光纤传输后得到频率信号记为

$$V_5 = \cos(\omega_0 t + \varphi_0' + \varphi_p) \tag{5.34}$$

式中: φ_p 是传输过程中光纤链路所引入的相位噪声。则经过两段相同光纤传输后的信号即包含了2倍光纤链路相位噪声,记为信号

$$V_4 = \cos(\omega_0 t + \varphi_0' + 2\varphi_p) \tag{5.35}$$

为了进一步得到用于反馈控制 V_0 相位的误差信号,综合比相单元首先对信号 V_1 和 V_3 混频,并通过滤波得到

$$V_{e1} = \cos\left[(\omega_0 - \omega_1)t + (\varphi_0' - \varphi_1)\right] \tag{5.36}$$

同时也对信号 V_2 和 V_4 混频,并滤波得到

$$V_{e2} = \cos\left[(\omega_2 - \omega_0)t + (\varphi_2 - \varphi_0' - 2\varphi_p)\right] \tag{5.37}$$

然后通过对 V_{e1} 和 V_{e2} 混频比相处理,低通滤波得到

$$V_e = \cos\left[(2\omega_0 - \omega_1 - \omega_2)t + (2\varphi_0' + 2\varphi_p - \varphi_1 - \varphi_2)\right] \tag{5.38}$$

式中: V_e 为反馈到执行单元,即压控晶振 V_0 上的误差信号,通过系统频率配置,存在 $2\omega_0 - \omega_1 - \omega_2 = 0$ 的频率关系和 $\varphi_1 + \varphi_2 = 2(\phi_{ref} + \Delta)$ 的相位关系。则 V_e 可以表示为

$$V_e = \cos(2\varphi_0' + 2\varphi_p - 2\phi_{ref} - 2\Delta) \tag{5.39}$$

当加在压控晶振(VCXO)上的电压为0时,需满足 $2\varphi_0' + 2\varphi_p - 2\phi_{ref} - 2\Delta = \pi/2$ (该值是一个固定的相位差,不影响频率稳定度)。

此时接收端信号 V_5 可以表示为

$$V_5 = \cos(\omega_0 t + \varphi_0' + \varphi_p) = \cos\left(\omega_0 t + \phi_{ref} + \Delta + \frac{\pi}{4}\right) \tag{5.40}$$

式(5.40)表明,在接收端复现了相位锁定于发射端频率信号的信号 V_5 ,即实现了频率信号的高稳定度传输和同步。

5.4.4 试验数据及分析

光纤频率传递系统频率稳定度试验结果如图 5.14 所示,光纤链路长度为 100km,测试时间 19 天,测试仪器为 Microsemi 公司生产的 TSC 5125A 相噪测试系统,测试曲线为标准的阿伦方差,从图中可以看出光纤频率传递链路的频率稳定度指标为 $1.13 \times 10^{-14}/1s$、$1.03 \times 10^{-16}/10^3 s$、$2.19 \times 10^{-17}/10^4 s$、$1.87 \times 10^{-17}/10^5 s$,所有指标均高于目前商用氢原子钟输出的频率信号的频率稳定度 1 个数量级以上,实现了氢钟信号 100km 的高稳定度无损传输。

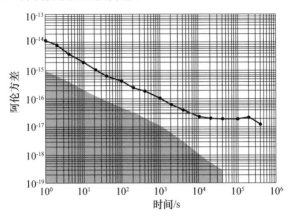

图 5.14 100km 光纤频率传递链路稳定度结果

图 5.15 所示为光纤频率传递链路环境温度变化统计结果。在 16 天的测试过程中,光纤链路所处的环境温度变化量为 3.7℃。如果利用光纤直接单向传输,则温度变化 3.7℃时光纤传输频率信号的相位变化应为 14145ps;通过使用电子相位补偿后经光纤输出的频率信号相位变化值为 3.4ps,传输性能提升了 4000 倍,如图 5.16

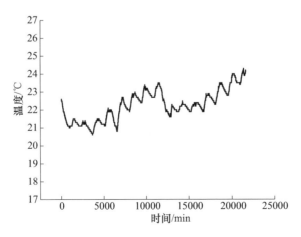

图 5.15 光纤频率传递链路环境温度变化统计数据

所示。可见,光纤频率传递系统能有效抑制光纤链路所处环境变化对频率信号性能的影响。

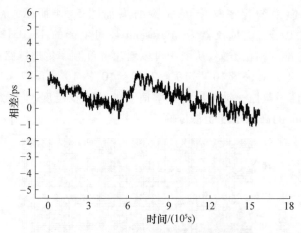

图 5.16　光纤链路输出频率信号相位变化数据

5.5　基于光纤的时间传递技术

随着光通信技术的迅速发展,光纤成为远距离传输信息和信号的重要手段,使基于光纤和光纤网络的高精度时间传递技术也得到快速发展和应用。目前主要的传递方案包括 IEEE1588 精密时间协议(PTP),White rabbit 时钟比对技术,光纤双向时间比对技术等。

IEEE1588 精密时间协议组网便捷,在通信网络、自动化控制系统内可实现分组网中任意节点时间同步,应用范围广。White rabbit 时钟同步技术在精密时间协议(PTP)的基础上进一步提高了时间同步精度,并且具有同步距离长、节点数多等优势。光纤双向时间比对技术利用同一根光纤进行时间信号的传递,可以抵消环境温度变化、振动等引起的影响,实现皮秒量级时间比对精度,但系统相对复杂。

5.5.1　精密时间协议(PTP)

随着光纤通信技术的迅速发展,时钟同步技术已成为影响和制约通信发展水平的关键因素。目前,分布式计算环境中的通信网络、金融网络、测控网络、工业控制与自动化网络等众多领域均需要在较大范围内保持时间同步及时间的准确性。PTP 比对以其亚微秒级的同步精度,逐渐得到了业界的认可与应用。

PTP 即网络测量和控制系统的精密时钟同步协议标准(IEEE Standard for a Precision Clock Synchronization Protocol for Networked Measurement and Control Systems),由安捷伦公司发起,国际电气和电子工程师协会(IEEE)于 2002 年正式发布其 1.0

版本,2008 年发布 2.0 版本。PTP 起草过程中主要参考以太网进行编制,使分布式通信网络具有严格的时间同步,其基本构思是通过硬件和软件的紧密耦合实现网络设备(客户机)内时钟与主控机主时钟的同步,从而实现较高精度的时间同步[18]。

PTP 时间同步技术基本原理是在主从时钟之间由主时钟周期性的向从时钟发送同步指令,通过加盖时间戳(报文到达与发出设备时的本地时钟时间)的对时报文在主从时钟之间的交换,从时钟由报文信息计算出主从时钟钟差与路径延迟,从而达到时间同步的目的。

一次主从时间同步的过程如图 5.17 所示。

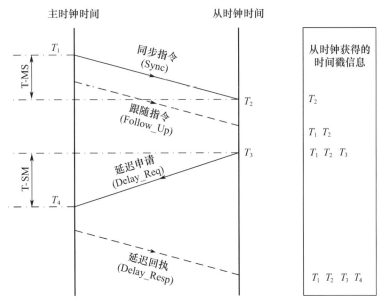

图 5.17　PTP 同步基本原理

PTP 对时报文分为 4 种,具体同步步骤如下:

(1) 主时钟向从时钟发送同步指令(Sync),记录指令发出时的本地时间戳 T_1;

(2) 主时钟在后续的(Follow_Up)跟随指令中将同步指令发出时的时间戳送至从设备;

(3) 从设备接收到(Sync)时产生本地时间戳 T_2;

(4) 从设备返回延迟申请指令(Delay_Req),记下该指令发出时间 T_3;

(5) 主钟收到延迟申请指令时,记下收到时间戳 T_4;

(6) 主时钟在延迟回执(Delay_Resp)中返回从时钟时间戳 T_4。

此时,从时钟便获取了 T_1、T_2、T_3、T_4 这 4 个时间信息,假设通信信道对等信道,即 T－MS(主端口到从端口信道时延)、T－SM(从端口到主端口信道时延)相等:

$$\text{delay} = T - \text{MS} = T - \text{SM} \tag{5.41}$$

主从时钟钟差为

$$\text{offset} = T_2 - T_1 - \text{delay} \tag{5.42}$$

路径延迟为

$$\text{delay} = \frac{T_4 - T_1 - (T_3 - T_2)}{2} \tag{5.43}$$

由以上两式即可求得主从时钟钟差 offset、主从时钟路径延迟 delay，从时钟按 offset 修正完成一次同步循环。

在 PTP 时间同步中由于结构与功能的差异，将设备时钟分为 3 种不同的设备模型：

（1）边界时钟（boundary clock）：一般具有两个以上端口，各端口充当不同的主从结构，但只允许至多一个端口充当从时钟，可在多个端口充当主时钟同时对多个从时钟进行同步对时。

（2）普通时钟（ordinary clock）：仅具有一个端口，一般充当系统中顶层主时钟或用户机中直接供用户使用的底层时钟。

（3）透明时钟（transparent clock）：不具备时钟功能，仅交换报文，对事件报文附加入与出透明时钟的时间，作为延迟桥记录报文停留时间，作为交换机，通过其特殊功能消除报文在交换机内中转、排队时间对同步精度的影响。

时钟模型在具体同步系统中的应用如图 5.18 所示。

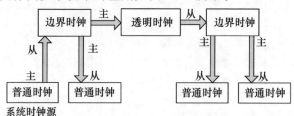

图 5.18　设备模型功能示意图

PTP 标准符合传输控制协议/互联网协议（TCP/IP），不具备 PTP 处理功能的交换设备并不阻止 PTP 的运行，中转设备的时延不确定性会对同步精度造成不同程度的影响。

在 PTP 时钟同步过程中会先运行最佳主钟算法（BMC），确定时钟状态，从而确定子网络中的主钟。整个系统中的最优时钟为最高级时钟（GMC），有着最好的稳定性、精确性、确定性等，保证子网内时钟精确同步。

PTP 时钟同步系统依托于现有以太分组网络，无需重新布置网络，节约成本。可灵活布置时钟同步节点，当节点对于时间同步精度需求降低时，可更换为普通节点。在网络数据流量大、同步精度要求高的节点到主钟之间的路径，可应用透明时钟交换机，以保证同步精度，不影响其他网络功能的实现，在其他路径仍可使用普通交换机，大大降低成本与地域性限制，同时满足网络中不同节点的同步精度需求。

5.5.2　White rabbit 时间比对技术

White rabbit 协议是一种建立在同步以太网(IEEE 802.3)和精确时钟同步协议(IEEE 1588)上的数据传输和时钟分布的协议。该协议是由欧洲核子研究组织于2008 年提出的。White rabbit 协议解决了 IEEE 1588 协议中限制时间比对精度的主要问题,当时钟系统通过不同通道将时钟分布 10km 范围内时,仍然可达到数百皮秒量级的时钟同步精度。White rabbit 协议可以支持上千个端点的时钟分布和数据传输的网络,传输准确度优于 1ns,传输精度优于 50ps,高精度的时间比对距离已经由10km 提升至 100km[19]。

基于 White rabbit 协议的时间传递系统包括 White rabbit 主节点(WR Master)、White rabbit 交换机(WR switch)和 White rabbit 节点(WR node)。系统网络拓扑结构如图 5.19 所示[20]。WR 主节点主要用于接收参考时钟信号(1PPS 信号、10MHz 频率信号),并将包含时钟信号的数据通过下行链路逐级向下传输。下级 WR 交换机或作为终端的 WR 节点也可通过上行链路与上级 WR 交换机或 WR 主节点进行数据交换。White rabbit 协议利用精确时钟同步协议和数字双混频时差法测量 WR 主节点系统时钟与终端端点从串行数据中得到的时钟的相位差,然后反复进行调整补偿,动态地将主节点系统时钟和各个终端端点的时钟保持同步。White rabbit 时间传递网络中每一个节点通过与上级节点进行时钟信号交换以测量时钟之间的时间差,并对节点时钟进行调整,实现全网高精度时间传递与时钟同步。

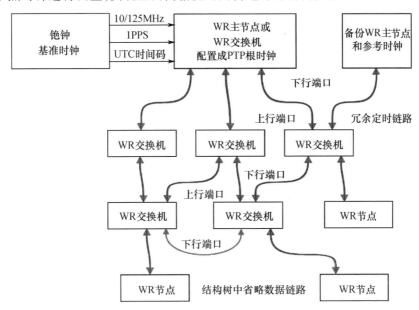

图 5.19　White rabbit 比对网络拓扑结构示意图(见彩图)

图 5.20(a)显示了 White rabbit 协议时钟相位同步原理。采用数据时钟混合传输技术,在 Master(主)发送端将时钟嵌入数据流里发送给 Slave(从)接收端,Slave 端接收到数据后从中解析出恢复时钟,将恢复时钟进行相位调节,再由相同通道将时钟返还给 Master 端,Master 端接收到恢复时钟后,将其与发送时钟进行延迟测量,测量值返回给 Slave 端进行相位调节,如此实现 Slave 端与 Master 端的时钟相位同步。具体时序关系如图 5.20(b)所示[19]。

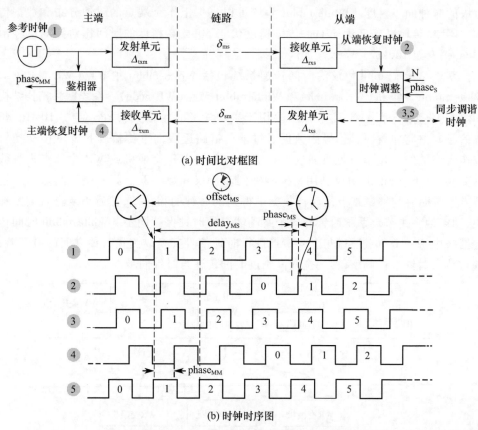

(a) 时间比对框图

(b) 时钟时序图

图 5.20　White rabbit 精密时间比对原理图

具体来说,White rabbit 比对链路建立在 PTP 时间比对的基础上,在实现了数据传输延迟粗测后,使用数字双混频法对数据传输延迟进行细测,得到主从节点时钟之间的更为精确的相位差。主时钟与从时钟之间的链路时延(delay_{ms}、delay_{sm})可表示为

$$\text{delay}_{ms} = \Delta_{txm} + \delta_{ms} + \Delta_{rxs} \tag{5.44}$$

$$\text{delay}_{sm} = \Delta_{txs} + \delta_{sm} + \Delta_{rxm} \tag{5.45}$$

式中:Δ_{txm} 为主时钟数据传输电路引入的固定时延;δ_{ms} 为传输媒介引入的可变时延;

Δ_{rxs} 为从时钟数据传输电路引入的固定时延。同样的,从时钟到主时钟之间的链路时延(delay$_{sm}$)也可表示为 Δ_{txs}、δ_{ms}、Δ_{rxm} 三者之和。对于一条比对链路来说,固定时延 Δ_{txm}、Δ_{rxs}、Δ_{txs}、Δ_{rxm} 可视为常数,且可在比对链路建立初始进行测量。由于数据传输媒介是光纤链路,上行、下行光信号传输速度的差异会引起相应传输时延的非对称性。δ_{ms}、δ_{sm} 分别与发射、接收数据时使用的光波长相关,二者满足关系式:

$$\alpha = \frac{\delta_{ms}}{\delta_{sm}} - 1 \tag{5.46}$$

式中:α 为相对延迟系数,能够通过上行下行光信号在光纤中的折射率 n_{sm} 得到。

$$\alpha = \frac{n_{ms}}{n_{sm}} - 1 \tag{5.47}$$

固定时延(Δ_{txm}、Δ_{rxs}、Δ_{txs}、Δ_{rxm})和 PTP 测得的主从时钟之间链路往返时延(delay$_{MM}$)满足关系式:

$$delay_{MM} = \Delta + \delta_{SM} + \delta_{MS} \tag{5.48}$$

式中:$\Delta = \Delta_{txm} + \Delta_{rxs} + \Delta_{txs} + \Delta_{rxm}$。

由式(5.48)可得主从时钟之间的链路时延以及时间差为

$$delay_{ms} = \frac{1+\alpha}{2+\alpha}(delay_{MM} - \Delta) \tag{5.49}$$

$$offset = t_2 - t_1 + delay_{ms} \tag{5.50}$$

式中:t_1、t_2 为通过 PTP 测量的时间戳,在 White rabbit 协议中为了提高链路的时间比对精度,将通过测量相位差对 t_2 进行修正。

White rabbit 协议中将时间间隔测量转化为相位测量,这样能获得更高的测量精度,原理如图 5.21 所示。clk$_A$ 和 clk$_B$ 频率基本相同,它们之间的相位差为待测量。外部辅助锁相环(PLL)产生一个与待测信号频率接近的辅助时钟信号:

$$f_{PLL} = \frac{N}{N+1} f_{clk_A} \tag{5.51}$$

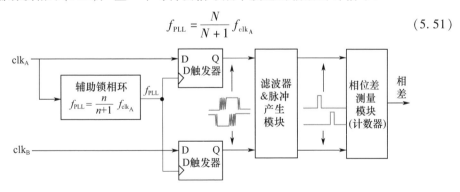

图 5.21　数字双混频鉴相环路

该信号分别与 clk$_A$、clk$_B$ 混频,得到两个低频信号。通过测量两个低频信号之间的相位差可以得到 clk$_A$ 和 clk$_B$ 之间的相位差,即

$$\Delta\phi = \Delta\phi_{DMTD}/(N+1) \tag{5.52}$$

式中：$\Delta\phi_{DMTD}$ 为两个低频信号之间的相位差。由式（5.52）可知，通过数字双混频法，clk_A 和 clk_B 之间的相位差的时间分辨力被提高了 $N+1$ 倍。在实际测量过程中，受到输入信号抖动及扫描速度等影响，低频信号的边沿会存在毛刺，通过脉冲整形等方法能够减小毛刺对相位差的时间分辨力的影响。

5.5.3 光纤双向时间传递技术

光纤双向时间传递系统具体来讲是一种单纤双向双波长高精度时间比对系统。双向收发终端通过接收地面时频系统（主站）输出的 1PPS、10MHz 等时频信号产生站间时间同步中频信号，中频信号进入光发射系统完成电光转换，转换成的光学扩频信号传入站间光纤信道；位于从站的光纤双向收发系统将传过来的光学扩频信号输入到光接收系统经光电转换后输出给双向收发终端进行处理和测量，完成时间同步的校准。

光纤双向时间传递系统工作原理与卫星双向时间传递系统相同，只是在卫星双向时间传递系统的基础上使用光纤双向传输链路代替射频信道，如图 5.22 所示。

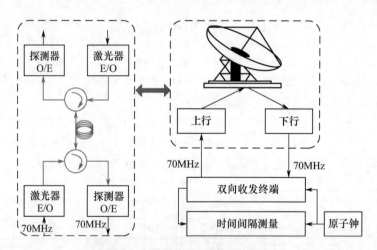

图 5.22 光纤双向与卫星双向链路比较

利用光发射模块、光接收模块、光隔离器、光环行器等光学器件在两个双向收发终端之间搭建光纤双向传输链路。近端双向收发终端输出的 70MHz 扩频信号依次经过激光器、光隔离器、光环行器、探测器最终被远端的双向收发终端接收解码获得时间信息，远端双向收发终端输出的 70MHz 扩频信号经过相同的路径到达近端接收解码，该系统收发链路使用同一个时频基准源。

光纤双向时间比对是通过单纤双向双波长的方式实现的，使用同一根光纤避免了链路上的路径不对称性，基本原理[21]是：地面站 A 和地面站 B 同时向对站传输各站钟源生成的测距信号，被对方接收，从而得到两个时延值，由两个观测数据计算获得 A 站与 B 站的钟差,如图 5.23 所示。

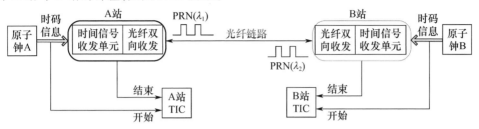

(a) 光纤双向时间比对框图

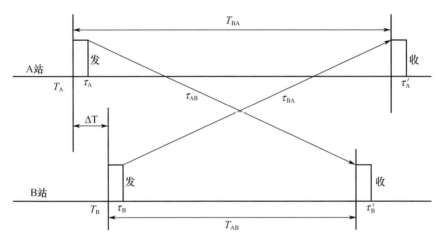

(b) 光纤双向时间比对系统原理图

图 5.23　光纤双向时间比对框图和系统原理图

设 A 站测量得到的 B 站发射信号到 A 站的总时延为 T_{BA},B 站测量得到的 A 站发射信号到 B 站的总时延为 T_{AB},A 站和 B 站两地钟的瞬时钟差 $\Delta T = T_B - T_A$,T_A 为 A 站发射测距信号时刻,T_B 为 B 站发射测距信号时刻,则有

$$T_{BA} = \Delta T + \tau_B + \tau_{BA} + \tau'_A \tag{5.53}$$

$$T_{AB} = -\Delta T + \tau_A + \tau_{AB} + \tau'_B \tag{5.54}$$

式中:τ_A 为 A 站时间信号发射单元、光纤发射单元(半导体激光器)的发射时延;τ'_A 为 A 站时间信号接收单元和光纤接收单元(光电探测器)的接收时延;τ_B 和 τ'_B 分别为 B 站的接收和发射时延;τ_{AB} 为时间信号由 A 站发送到 B 站的光纤链路单向传输时延;τ_{BA} 为时间信号由 B 站发送到 A 站的光纤链路单向传输时延。

由式(5.53)和式(5.54)可得

$$\Delta T = \frac{1}{2} \left[(T_{BA} - T_{AB}) - (\tau_B - \tau_A) - (\tau'_A - \tau'_B) - (\tau_{BA} - \tau_{AB}) \right] \tag{5.55}$$

当 A 站和 B 站在同一时刻发送 1PPS 信号,由于传输路径相同且传输光信号波

长接近,传输时延接近可近似相等,即 $\tau_{BA} \approx \tau_{AB}$,则有

$$\Delta T = \frac{1}{2} \left[(T_{BA} - T_{AB}) - (\tau_B - \tau_A) - (\tau_A' - \tau_B') \right] \tag{5.56}$$

A 站和 B 站通过交换测量数据 T_{AB} 和 T_{BA},发送时延和接收时延的差 $(\tau_B - \tau_A) + (\tau_A' - \tau_B')$ 可预先测定,站间钟差 ΔT 就可计算得到。用式(5.56)来修正 A、B 两站原子钟之间的钟差,可实现 B 站原子钟与 A 站原子钟比对。

5.5.4　光纤双向时间传递系统设计

利用上述原理设计的光纤双向时间传递系统如图 5.24 所示,进行比对的 A 站和 B 站分别配备一个钟源,钟源提供发射单元工作所需的时码信号(1PPS、10MHz 等)。两对时间信号发射单元和时间信号接收单元负责 70MHz 中频信号的调制与解调。采用两个光纤环形器、两对 DFB 半导体激光器与光电探测器搭建光学链路。

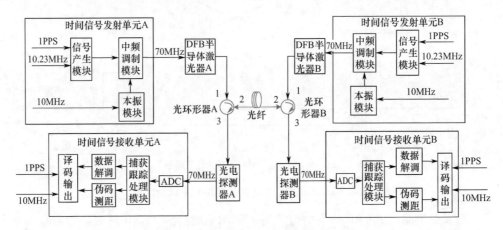

图 5.24　光纤双向时间传递系统框图

A 站钟源输出的 10MHz 时频信号进入本振模块生成 70MHz 信号,钟源输出的 1PPS、10.23MHz 时频信号进入信号产生模块实现伪随机码生成,再进入中频调制模块将伪码信号调制到 70MHz 载波上,70MHz 电信号进入 DFB 半导体激光器 A 进行电光转换成波长为 λ_1 的光信号后发射进入光环行器 A 的端口 1,从端口 2 注入光纤;光信号经过光纤链路从光环形器 B 的端口 2 进入,端口 3 输出进入光电探测器 B,将接收到的光信号转换成 70MHz 电信号,再进入 B 站模数转换器(ADC)模块进行采样后送入捕获跟踪处理模块,随后进行数据解调和伪码测距,测量得到 A 站原子钟的 1PPS 信号与 B 站原子钟发射的 1PPS 信号之间的时间间隔 T_{AB}。

时间信号由 B 站经光纤双向时间传递系统传向 A 站的工作原理与上述是一致的,B 站激光器发射波长为 λ_2,同样得到 B 站与 A 站 1PPS 信号时间间隔 T_{BA}。由 A、B 站得到的测量数据 T_{AB}、T_{BA},修正 A、B 站间钟差,实现 A、B 站时间传递。

5.5.5　试验数据及分析

5.5.5.1　50km 光纤双向时间传递试验

基于实验室 50km 的光纤链路,对图 5.24 光纤双向时间传递系统的方案进行了试验验证,试验场景如图 5.25 所示。

图 5.25　光纤双向时间传递试验现场

A 站传输到 B 站的光信号波长采用 1550.12nm,B 站传输到 A 站的光信号波长采用 1550.92nm,码速率为 5.115Mchip/s。验证结果如图 5.26 所示。经过 7 天的长时间试验,获得两个单向测试伪距值伪距 1、伪距 2;实际钟差由时间间隔计数器 SR620 直接测得;测量钟差经光纤双向比对算法利用伪距 1 和伪距 2 计算获得。图中可以看出实际钟差和测量钟差一致。

图 5.27 为时间信号接收单元测量得到的单向传输时延,一个高峰和低谷代表了昼夜环境温度变化引起的时延波动,两条单向传输时延趋势相同,7 天时延波动范围在 7ns 内,用测量钟差减去实际钟差可以得到光纤双向时间传递精度,经过 7 天连续试验,传递精度为 863ps,初步平滑处理(百点平均)后的时间传递精度为 150ps。试验结果表明光纤链路受环境变化(温度等)引起的时延波动几乎被完全抵消。

由于设备自身受温度的影响也会引起的相位波动,这些相位波动没有被消除,仍然影响时间传递精度。图 5.28 为时间传递精度及传输时延的时间稳定度,时延曲线表示单向(没有进行双向差分)光纤时间传递的时间稳定度,该稳定度在 600000s 的采样时间内低于 10^{-9}s(1ns)。经过光纤双向时间传递系统消除时延波动后,在 600000s 的采样时间内时间稳定度低于 10^{-11}s(10ps)。这些波动是由光纤双向传递设备引起的剩余不稳定度。图 5.29 为单向光纤传输时延及双向时间传递精度相对应的频率稳定度,在 10000s 的采样时间内,时延的频率稳定度为 1.5×10^{-14},双向时间传递的 100000s 频率稳定度为 1.8×10^{-15}。

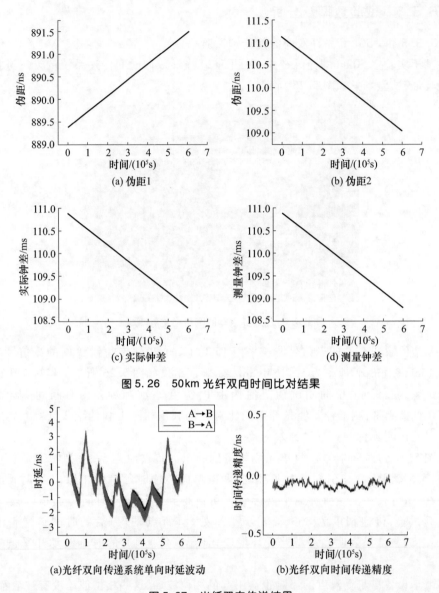

图 5.26   50km 光纤双向时间比对结果

图 5.27   光纤双向传递结果

在短时间内(采样时间小于 10s),光纤链路的性能受限于测量参考。若采用 20Mchip/s 的伪码信号,分辨力可达几皮秒,实际上这个值还受到载噪比的影响。低信噪比以及光电器件的热敏特性都会影响光纤双向时间传递精度,因此调制解调器件的相位噪声及设备间的插入损耗也要考虑。进一步优化参数后,光纤双向时间传递精度的时间标准偏差(TDEV)低于 150ps。因此光纤双向时间传递技术是一种具有潜力的时间传递方法。

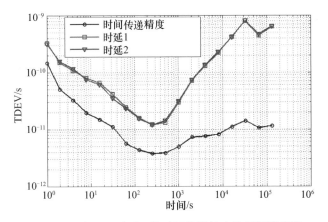

图 5.28　时延 1、时延 2 及时间传递精度的时间稳定度

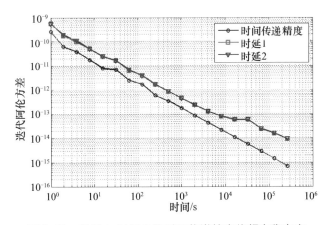

图 5.29　时延 1、时延 2 及时间传递精度的频率稳定度

5.5.5.2　光纤双向时间传递温度特性

温度是影响光纤时间传递精度的主要原因,当温度变化时,光纤折射率会随之发生变化,且光纤本身会因为温度改变产生物理上热膨胀或收缩,使得光信号在光纤中传输的时延发生变化,从而接收端接收到的信号会发生抖动。

光信号通过长度为 L、群折射率为 n_{g} 的光纤的传输时延 τ 为

$$\tau = \frac{n_{\mathrm{g}} L}{c} \tag{5.57}$$

当温度发生变化时,时延的变化为

$$\Delta \tau = \frac{\partial \tau}{\partial L} \Delta L + \frac{\partial \tau}{\partial n_{\mathrm{g}}} \Delta n_{\mathrm{g}} = \frac{n_{\mathrm{g}}}{c} \Delta L + \frac{L}{c} \Delta n_{\mathrm{g}} \tag{5.58}$$

这个关系式表明了光纤时延将随温度的变化而变化,即温度变化会产生时延抖动。结合群折射率与折射率的关系、折射率随温度的变化关系、折射率随波长的变化

关系及光纤长度随温度的变化关系,整理可得如下关系式[22]:

$$\tau(\lambda, T) = \frac{L(T)}{c}\left\{ n(\lambda, T) + \frac{1}{n(\lambda, T)}\left[\frac{B(T)C(T)}{(\lambda - C(T)/\lambda)^2} + \frac{D(T)E(T)}{(\lambda - E(T)/\lambda)^2} \right] \right\}$$

(5.59)

式中:B、C、D、E 为 Sellmeier 系数,表示折射率随温度 T 的变化;n 为折射率。

单模裸光纤和预涂覆光纤的热膨胀系数很小,约为 $5 \times 10^{-7}/℃$,光纤长度为 100km(25℃时),光波长 1550nm,通过仿真得到光纤时延随温度的变化如图 5.30 所示。

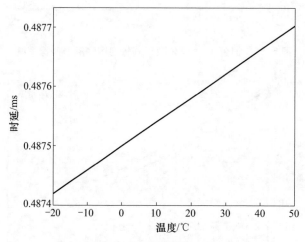

图 5.30　光纤链路时延随温度的变化

由图 5.30 可以看出,虽然函数关系式较为复杂,但光纤时延在 $-20 \sim 50℃$ 范围内随温度的变化几乎是线性的,且变化率为正值。

光纤时延随温度的变化通常采用光纤时延温度漂移系数 K_f 来表征,它是指当某一波长的光信号在光纤上传输时,由单位温度变化引起的单位长度光纤传输时延的变化,通过计算可得在波长为 1550nm 处,在 $-20 \sim 50℃$ 的范围内,温度漂移系数典型值为 $38.24ps/(km \cdot ℃)$。

为了验证光纤双向时间传递试验中温度变化对光纤链路的影响,利用温箱开展了光纤双向时间传递温度试验,试验中将 50km 的光纤置于温箱中,试验结果如图 5.31 所示。

从试验数据可知,温度变化导致时延大动态范围的缓慢变化,在温度变化 $-35 \sim 50℃$ 的高低温环境下,光纤单向传输路径时延变化为 165.1ns,可以计算得出温度漂移系数为 $38.85ps/(km \cdot ℃)$,与理论值符合较好。

在进行光纤双向时间传递抵消温度变化引起的传输时延波动后,时间传递精度可达亚纳秒量级,表明光纤双向时间传递技术可以应用在环境温度恶劣的场景中,实现高精度时间传递。

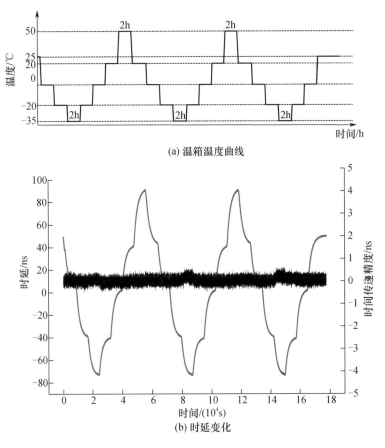

图 5.31　光纤时间传递系统时延随温度变化结果

5.6　基于光纤网络的远程时频传递技术

利用光纤网络传递时频信号,主要是通过波分复用的方法利用网络中未使用的 ITU 光纤信道传输高精度时频信号。采用光波分复用技术要考虑的一个核心问题是如何在光纤信道中实现连续的全光传输和双向传输。同时考虑到光纤网络中原有数据信号,要使引入的插入损耗尽量低并且避免原数据信号和高精度时频信号之间产生交叉串扰,还要保证光纤网络中其他信道的传输质量。

目前国内外主要采用的方案是在光纤网络节点处通过增加光分插复用设备和双向光放大器的方式将时频传输信号接入网络[23]。光分插复用设备是波分复用光网络的关键器件之一,其功能是从传输光路中有选择地下路(drop)通往本地的光信号,同时上路(add)本地用户发往另一节点用户的光信号,从而不影响其他波长信道的传输。

图 5.32 所示为利用光分插复用设备将高精度光纤时频传输业务接入光纤网络的方案,在节点处利用两个光分插复用设备将双向时频传输信号与网络中已有的业务分开,时频传输信号分路后经双向光放大器进行放大,保证了时频传输信号经过光纤网络节点时的连续性和双向性。

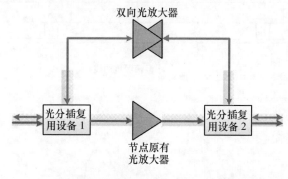

图 5.32　基于光纤网络节点的远程时频传输方案(见彩图)

5.7　本章小结

本章主要工作是围绕光纤高精度时频传递技术研究进行:

首先,介绍了光纤衰减、色散、温度等传输特性,并介绍了基于光纤时频传递的核心器件半导体激光器、光调制器、光电探测器以及光放大器等。

其次,对光纤链路引入噪声模型进行了分析,进行光纤直接(未补偿)传递频率信号研究,从而分析得出限制光纤传递频率信号性能的影响因素,进而比较了常用的两种相位噪声补偿方法:光学相位补偿方法、电子相位补偿方法,并开展了高稳定性的频率信号传递试验。进行了 100MHz 光纤频率传递试验,在 100km 的光纤链路上100MHz 光纤频率传递系统阿伦方差显示频率稳定度为 $1.13 \times 10^{-14}/s$,长期稳定度为 $2.19 \times 10^{-17}/10000s$。

最后,讨论了基于光纤的时间传递技术。对光纤链路中温度对时延的影响进行了分析并仿真,计算得出在 $-20 \sim 50℃$ 温度范围内,平均温度漂移系数为 38.24ps/(km·℃),并进行了温度试验,试验中得到的温度漂移系数与理论值相符。同时,开展了 50km 光纤双向时间传递试验,时间传递精度为 150ps。

参考文献

[1] 李孝辉,杨旭海,刘娅,等. 时间频率信号的精密测量[M]. 北京:科学出版社,2010.

［2］蒋燕义．超窄线宽激光及其在光钟中的应用［D］．上海：华东师范大学，2012.

［3］韩华．卫星导航系统中的高精度时间同步误差分析与仿真［D］．秦皇岛：燕山大学，2012.

［4］梁猛，刘崇琪，杨祎编．光纤通信［M］．北京：人民邮电出版社，2015.

［5］李云霞．光纤通信［M］．北京：北京航空航天大学出版社，2016.

［6］赵文军，周明翔．光纤时间传递方法及误差分析［J］．无线电工程，2012，42(12)：46-50.

［7］潘维斌．LHAASO 实验高精度时间测量系统研究［D］．北京：清华大学，2014.

［8］刘兰．RoF 链路及系统性能改善的研究［D］．杭州：浙江大学，2017.

［9］于海杰．多功能时频传输系统的设计与实现［D］．北京：北京邮电大学，2015.

［10］李嘉强．C 和 L 波段掺铒光纤放大器的研究［D］．天津：天津大学，2005.

［11］XUE D，et al．Coherent transfer of optical frequency over 112km with instability at the 10-20 level ［J］．CHIN. PHYS. LETT. 2016，33(11)：114202.

［12］沈建国．高精度光纤频率传递系统中的相位噪声补偿技术研究［D］．上海：上海交通大学，2015.

［13］王崇阳．基于光纤的高精度时频信号传递技术研究［D］．石家庄：通信测控技术研究所，2017.

［14］张林波，许冠军，刘杰，等．高精度光学频率传递实验研究［J］．时间频率学报，2013，36(3)：129-133.

［15］LOPEZO，AMY-KLEIN A，DAUSSY C，et al．86-km optical link with a resolution of 2×10^{-18} for RF frequency transfer［J］．European Physical D，2008，48(1)：35-41.

［16］李孝峰．光纤时间频率传递数字相位补偿方法［D］．北京：中国科学院研究生院，2009.

［17］张磊，王正勇，姚志会．一种短距离光纤频率信号传递方法研究［J］．无线电通信技术，2018，44(4)：384-387.

［18］王铮．IEEE1588 时钟同步协议的研究与实现［J］．计算机与网络，2012，23：53-55.

［19］朱玺．光纤时间频率同步网络技术及应用［D］．北京：清华大学，2016.

［20］李成，大型物理实验装置高精度时间同步技术研究［D］．合肥：中国科学技术大学，2012.

［21］谭述森．导航卫星双向伪距时间同步［J］．中国工程科学，2006，8(12)：70-74.

［22］GHOSH G，ENDO M，LWASAKI T. Temperature-dependent sellmeier coefficients and chromatic dispersions for some optical fiber glasses［J］．Lightwave Technol，1994，12(8)：1338-1342.

［23］KÉFÉLIAN F，JIANG H，LOPEZ O，et al．Long-distance ultrastable frequency transfer over urban fiber link：toward a European network［J］．Proc. SPIE，2009，7431：1-9.

第 6 章　GNSS 时间传递技术

▨ 6.1　引　　言

1980 年美国国家标准局首次发布了共视(CV)时间比对方法,在随后的 1983 年,国际守时实验室应用该方法实现了异地原子钟之间的时间比对和传递[1],受限于当时 GPS 的发展,起初的共视时间比对主要基于 GPS C/A 码的单通道接收处理,共视时间比对的用户需要遵循 BIPM 定期更新发布的共视时间表,在同一时刻接收协定的 GPS 卫星,产生共视文件后通过数据交换和数据处理即完成时间比对。随着导航信号接收技术的进步,目前时间比对接收机均已发展为多通道接收机,即在同一共视时刻能够同时观测到多颗卫星,为时间比对性能的提高提供了基础性支撑[2]。

作为一种高精度时间传递手段,GNSS 卫星共视时间比对具有精度高、成本低、不间断运行等优点[2]。该方法以 GNSS 卫星作为公共参考源,位于异地的不同用户各自维持着本地高稳时间频率,各用户同时观测卫星,通过数据处理获得本地时间与卫星钟及系统时的时间差,形成共视文件,通过交换各用户的共视文件并进行比较,来确定用户间的相对时间偏差[3],如果参与共视时间比对的用户之中任一是保持国家标准时间的实验室,则在共视网络内部实现了国家标准时间向各用户的传递。

然而,GNSS 共视时间比对仍然存在明显的缺点,主要体现在:①随着站间距离的增大,卫星轨道误差、电离层和对流层延迟误差等空间相关性降低;②两站同时观测的卫星数目减少,导致远距离 GNSS 共视时间比对时只能依靠观测低仰角的卫星,时间比对性能下降。GNSS 全视时间比对能有效解决上述 GNSS 共视时间比对存在的不足。

GNSS 全视时间比对利用精密钟差、精密轨道等高精度产品,通过对单站观测结果进行修正,有效消除卫星钟差、卫星轨道和电离层等误差,将钟差计算结果归算至统一的参考时间,摆脱了站间距离的限制,因此,GNSS 全视是实现远距离高精度时间比对的重要手段之一,并在实际应用中衍生出多种处理方法,按照采用观测量的区别,GNSS 全视时间比对分为基于单频伪距的全视时间比对、基于双频伪距消除电离层组合的全视时间比对和基于 PPP 的全视时间比对等方法[4]。

GNSS 共视时间比对或 GNSS 全视时间比对等时间比对工程实施和科学研究中,均会涉及 GNSS 导航信号处理、数据处理、数据传输和比对处理计算等多层次信号和信息处理的内容。鉴于此,本章对 GNSS 时间比对涉及的误差模型、时间比对模型、处理方法和时延校准等方面进行详细阐述。

6.2　GNSS 时间比对模型

6.2.1　时间比对处理原理

GNSS 时间比对的基本原理如图 6.1 所示。

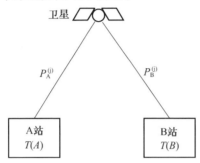

图 6.1　时间比对原理示意图

首先定义本地钟相对于参考时间（GNSS 时间或 IGST 等）的钟差 $\Delta T(t) = T(t) - t_{\mathrm{ref}}(t)$，其中：$T(t)$ 表示 t 时刻对应的本地时间；$t_{\mathrm{ref}}(t)$ 表示 t 时刻对应的参考时间。因此在相同的 GNSS 时刻 t，位于异地的 A、B 两站分别对 GNSS 时间的钟差可记为

$$\begin{cases} \Delta T_{\mathrm{A}}(t) = T_{\mathrm{A}}(t) - t_{\mathrm{ref}}(t) \\ \Delta T_{\mathrm{B}}(t) = T_{\mathrm{B}}(t) - t_{\mathrm{ref}}(t) \end{cases} \tag{6.1}$$

为消除观测中的共同误差，两式相减得

$$\Delta T_{\mathrm{AB}}(t) = \Delta T_{\mathrm{A}}(t) - \Delta T_{\mathrm{B}}(t) = T_{\mathrm{A}}(t) - T_{\mathrm{B}}(t) \tag{6.2}$$

式中：$\Delta T_{\mathrm{AB}}(t)$ 为 t 时刻 A、B 两站之间的钟差。上述即为 GNSS 时间比对的原理。

6.2.2　共视时间比对模型

GNSS 共视时间比对本质上以相同的共视卫星作为共同的参考，位于异地的待同步地面站按照共视时间表接收卫星信号，通过数据处理获得本地时间实验室与观测卫星间的相对钟差，通过比较两站的相对钟差，即可获得异地待同步地面站间的钟差[3-4]。

假定对于位于异地的任意 A 站和 B 站，则相同时刻接收的相同 GNSS 卫星 j 均有

$$\begin{cases} P_{\mathrm{A}}^{(j)}/c = T_{\mathrm{A}}(t_{\mathrm{A}}^{\mathrm{R}}) - T^{(j)}(t^{\mathrm{e}}) \\ P_{\mathrm{B}}^{(j)}/c = T_{\mathrm{B}}(t_{\mathrm{B}}^{\mathrm{R}}) - T^{(j)}(t^{\mathrm{e}}) \end{cases} \tag{6.3}$$

式中:$P_A^{(j)}$ 和 $P_B^{(j)}$ 分别为 A 站和 B 站的伪距观测量;c 为光速;$T_A(t_A^R)$ 和 $T_B(t_B^R)$ 分别为 A 站、B 站接收到卫星信号的本地接收时刻;t_A^R 和 t_B^R 分别为 A 站和 B 站接收卫星信号的系统时刻;$T^{(j)}(t^e)$ 为卫星发射信号时的本地时刻;t^e 为卫星发射信号时的系统时刻。由于 $T_A(t_A^R)$ 和 $T_B(t_B^R)$ 分别为 t_A^R 和 t_B^R 的函数,而 t_A^R 和 t_B^R 可以表示为

$$\begin{cases} t_A^{(j)} = t^e + \tau^{(j),T} + \tau_A^{(j),spa} + \tau_A^R \\ t_B^{(j)} = t^e + \tau^{(j),T} + \tau_B^{(j),spa} + \tau_B^R \end{cases} \tag{6.4}$$

因此将式(6.4)展开有

$$\begin{cases} P_A^{(j)}/c = T_A(t^e) - t^e + \tau^{(j),T} + \tau_A^{(j),spa} + \tau_A^R - \Delta T^{(j)} \\ P_B^{(j)}/c = T_B(t^e) - t^e + \tau^{(j),T} + \tau_B^{(j),spa} + \tau_B^R - \Delta T^{(j)} \end{cases} \tag{6.5}$$

式中:$T_A(t^e)$ 和 $T_B(t^e)$ 分别为 A 站、B 站在系统时 t^e 时的本地时间;$\tau^{(j),T}$ 为卫星信号的发射时延误差;$\tau_A^{(j),spa}$ 和 $\tau_B^{(j),spa}$ 为卫星至 A 站、B 站的大气传输时延误差,其中主要包括电离层时延误差、对流层时延误差等;τ_A^R 和 τ_B^R 为 A 站、B 站的接收时延误差,其中主要包括共视接收设备的内部接收时延误差、电缆传输时延误差等;$\Delta T^{(j)}$ 为卫星星钟误差,主要包括相对论误差等,可通过卫星播发的导航电文计算获得。卫星至 A 站、B 站的空间传输误差可表示为

$$\begin{cases} \tau_A^{(j),spa} = \tau_A^{(j),tro} + \tau_A^{(j),ion} + \tau_A^{(j),G} \\ \tau_B^{(j),spa} = \tau_B^{(j),tro} + \tau_B^{(j),ion} + \tau_B^{(j),G} \end{cases} \tag{6.6}$$

式中:$\tau_i^{(j),tro}$、$\tau_i^{(j),ion}$、$\tau_i^{(j),G}$ ($i=A,B$) 分别为卫星 j 到地面 i 站的对流层时延、电离层时延和相对论时延。

由此得

$$\begin{aligned} \Delta T_{AB} = T_A - T_B = \\ (P_A^{(j)} - P_B^{(j)})/c - (\tau_A^R - \tau_B^R) - (\tau_A^{(j),tro} - \tau_B^{(j),tro}) - \\ (\tau_A^{(j),ion} - \tau_B^{(j),ion}) - (\tau_A^{(j),G} - \tau_B^{(j),G}) \end{aligned} \tag{6.7}$$

式中:ΔT_{AB} 为 A 站、B 站间的钟差;τ_i^R ($i=A,B$) 为 A 站、B 站的接收时延。上述即为 A 站、B 站间进行卫星共视时间比对的计算模型,由式(6.7)可知,A 站、B 站的共视卫星钟差及共视卫星发射时延被完全抵消。

6.2.3 全视时间比对模型

GNSS 共视时间比对需要相同的共视卫星作为参考,制约了 GNSS 时间比对在远距离地面站时间同步的应用,GNSS 全视时间比对可有效解决该问题,其方法如下:在精密轨道和精密钟差的支撑下,基于伪距、载波相位解算本地参考时间与精密钟差对应的参考时间 t_{ref} 之间的偏差 δt_A,基于两站的偏差进行求差,即可获得各地面站之间的时间偏差 ΔT_{AB}[4]。

假定异地的任意 A 站和 B 站,分别观测 N 颗 GNSS 卫星的单频伪距观测量,其观测方程如下:

$$P_A^{(n)} = \rho_A^{(n)} + c(\delta t_A - t_{ref}^{(n)}) + I_A^{(n)} + T_A^{(n)} + \varepsilon_p^{(n)} \tag{6.8}$$

式中: $P_A^{(n)}$ 为 A 站的伪距测量值; $\rho_A^{(n)}$ 为站星之间的几何距离(卫星位置基于精密轨道计算); $t_{ref}^{(n)}$ 为基于精密钟差计算的某卫星钟差; $I_A^{(n)}$ 和 $T_A^{(n)}$ 为电离层延迟等效距离和对流层延迟等效距离(通常基于精确的误差模型进行补偿和修正); $\varepsilon_p^{(n)}$ 为伪距观测噪声。在地面站 A 坐标精确已知前提下,理论上当观测 1 颗或大于 1 颗 GNSS 卫星,即可获得 A 站本地时间与精密产品对应的参考时间 t_{ref} 之间的偏差 δt_A 值,同理,基于 B 站的伪距测量值可获得 B 站本地参考时间与参考时间 t_{ref} 之间的时间偏差 δt_B 值,其原理如下[5]:

$$\Delta T_{AB}(t) = T_A(t) - T_B(t) = (\sigma t_A(t) - t_{ref}(t)) - (\sigma t_B(t) - t_{ref}(t)) = \sigma t_A(t) - \sigma t_B(t) \tag{6.9}$$

上述即为全视时间比对的原理,只不过所采用的观测量为 GNSS 单频伪距观测量,基于单频伪距观测量的全视时间比对存在一定的缺陷,主要体现在电离层延迟补偿效果受到电离层模型精度的影响较大,即使采用高精度的电离层模型,也只能实现 80% 的电离层延迟补偿效果,在远距离时间比对应用中,时间比对的性能受到影响。因此,为了实现电离层的消除,通常采用基于双频伪距消电离层的全视时间比对方法。所采用的观测量为双频消电离层伪距量,其观测方程如下:

$$P_{A,IF}^{(n)} = \frac{f_1^2}{f_1^2 - f_2^2} P_{A,1}^{(n)} - \frac{f_2^2}{f_1^2 - f_2^2} P_{A,2}^{(n)} = \rho_A^{(n)} + c(\delta t_A - t_{ref}^{(n)}) + I_A^{(n)} + T_A^{(n)} + \varepsilon_p^{(n)} \tag{6.10}$$

式中: $P_{A,IF}^{(n)}$ 为地面站 A 无电离层组合的伪距相位; f_1 和 f_2 为不同频点的频率; $P_{A,i}^{(n)}$ 为地面站 A 观测某卫星频率 i 上的码伪距观测值。

6.2.4　PPP 时间比对模型

虽然,基于双频伪距消电离层的全视时间比对方法消除了电离层延迟影响,适用于远距离时间比对的需求,但是同时也会导致噪声放大,最终会引起时间比对结果存在波动性,因此,采用精密单点定位(PPP)的方法,以双频载波和伪距消电离层组合观测量,能在消除电离层影响的同时降低伪距噪声的影响,实现高精度的时间比对性能,同时采用参数估计的方法吸收对流层延迟的影响,实现亚纳秒级的时间比对性能,其伪距和载波相位消电离层组合的观测方程如下[6-8]:

$$P_{A,IF}^{(n)} = \frac{f_1^2}{f_1^2 - f_2^2} P_{A,1}^{(n)} - \frac{f_2^2}{f_1^2 - f_2^2} P_{A,2}^{(n)} = \rho_A^{(n)} + c(\delta t_A - t_{ref}^{(n)}) + I_A^{(n)} + T_A^{(n)} + \varepsilon_p^{(n)} \tag{6.11}$$

$$L_{A,IF}^{(n)} = \frac{f_1^2}{f_1^2 - f_2^2} L_{A,1}^{(n)} - \frac{f_2^2}{f_1^2 - f_2^2} L_{A,2}^{(n)} = \rho_A^{(n)} + c(\delta t_A - t_{ref}^{(n)}) + I_A^{(n)} + T_A^{(n)} + B_{A,IF} + \varepsilon_L^{(n)}$$

$$\tag{6.12}$$

式中：$L_{A,IF}^{(n)}$ 为地面站 A 的无电离层组合载波相位；$P_{A,i}^{(n)}$ 地面站 A 观测某卫星频率 i 上的码载波观测值（m）；$B_{A,IF}$ 为载波相位偏差（m）；$\varepsilon_L^{(n)}$ 为相位的测量噪声。

上述基于 PPP 的精密时间比对作为全视时间比对的特殊形式，因其高性能的时间比对效果而得到广泛关注。在该方法下，若接收机精确坐标已知，需要估计的参数包含载波相位偏差 $B_{A,IF}$、接收机本地钟差 δt_A 和对流层延迟，由于载波相位偏差 $B_{A,IF}$ 具有时不变性（无周跳发生），因此，经过数历元 GNSS 连续观测，即可获得高精度的接收机钟差 δt_A，然后基于各地面站相应的接收机钟差进行求差，即可获得站间相对钟差。

6.3 GNSS 时间比对误差源

6.3.1 与信号传播有关的误差

信号空间传播误差主要包括电离层误差、对流层误差等。

6.3.1.1 电离层误差

电离层是地球大气的电离区域，分布在距离地面 60～1000km 的大气层中，在太阳光的作用下处于部分电离或完全电离的状态，产生自由电子[9]。GNSS 导航卫星发射的导航信号是一种电磁波，其穿越电离层时，会受到电离层中自由电子的影响，在 GNSS 时间比对接收机的接收过程中，反映在伪距上会产生附加时延[8]，因此需要对电离层时延进行修正。对于单频率的 GNSS 时间比对接收机，可使用模型法对电离层误差进行修正；对于多频率的 GNSS 时间比对接收机，可使用多频组合法对电离层误差进行修正。

1）Klobuchar 电离层时延修正模型

对于单频率的 GNSS 时间比对接收机或短距离的时间比对的用户，可通过数学模型进行电离层时延的修正（图 6.2），其中 Klobuchar 模型使用频率较高[10]，其表达式如下：

$$I_z = \begin{cases} 5 \times 10^{-9} + A\cos\left(\frac{t-50400}{T}2\pi\right) & |t-50400| < \dfrac{T}{4} \\ 5 \times 10^{-9} & |t-50400| \geq \dfrac{T}{4} \end{cases} \tag{6.13}$$

式中：t 为 GNSS 时间比对接收机本地时刻；A 为电离层余弦函数的振幅，可由卫星播发的导航电文中的 α_0、α_1、α_2、α_3 计算获得：

$$A = \begin{cases} \sum_{n=0}^{3} \alpha_n |\phi_P|^n & A \geq 0 \\ 0 & A < 0 \end{cases} \tag{6.14}$$

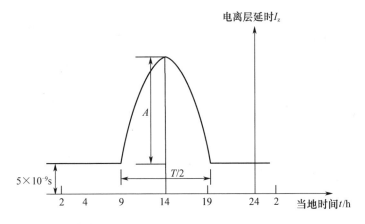

图 6.2　电离层时延修正模型

T 表示余弦函数的周期,由导航电文中的参数 β_0、β_1、β_2、β_3 确定:

$$T = \begin{cases} 172800 & T \geqslant 172800 \\ \sum_{n=0}^{3} \beta_n \mid \phi_P \mid^n & 172800 > T \geqslant 72000 \\ 72000 & T < 72000 \end{cases} \tag{6.15}$$

式中: ϕ_P 为以弧度为单位的电离层穿刺点地理纬度(图 6.3)。

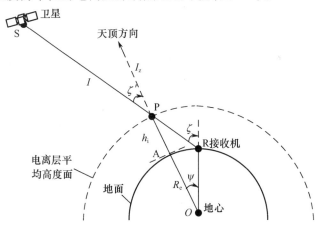

图 6.3　电离层时延的倾斜率

穿刺点地理经度可表示为

$$\phi_P = \arcsin(\sin\phi_u\cos\psi + \cos\phi_u\sin\psi\cos\xi) \tag{6.16}$$

$$\lambda_P = \lambda_u + \arcsin\left(\frac{\sin\psi\sin\xi}{\cos\phi_P}\right) \tag{6.17}$$

式中: ϕ_u 为 GNSS 时间比对接收机所在地纬度(rad); λ_u 为 GNSS 时间比对接收机所

在地经度(rad);ξ 为卫星的方位角(rad);ψ 为 GNSS 时间比对接收机所在地与电离层穿刺点的地心张角(rad),计算公式为

$$\psi = \frac{\pi}{2} - \theta - \arcsin\left(\frac{R_e}{R_e + h_i}\cos\theta\right) \tag{6.18}$$

式中:R_e 为地球半径,取 6378km;θ 为卫星高度角(rad);h_i 为单层电离层高度,取 350km。

I_z 表示由地心指向天顶方向的电离层时延,而时间比对中需要修正的 I 是从 GNSS 时间比对接收机到卫星信号传播方向上的电离层时延。I 可通过下式进行计算:

$$I = \frac{I_z}{\cos\zeta'} = FI_z \tag{6.19}$$

式中:ζ' 为卫星在点 P 处的天顶角;系数 F 为斜率,与卫星相对于 GNSS 时间比对接收机的信号传输路径有关,且有

$$F = \left(1 - \left(\frac{R_e\cos\theta}{R_e + h_i}\right)^2\right)^{-\frac{1}{2}} \tag{6.20}$$

式中:R_e 为地球平均半径,取 6368km;h_i 为单层电离层高度,取 350km。

可近似表示为

$$F = 1 + 16 \times \left(0.53 - \frac{\theta}{\pi}\right)^3 \tag{6.21}$$

式中:θ 为卫星 S 相对 GNSS 时间比对接收机位置 R 点处的仰角(rad),且 $\theta = \frac{\pi}{2} - \zeta$。

通过式(6.13)与式(6.20)计算得到天顶方向电离层时延 I_z 和斜率 F,再根据式(6.19)计算得到卫星至 GNSS 时间比对接收机信号传播路径的实际电离层时延 I,至此,可通过模型法计算出电离层时延,从而将电离层时延作为已知量带入钟差计算方程中即可。

2)多频电离层时延修正模型

多频电离层时延修正一般条件下可使用双频数据修正,双频电离层法可修正绝大部分电离层时延,双频电离层法利用 GNSS 时间比对接收机的双频伪距观测信息,通过组合进行修正[11-12]。

$\rho_{f_1}^{(s)}$ 表示 GNSS 时间比对接收机接收到的卫星 S 发射的载波频率为 f_1 的伪距信息,$\rho_{f_2}^{(s)}$ 表示 GNSS 时间比对接收机接收到的卫星 S 发射的载波频率为 f_2 的伪距信息,则伪距的方程可表示为

$$\rho_{f_1}^{(s)} = r + \delta t_u - \delta t^{(s)} + I_1 + T + \varepsilon_{\rho_1} \tag{6.22}$$

$$\rho_{f_2}^{(s)} = r + \delta t_u - \delta t^{(s)} + I_2 + T + \varepsilon_{\rho_2} \tag{6.23}$$

式(6.22)和式(6.23)中:对于两个不同频率的 GNSS 卫星信号的电离层时延 I_1 和 I_2 的值不等;由于对流层属于非弥散性介质,因此两式中的对流层时延 T 相等;几何距离 r、接收机钟差 δt_u 与卫星钟差 $\delta t^{(s)}$ 也同样相等。假设在不考虑伪距测量噪声的条件下,两式中只有不同频率的电离层时延不同,其他项均可以做差来进行消除。

电离层时延与 GNSS 卫星信号的载波频率之间函数关系如下:

$$\begin{cases} I_1 = 40.28\dfrac{N_e}{f_1^2} \\ I_2 = 40.28\dfrac{N_e}{f_2^2} \end{cases} \tag{6.24}$$

式中:N_e 为信号传播路径上横截面积为 $1m^2$ 的管状通道内所包含的电子总含量(TEC);f_1 为与伪距 $\rho_{f_1}^{(s)}$ 相对应的载波频率,f_2 为与伪距 $\rho_{f_2}^{(s)}$ 相对应的载波频率。由上述可得两个电离层时延 I_1 和 I_2 之间具有如下数值关系:

$$\frac{I_2}{I_1} = \frac{f_1^2}{f_2^2} = \frac{\lambda_2^2}{\lambda_1^2} = \gamma_{12} \tag{6.25}$$

式中:λ_1 为与载波频率 f_1 相对应的波长;λ_2 为与载波频率 f_2 相对应的波长;γ_{12} 为系数,有

$$\gamma_{12} = \left(\frac{f_1}{f_2}\right)^2 \tag{6.26}$$

将伪距方程做差,再将式(6.19)代入并进行整理,可得电离层时延 I_1 和 I_2 为

$$\begin{cases} I_1 = \dfrac{f_2^2}{f_1^2 - f_2^2}(\rho_{f_2}^{(s)} - \rho_{f_1}^{(s)}) = \dfrac{1}{1-\gamma_{12}}(\rho_{f_2}^{(s)} - \rho_{f_1}^{(s)}) \\ I_2 = \dfrac{\gamma_{12}}{1-\gamma_{12}}(\rho_{f_2}^{(s)} - \rho_{f_1}^{(s)}) \end{cases} \tag{6.27}$$

3) 格网电离层时延修正模型

若能够获得电离层格网信息则可以通过电离层格网法进行电离层时延修正。

电离层格网法是将电离层人为地描述为地球表面上空约 350km 的球面格网,在此球面格网上划分为矩形或其他形状的网格,依据电离层的空间相关性,在 55°N 与 55°S 之间,网格为 5°×5°,高纬度地区的网格为 10°×10° 或 15°×15°[12-13]。GNSS 利用地面站数据计算出当前可见星的电离层时延,同时计算出信号传播路径与格网球面的穿刺点的经纬度,并将这些数据实时传输至导航系统的主控站,主控站综合各站上报的数据计算得到垂直电离层时延及误差,然后上注至卫星进行播发,或通过网络定期发布,在用户端可通过接收到的格网信息,按照一定算法计算本地的电离层时延。

（1）格网点垂直电离层时延计算。

导航系统的地面站计算当前可视范围的电离层穿刺点（IPP），穿刺点离散分布在电离层格网球面上，地面站通过数据处理，能够获得穿刺点的垂直时延值，对于格网球面上待求的格网点，可根据周边一定范围内的已知穿刺点，计算获得相应的垂直电离层时延，计算方法如下：

$$
D_{\text{IGPV}}^{j} = \begin{cases} \dfrac{\displaystyle\sum_{i=1}^{n} \left(\dfrac{I_{\text{nominal},j}}{I_{\text{nominal},i}} \right) D_{\text{IPPV}}^{i} \dfrac{1}{d_{ij}}}{\displaystyle\sum_{i=1}^{n} \dfrac{1}{d_{ji}}} & d_{ij} \neq 0 \\[4mm] D_{\text{IPPV}}^{i} & d_{ij} = 0 \end{cases} \tag{6.28}
$$

式中：$I_{\text{nominal},j}$ 为格网点 j 的垂直电离层时延；$I_{\text{nominal},i}$ 为穿刺点 i 的垂直电离层时延；n 为参与计算的穿刺点总数；D_{IPPV}^{i} 为地面站计算得到的第 i 个穿刺点处的垂直电离层时延值；d_{ij} 表示穿刺点 i 与格网点 j 之间的大圆距离。

由于穿刺点垂直电离层时延是分散的，因此需要将穿刺点测量值转换为格网点位置对应的数值，使得整个格网模型是连续的，即

$$
T_{\text{iono}} = DC + A\cos\left[\frac{2\pi(t - T_{\text{p}})}{P} \right] \tag{6.29}
$$

式中：T_{iono} 为垂直方向电离层时延；t 为本地时间；DC 为夜间的垂直电离层时延常数，取 5ns；A 为余弦函数的幅度；P 为余弦函数的周期；T_{p} 为余弦函数最大值的本地时间，取为 50400s（本地时间 14：00），即假设任意位置天顶方向的垂直电子总量（VTEC）的极值在 14 点整。

（2）用户穿刺点垂直电离层时延计算。

根据用户电离层穿刺点的经、纬度，即可确定所在格网及一定范围内的格网信息，利用一定范围内已知的格网信息进行内插，即可获得用户穿刺点的垂直电离层时延，有

$$
\tau_{\text{vpp}}(\phi_{\text{pp}}, \lambda_{\text{pp}}) = \sum_{i=1}^{k} \omega_i(x_{\text{pp}}, y_{\text{pp}}) \tau_{\text{vi}} \tag{6.30}
$$

式中：ϕ_{pp} 为穿刺点的纬度；λ_{pp} 为穿刺点的经度；τ_{vpp} 为穿刺点处电离层垂直时延；τ_{vi} 为已知的格网点处电离层垂直时延；k 为用于内插的格网点个数，通常选取 4 个格网点，不满足时可选取 3 个格网点，当不足 3 个格网时则认为不满足电离层格网法条件。4 个格网点时如图 6.4 所示，加权函数 $\omega_1 = x_{\text{pp}} y_{\text{p}} \text{p}$，$\omega_2 = (1 - x_{\text{pp}}) y_{\text{pp}}$，$\omega_3 = (1 - x_{\text{pp}})(1 - y_{\text{pp}})$，$\omega_4 = x_{\text{pp}}(1 - y_{\text{pp}})$；3 个格网点时如图 6.5 所示，加权函数 $\omega_1 = y_{\text{pp}}$，$\omega_2 = 1 - x_{\text{pp}} - y_{\text{pp}}$，$\omega_3 = x_{\text{pp}}$。

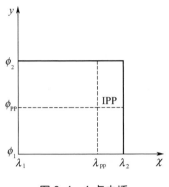

图 6.4　4 点内插

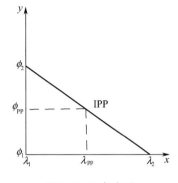

图 6.5　3 点内插

x_{pp}、y_{pp} 分别为内插点的相对经度和相对纬度，且

$$x_{pp} = \frac{\lambda_{pp} - \lambda_1}{\lambda_2 - \lambda_1}, \quad y_{pp} = \frac{\phi_{pp} - \phi_1}{\phi_2 - \phi_1}$$

式中：ϕ_1、ϕ_2 和 λ_1、λ_2 分别是格网点的纬度与经度。

对于大于 N85° 或 S85° 的穿刺点纬度：

$$x_{pp} = \frac{\lambda_{pp} - \lambda_1}{90°}(1 - 2y_{pp}) + y_{pp}, \quad y_{pp} = \frac{|\phi_{pp}| - 85°}{10°}$$

式中：ϕ_{pp}、λ_{pp} 分别为穿刺点的纬度和经度。

（3）格网点电离层垂直延迟改正数误差（GIVE）及用户电离层垂直误差（UIVE）估计。

GIVE 是格网点垂直方向电离层时延允许的最大误差限值，在有效的更新周期内，使用统计的方法计算地面站的穿刺点垂直方向电离层时延最大误差限度，通过这些值来确定 GIVE 值，具体计算如下：

对于任意位置用户穿刺点，用内插法计算垂直方向电离层时延值 $\hat{I}_{IPP}(t)$；

将地面站穿刺点垂直方向电离层时延观测值 $I_{IPP}(t)$ 与计算值 $\hat{I}_{IPP}(t)$ 做差，即

$$e_{IPP}(t) = I_{IPP}(t) - \hat{I}_{IPP}(t) \tag{6.31}$$

在一个有效更新周期内（一般为 5min），统计 $e_{IPP}(t)$ 的误差限值，即

$$E_{IPP} = |\bar{e}_{IPP}| + \kappa(P_r)\sigma_e \tag{6.32}$$

式中：$|\bar{e}_{IPP}| = \dfrac{1}{n}\sum\limits_{k=1}^{n} e_{IPP}(t_k)$；$\sigma_e = \sqrt{\dfrac{1}{n-1}\sum\limits_{k=1}^{n}(e_{IPP}(t_k) - \bar{e}_{IPP})^2}$；$\kappa(P_r)$ 为 99.9% 的置信分位数，当样本空间 $n = 30$ 时，取值 5.43，当 $n = 5$ 时，取值 23.54。

通过地面站穿刺点的残差 $e_{IPP}(t)$，估计格网点的电离层时延的绝对误差：

$$\hat{e}_{IGP} = \sum_{i=1}^{n}\left(\frac{1/d_{ji}}{\sum\limits_{i=1}^{n} 1/d_{ji}}\right)|e_{IPP}| \tag{6.33}$$

若第 j 个格网点一定范围内的 4 个格网中至少有 3 个含有至少 1 个垂直误差序列,则该格网点 GIVE 值可表示为

$$\text{GIVE}_j = \text{Max}\{E_{\text{IPP}}, i\} + e_{\text{IGP}} + \frac{q_u}{2} \tag{6.34}$$

式中:$\text{Max}\{E_{\text{IPP}}, i\}$ 为所有穿刺点最大的误差限值;q_u 为该格网点的量化误差($q_u = 0.0625\text{m}$)。

UIVE 是用户穿刺点垂直方向电离层时延误差限值,计算方法采用内插法,即

$$\text{UIVE}(\phi_{\text{pp}}, \lambda_{\text{pp}}) = \sum_{i=1}^{k} \omega_i(\phi_{\text{IGP},i}, \lambda_{\text{IGP},i})\text{GIVE}_i \tag{6.35}$$

式中:ϕ_{pp}、λ_{pp} 分别为用户穿刺点的纬度和经度;$\phi_{\text{IGP},i}$、$\lambda_{\text{IGP},i}$ 为格网点的穿刺点的纬度和经度。

6.3.1.2 对流层误差

对流层在大气层中 0～50km 的近地面区域,对流层在大气层中的密度最高,质量占大气层总量的 99% 左右,主要由氧气、氮气、水蒸气等组成,上述 3 种气体对 GNSS 导航信号传输有较大影响,通常使用以下几类模型进行时延修正[14-15]。

1）Hopfield 经典模型

GNSS 导航信号在对流层中传播的示意图如图 6.6 所示,其中 S 表示卫星位置,C 表示 GNSS 时间比对接收机位置,O 表示地心,AC 之间表示对流层中的干分量,H_d 表示高度,BC 之间表示对流层中的湿分量,H_w 表示高度,GNSS 导航信号在 AB 间传输时只受对流层干分量影响,GNSS 导航信号在 BC 间传输时会受干分量及湿分量的共同影响[14]。

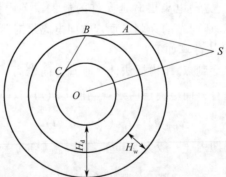

图 6.6 GNSS 导航信号对流层传播示意图

在下述对流层的公式中,将对流层的折射率 n 用折射数 N 替代,n 与 N 的关系为

$$N = (n-1) \times 10^6 \tag{6.36}$$

对流层的折射数可分为两部分,一部分为干分量折射数(氧气和氮气等),另一部分为湿分量折射数(水蒸气)。干分量与湿分量折射数的经验公式如下[13]：

$$N_d = 77.64\frac{p}{T_k} \tag{6.37}$$

$$N_w = 3.73 \times 10^5 \frac{e_0}{T_k^2} \qquad (6.38)$$

式中：p 为总大气压；T_k 为热力学温度；e_0 为水汽分压。上述 3 个参数的取值与 GNSS 时间比对接收机位置距地面的高度有关。

Hopfield 模型将对流层时延分为干分量时延与湿分量时延两种。

H 表示地面至天顶方向上的信号传播路径，则对流层时延 T_z 可表示为

$$T_z = c \int_H \left(\frac{1}{c/n} - \frac{1}{c} \right) dh = 10^{-6} \int_H (N_d + N_w) dh = T_{zd} + T_{zw} \qquad (6.39)$$

式中：T_{zd} 为天顶方向上的对流层时延的干分量；T_{zw} 为天顶方向上的对流层时延的湿分量。T_{zd}、T_{zw} 可表示为

$$T_{zd} = 10^{-6} \int_0^{H_d} N_d dh$$
$$T_{zw} = 10^{-6} \int_0^{H_w} N_w dh \qquad (6.40)$$

式（6.40）中，假设高度 H_d 以上的干分量折射数 N_d 为零，高度在 H_w 以上的湿分量折射数 N_w 为零，其中 H_d 取值为 43km，H_w 取值为 11km。

对流层时延干分量在高度 h 不超过 H_d 时干分量的折射数 H_d 取值按照下式进行估算：

$$N_d = N_{d0} \left(\frac{H_d - h}{H_d} \right)^4 \qquad (6.41)$$

式中：N_{d0} 为地面干分量折射数。

综上，对流层时延的干分量 T_{zd} 取值估算公式为

$$T_{zd} = 1.552 \times 10^{-5} \frac{p_0}{T_{k0}} H_d \qquad (6.42)$$

式中：p_0 为地面高度为零处的总大气压；T_{k0} 为地面高度为零处的热力学温度。

Hopfield 利用全球高空气象探测资料进行分析，之后总结出了以下经验公式：

$$H_d = 40136 + 148.72 \times (T_k - 273.16) \qquad (6.43)$$

式中：T_k 为热力学温度（K）。天顶方向对流层时延的干分量 T_{zd} 约为 2.3m，约占天顶方向总对流层时延的 90%。

对于对流层时延的湿分量，由于大气湿度因地域的不同而不同，建立统一的有效的湿分量计算模型相对比较复杂，然而，天顶方向的对流层时延湿分量一般较小，Hopfield 建立了天顶方向对流层时延湿分量 T_{zw} 的估算公式：

$$T_{zw} = 0.0746 \frac{e_{00}}{T_{k0}^2} H_w \qquad (6.44)$$

式中：$e_{00} = 11.691\mathrm{mbar}(1\mathrm{bar} = 0.1\mathrm{MPa})$ 为地面零高度处的水汽分压。

在估算出天顶方向上对流层时延干分量 T_{zd} 和天顶方向对流程时延湿分量 T_{zw} 后，为获得信号传输路径上的对流程时延 T，还需要分别对天顶方向干分量与天顶方向湿分量乘以相应的倾斜因子，即

$$T = T_{zd}F_d + T_{zw}F_w \tag{6.45}$$

干分量的倾斜因子 F_d 的估算模型为

$$F_d = \frac{1}{\sin\sqrt{\theta^2 + \left(\frac{2.5\pi}{180}\right)^2}} \tag{6.46}$$

湿分量的倾斜因子 F_w 的估算模型为

$$F_w = \frac{1}{\sin\sqrt{\theta^2 + \left(\frac{1.5\pi}{180}\right)^2}} \tag{6.47}$$

式中：θ 为卫星与 GNSS 时间比对接收机之间的仰角（rad）。

2）Hopfield 改进模型

Hopfield 改进模型计算公式如下：

$$\delta = \delta_d + \delta_w \tag{6.48}$$

$$\delta_i = 10^{-6}N_i\sum_{k=1}^{9}\frac{f_{k,i}}{k}r_i^k \quad i = \mathrm{d,w} \tag{6.49}$$

其中各变量按照干分量、湿分量分别进行定义：

$$r_i = \sqrt{(R_e + h_i)^2 - R_e^2\sin^2 z} - R_e\cos z \tag{6.50}$$

$$f_{1,i} = 1, f_{2,i} = 4a_i, f_{3,i} = 6a_i^2 + 4b_i, f_{4,i} = 4a_i(a_i^2 + 3b_i), f_{5,i} = a_i^4 + 12a_i^2b_i + 6b_i^2 \tag{6.51}$$

$$f_{6,i} = 4a_ib_i(a_i^2 + 3b_i), f_{7,i} = b_i^2(6a_i^2 + 4b_i), f_{8,i} = 4a_ib_i^3, f_{9,i} = b_i^4 \tag{6.52}$$

变量 a_i、b_i 定义为

$$a_i = -\frac{\cos z}{h_i}, \quad b_i = -\frac{\sin^2 z}{2h_iR_e} \tag{6.53}$$

H_d、H_w 定义同 Hopfield 经典模型，有

$$N_d = \frac{77.64P}{T}, \quad N_w = -\frac{12.96e}{T} + \frac{371800e}{T^2}, \quad R_e = 6378137\mathrm{m} \tag{6.54}$$

3）Saastamoinen 经典模型

Saastamoinen 模型将对流层分为了两层：第一层是地面至高度 12km 左右的对流层顶，其大气温度随高程的变化递减；第二层是对流层顶至 50km 左右的平流层顶，

其大气温度为常数[15]。

对流层时延干分量和对流层时延湿分量的天顶方向时延表示为

$$\delta^z = \delta^z_d + \delta^z_w \qquad (6.55)$$

$$\delta^z_d = 10^{-6} \frac{k_1 R_d}{g_m} p_s = 0.002277 \times p \qquad (6.56)$$

$$\delta^z_w = 0.002277 \left(\frac{1255}{T} + 0.05 \right) e_w \qquad (6.57)$$

式中:e_w 为水汽压;p 为大气压。当引入地面站位置和高程作为参数时,可得

$$\delta^z = \frac{0.002277}{f(B,H)} \left[p + \left(\frac{1255}{T} + 0.05 \right) e_w \right] \qquad (6.58)$$

$$f(B,H) = 1 - 0.00266 \times \cos 2B - 0.00028 \times H \qquad (6.59)$$

式中:B 为观测站纬度;H 为观测站高程。

4) Saastamoinen 改进模型

Bauersima 在 1983 年给出了 Saastamoinen 改进模型:

$$\delta = \frac{0.0027}{\cos z} \left[p + \left(\frac{1255}{T} + 0.05 \right) e_w - B\tan^2 z \right] + \delta R \qquad (6.60)$$

$$B = \frac{R}{rg} \left[\frac{p_0 T_0 - \left(\frac{R\beta}{g} \right) p^0 T^0}{1 - \frac{R\beta}{g}} \right] \qquad (6.61)$$

式中:R 为气体常数;r 为地球半径;p^0 为离地面 12km 左右的对流层顶的气压;T^0 为离地面 12km 左右的对流层顶的温度;β 为温度垂直梯度;z 为卫星天顶距;T 为 GNSS 时间比对接收机所处地面站温度(K);p 为大气压(mbar);e_w 为水汽压(mbar),且有

$$e_w = RH \times \exp(= 37.2465 + 0.213166T - 0.000256908T^2) \qquad (6.62)$$

公式中的参数均可由标准大气参数中获得,气压、温度、相对湿度与高程的关系由下面公式获得:

$$p = p_0 [1 - 0.000226(H - H_0)]^{5.225} \qquad (6.63)$$

$$T = T_0 - 0.0065(H - H_0) \qquad (6.64)$$

$$RH = RH_0 \times \exp[-0.0006396(H - H_0)] \qquad (6.65)$$

式中:$H_0 = 0m$;p_0、T_0、RH_0 是标准气压、温度和相对湿度的默认值,且

$$p_0 = 1013.25 mbar, \quad RH_0 = 50\%, \quad T_0 = 18℃ \qquad (6.66)$$

5) Saastamoinen 映射函数模型

在使用计算模型获得天顶方向对流层时延后,还需要构建映射函数,从而计算得

到信号在传输路径上的对流层时延,可用下述公式进行表示[15]:

$$\delta = \delta^z MF(E) \tag{6.67}$$

使用干分量和湿分量两个部分进行考虑,可以将式(6.67)改写为

$$\delta = \delta_d^z \cdot MF_d(E) + \delta_w^z \cdot MF_w(E) \tag{6.68}$$

式(6.67)和式(6.68)中:δ 为信号传输路径上的总对流层时延;δ^z 为天顶时延;δ_d^z 为天顶方向时延的干分量;δ_w^z 为天顶方向时延的湿分量,而 $MF(E)$、$MF_d(E)$ 和 $MF_w(E)$ 分别为总映射函数、干映射函数和湿映射函数。信号传输路径时延与天顶时延之间的角度关系为

$$\delta = \delta_d^z \cdot secz \tag{6.69}$$

Saastamoinen 映射函数通过对式(6.69)中的三角函数 $secz$ 采用泰勒级数展开的方式得到,即

$$secz = secz_0 + secz_0 tanz_0 \Delta z \tag{6.70}$$

根据任意方向斜时延的计算公式,可以得到

$$\delta^S = 10^{-6} \int N_0(r) secz dr = 10^{-6} \int N_0(r) \cdot (secz_0 + secz_0 tanz_0 \Delta z) dr \tag{6.71}$$

Saastamoinen 模型将对流层分为两层,因此将天顶方向的折射数代入式(6.71)中并进行相应简化,可获得对流层时延在信号传播方向的计算模型:

$$\delta^S = 0.002277 secz_0 \left[p_0 + \left(\frac{1225}{T_0} + 0.05 \right) e_0 - B(r) \tan^2 z_0 \right] \tag{6.72}$$

式中:z_0 为卫星的天顶距;$B(r)$ 为地面站纬度。

6.3.2 与卫星有关的误差

卫星相关的误差主要包括卫星星钟误差、卫星轨道误差、相对论效应误差和地球自转效应误差等[16-18]。

1)卫星星钟误差

卫星星钟误差指卫星搭载的原子钟存在的频偏或频漂。卫星星钟误差可通过卫星播发的电文进行修正,具体计算公式如下:

$$\Delta t = a_0 + a_1(t - t_{oe}) + a_2(t - t_{oe})^2$$

式中:t_{oe} 为星历的参考时刻;a_0 为卫星原子钟钟差;a_1 为卫星原子钟钟速;a_2 为卫星原子钟钟速变化率。

2)卫星轨道误差

卫星轨道误差是由于卫星受各类摄动力的作用而引起的,是导航、定位、授时的一项重要误差。

卫星在轨道空间受到的摄动力无法精确测定,因而卫星的轨道误差估计相对

困难。

根据不同的精度要求,可选取以下 3 种方法的一种进行卫星轨道误差处理。

(1)忽略卫星轨道误差。

(2)进行卫星轨道修正,使用星历中计算得到的卫星坐标作为轨道的近似值,通过引入卫星轨道偏差修正参数进行数据处理,并将修正参数作为常数初值,将其作为待估计量同其他未知参数共同求解[18]。

(3)站间求差,利用位于异地的不同地面站同时观测相同的卫星,将观测结果做差,卫星轨道误差作为公共误差大部分被抵消。

3)相对论效应误差

相对论效应指由于卫星与地面站所处的空间状态不同,从而引起的卫星钟与地面站钟产生相对钟差的现象。相对论效应受卫星的运动速度及卫星位置影响,以卫星星钟总差的形式表现[1]。由于相对论效应的存在,卫星星载钟的频率相对在地面时钟频率会发生变化,假设卫星在空间进行圆周运动,为消除相对论的影响,需在卫星发射前将星载原子钟频率进行校准,但由于实际的卫星运动轨道并非圆,而是椭圆,所以星载原子钟虽在地面上经过校准,实际运行过程中仍会产生部分残差,可通过式(6.73)来修正[17-18]:

$$\Delta t_r = F \times e \times \sqrt{a} \times \sin E_k \tag{6.73}$$

式中:e 为卫星轨道偏心率;a 为卫星轨道长半轴;E_k 为卫星轨道偏近点角(e,a,E_k 均可由卫星星历获得);F 可通过下式得到,即

$$F = -\frac{2\sqrt{\mu}}{c^2} \tag{6.74}$$

式中:$\mu = 3.986004418 \times 10^{14} \mathrm{m}^3/\mathrm{s}^2$;$c = 2.99792458 \times 10^8 \mathrm{m/s}$。

4)地球自转效应误差

地球自转效应原理如图6.7所示,地球自转示意图如图6.8所示,(X,Y,Z) 表示卫星信号发射时刻的地心地固坐标系,(X',Y',Z') 表示 GNSS 时间比对接收机接收时刻的地心地固坐标系,θ 表示卫星发射信号到 GNSS 时间比对接收机接收信号过程中地球自转产生的角度。

在使用卫星星历进行卫星轨道位置的计算时,其计算的是卫星信号发射时刻 t 对应的卫星地心地固坐标系位置,在进行钟差解算时,需要计算卫星信号发射时刻 t 的卫星位置至接收机接收时刻 $t+\tau$ 的接收机位置间的几何距离,由于地球自转效应的存在,地心地固坐标系在时间 τ 内也进行了相应的旋转,因此需要将卫星信号发射时刻地心地固坐标系下的卫星位置进行地球自转修正,修正为信号接收时刻地心地固坐标系下的位置坐标[18]。

卫星导航信号在空间的传输时间很短,如 GPS 卫星的信号传输时间平均约78ms,则在此时间段内,地球自转的角度 θ 可表示为

$$\theta = \dot{\Omega}_e \tau \tag{6.75}$$

式中：地球的自转角速度$\dot{\Omega}_e$为已知值，对于 GPS 及 Galileo 系统，有

$$\dot{\Omega}_e = 7.2921151467 \times 10^{-5} \text{rad/s} \tag{6.76}$$

对于 GLONASS 和 BDS：

$$\dot{\Omega}_e = 7.292115 \times 10^{-5} \text{rad/s} \tag{6.77}$$

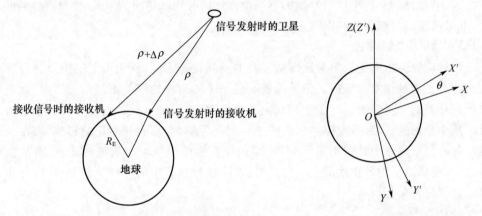

图 6.7 地球自转效应原理　　　　图 6.8 地球自转示意图

假设卫星 n 在信号发射时刻 t 的位置坐标表示为(x_k, y_k, z_k)，在信号的传输过程中，地球始终在做自转运动，即地心地固坐标系也一直在旋转，在信号传输时间 τ 内，地球转过了角度 θ，则在 $t + \tau$ 时刻卫星在地心地固坐标系下的位置坐标$(x^{(n)}, y^{(n)}, z^{(n)})$可通过下式进行坐标变换得到：

$$\begin{bmatrix} x^{(n)} \\ y^{(n)} \\ z^{(n)} \end{bmatrix} = \begin{bmatrix} \cos\theta & \sin\theta & 0 \\ -\sin\theta & \cos\theta & 0 \\ 0 & 0 & 1 \end{bmatrix} \begin{bmatrix} x_k \\ y_k \\ z_k \end{bmatrix} \tag{6.78}$$

由式(6.78)可见，为求地球自转角度 θ，就需要计算出传播时间 τ。假设在 $t + \tau$ 时刻的接收机位置坐标为(x, y, z)，那么接收机至卫星的空间几何距离 $r^{(n)}$ 表示为

$$r^{(n)} = \sqrt{(x_k - x)^2 + (y_k - y)^2 + (z_k - z)^2} \tag{6.79}$$

则

$$\tau = \frac{r^{(n)}}{c} \tag{6.80}$$

式中：c 为真空中光速。根据式(6.80)可得卫星在 t 时刻的位置坐标和在 $t + \tau$ 时刻的地心地固坐标系中的位置坐标$(x^{(n)}, y^{(n)}, z^{(n)})$、$(x^{(n)}, y^{(n)}, z^{(n)})$即可用于定位、授时计算。

6.3.3 与接收机有关的误差

与地面站接收机硬件相关的误差主要包括伪距观测误差、接收机时延误差、天线相位中心误差等[18-20]。

1) 观测误差

观测误差主要指接收机对卫星信号的测量误差,不能对其进行消除,只能通过合理设计捕获跟踪参数来降低影响。

2) 接收机时延误差

用户位置的解算及授时均需要伪距信息作为基础,伪距的获得是接收机利用相关器对内部产生的本地伪码序列与卫星发射的伪码序列做相关运算,尽管接收机在内部相关的过程中会产生一定的偏差,但是对于码型、调制方式、带宽等均相同,不同接收通道产生的偏差也应相同[19]。在定位过程中,此部分偏差不会影响定位结果,但在授时过程中,此部分偏差会以固定偏差的形式存在,即接收机时延,该误差是时间比对中的重要误差项,接收机时延可通过校准的方式进行扣除。常用的校准方法有两种[20]:一种是相对校准,标准接收机与待校准接收机同源零基线校准;另一种是绝对校准,使用导航信号模拟器进行校准。标准方法将在 6.6 节中进行详细介绍。

3) 天线相位中心误差

接收机伪距测量以接收天线的相位中心为基准,该相位中心随信号强度及方位的变化而变化,天线相位中心可在微波暗室中进行精确标定。在时间比对中,选用相同类型相同型号的天线,在不同地面站观测相同卫星时,通过做差可很大程度上减弱由相位中心位置变化带来的误差[16]。进行时间比对可选用扼流圈天线,扼流圈天线在具有良好的抗多径性能同时,具有稳定的相位中心,其稳定性一般优于 2mm,在时间比对过程中不是主要误差成分。

6.4 GNSS 卫星共视数据处理

6.4.1 数据处理概述

GNSS 共视数据处理的流程主要包括过数据预处理(粗差剔除、数据有效性检验)、卫星位置计算、电离层误差修正、对流层误差修正等各项时延修正,参数估计等,通过参数解算得到单个观测站与共视卫星之间的时差,同时生成标准共视文件,然后将参与共视的测站与共视卫星之间在同一时刻的时差相减,最后多颗共视卫星的共视结果等权平均求得共视结果,把共视结果标准化处理,得到标准化的共视结果[18]。具体处理流程如图 6.9 所示。

GNSS 卫星共视有标准的处理方法,时间比对接收机接收 GNSS 导航信号,对其进行信号解调及数据处理,然后直接输出共视文件比对标准 CGGTTS(CCTF 定义的

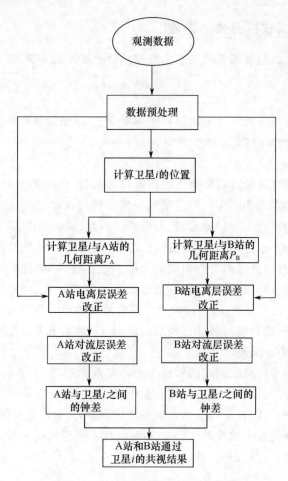

图 6.9　GNSS 共视数据处理的流程图

CNSS 时间传输标准)。共视文件数据处理过程为:跟踪当前可见卫星信号 16min,其中前 2min 用于信号稳定,后 1min 用于数据处理,有效跟踪时长为 13min,共采集 780s 伪距观测值,并进行本地与当前可见卫星的钟差计算;将 780s 钟差结果分为 52 组,每组 15 个钟差结果,对 52 组钟差结果分别进行曲线拟合,选取中点值,再将这 52 个中点值进行线性拟合取中点值及中点处的斜率,从而得到一次共视时刻的钟差,通过交换共视文件即可获得共视时间比对结果。

6.4.2　数据预处理

数据的预处理旨在增加观测数据的有效性、可用性,减少共视数据处理开始后数据值异常导致的钟差跳变而影响共视时间比对精度,常用的方法为 3σ 法。

在实际的时间比对接收机信号测量中,由于偶然误差的存在,使得测量结果有一定的离散性,某些条件下有些数据的离散性很大,超出了正常范围,这些离散性很大的数据称为野值,这些野值如果不进行处理,会直接影响测量精度[21]。

3σ 原理如下:选取数据样本,得到样本的均值和方差,然后以 3 倍标准差为控制线,检查后续样本的分布及趋势来估计总体的质量水平。样本点在控制线以内的概率为 99.73%;样本点在控制线以外就属于小概率事件,即为异常点,需进行异常处理[18]。

样本 $x_i(i=0,1,\cdots,N-1)$ 使用 3σ 原理进行异常点检测的步骤如下:

(1) 计算样本均值 $\bar{x}$:

$$\bar{x} = \frac{1}{N}\sum_{i=0}^{N-1} x_i \tag{6.81}$$

(2) 计算样本方差 σ^2:

$$\sigma^2 = \frac{1}{N-1}\sum_{i=0}^{N-1}(x_i - \bar{x})^2 \tag{6.82}$$

(3) 判断样本点是否在 3σ 控制线内:若 $|x(i)-\bar{x}| \leqslant 3\sigma$,则为正常点;若 $|x(i)-\bar{x}| > 3\sigma$,则为异常点,需进行异常处理。

6.4.3　载波相位平滑伪距

伪距观测值测量精度不高,且易受多径信号影响,误差在米级,相比之下,载波相位的随机误差在毫米级,载波相位测量受多径信号的影响较小,但是存在整周模糊度的解算问题,特别是长距离中做双差后残留误差很多,更难确定正确的模糊度,因此可以利用载波相位观测值平滑伪距,达到提高伪距精度的目的。消电离层的双频平滑伪距法函数模型如下[15]:

$$\begin{cases} P_c = (P_1 - g^2 P_2)/(1-g^2) \\ \varphi_c = \varphi_1/(1-g^2) - \varphi_2/(1-g^2) \end{cases} \tag{6.83}$$

式中:$g = f_2/f_1$ 为 L1、L2 载波频率比值;P_c、φ_c 分别为各个卫星消除电离层影响后的伪距和相位观测值。相应的伪距和相位观测值方程为

$$\begin{cases} \lambda_c(\varphi_c + n_c) = \rho + \Delta D_{\varphi_c} + \Delta\varepsilon_{\varphi_c} \\ P_c = \rho + \Delta D_{P_c} + \Delta\varepsilon_{P_c} \end{cases} \tag{6.84}$$

式中:λ_c、n_c 分别为无电离层组合相位观测值的波长和模糊度参数。对模糊度取前 i 个历元的平均值:

$$\lambda_c n_c = \sum_{j=1}^{i}(P_{cj} - \lambda_c\varphi_{cj})/i \tag{6.85}$$

则经过平滑后的伪距值为

$$\overline{P}_{ci} = \lambda_c\varphi_{ci} + \langle\lambda_c n_c\rangle_i \tag{6.86}$$

$$\langle\lambda_c n_c\rangle_i = \langle\lambda_c n_c\rangle_{i-1}(i-1)/i + (P_{ci} - \lambda_c\varphi_{ci})/i \tag{6.87}$$

6.4.4 卫星空间位置计算

6.4.4.1 北斗卫星位置计算

北斗系统星座由 MEO、IGSO、GEO 这 3 种类型卫星共同构成,其中 MEO、IGSO 两种卫星均围绕地球相对运动,卫星位置坐标计算方法相同,GEO 卫星为地球静止轨道卫星,与地球位置相对不变,卫星的轨道倾角接近 0°,不同轨道参数间存在较强的相关性,卫星位置坐标计算方法与另外两种卫星不同[21]。

1) 卫星运动平均角速度 n

根据开普勒第三定律,首先使用卫星播发的导航星历中的轨道参数 $\sqrt{a_s}$ 计算星历参考时刻 t_{oe} 时的平均速度 n_0:

$$n_0 = \sqrt{\frac{GM}{a_s^3}} \tag{6.88}$$

式中:GM 为地心引力常数,表示万有引力常数 G 与地球总质量 M 的乘积,且 $GM = 3.98600418 \times 10^{14} \, \mathrm{m^3/s^2}$。

然后使用卫星播发星历中的摄动参数 Δn,计算观测时刻卫星的平均角速度 n:

$$n = n_0 + \Delta n \tag{6.89}$$

2) 归一化时间 t_k

$$t_k = t - t_{oe} \tag{6.90}$$

式中:t 为卫星信号发射时刻;t_{oe} 为卫星星历参考时刻。

3) 卫星平近点角 M

根据卫星播发的星历参考时刻 t_{oe} 的平近点角 M_0,可以得到观测时刻卫星的平近点角 M:

$$M = M_0 + n(t - t_{oe}) \tag{6.91}$$

4) 偏近点角 E_k

$$E_k = M + e\sin E_k \tag{6.92}$$

式中:e 为卫星轨道的偏心率,可由卫星播发的星历获得。式(6.92)中可令 $E_k = M$ 作为初值,再将此值代入进行迭代计算,一般迭代 3~5 次即可很快收敛得到 E_k。

5) 真近点角 f

$$\cos f = (\cos E_k - e)/(1 - e\cos E_k) \tag{6.93}$$

$$\sin f = \sqrt{1 - e^2}\sin E_k/(1 - e\cos E_k) \tag{6.94}$$

$$f = \arctan\left(\sqrt{1 - e^2}\sin E_k/(\cos E_k - e)\right) \tag{6.95}$$

6) 升交距角 Φ_k

$$\Phi_k = f + \omega \tag{6.96}$$

式中: ω 为卫星星历播发的近地点角距。

7）摄动改正项 δu、δr、δi

使用卫星星历播发的 6 个卫星摄动参数 C_{uc}、C_{us}、C_{rc}、C_{rs}、C_{ic}、C_{is} 按照下式计算可获得改正项 δu_k、δr_k、δi_k。

$$\begin{cases} \delta u_k = C_{uc}\cos(2\phi_k) + C_{us}\sin(2\phi_k) \\ \delta r_k = C_{rc}\cos(2\phi_k) + C_{rs}\sin(2\phi_k) \\ \delta i_k = C_{ic}\cos(2\phi_k) + C_{is}\sin(2\phi_k) \end{cases} \tag{6.97}$$

8）利用改正项修正升交距角 u_k、卫星矢径 r_k 及卫星轨道倾角 i_k

$$\begin{cases} u_k = \delta u + \phi_k \\ r_k = \delta r + a_s(1 - e\cos E) \\ i_k = \delta i + i_0 + (\mathrm{d}i/\mathrm{d}t)(t - t_{oe}) \end{cases} \tag{6.98}$$

式中: a_s 为卫星轨道的长半轴; i_0 为 t_{oe} 时刻的轨道倾角; $\mathrm{d}i/\mathrm{d}t$ 为 i 的变化率; $\sqrt{a_s}$、i_0、$\mathrm{d}i/\mathrm{d}t$ 可由卫星播发的星历获得。

9）卫星在轨道面坐标系中的位置

轨道面坐标系的坐标原点位于地心, X 轴指向升交点,则卫星的 x、y 坐标分别为

$$\begin{cases} x = r\cos u \\ y = r\sin u \end{cases} \tag{6.99}$$

10）计算 MEO、IGSO 卫星,观测时刻升交点的经度 L

$$L = \Omega_0 + (\dot{\Omega} - \omega_e)t_k - \omega_e \cdot t_{oe} \tag{6.100}$$

式中: Ω_0 为与本周起始时刻的格林尼治恒星时之差; ω_e 为地球自转角速度, $\omega_e = 7.292115 \times 10^{-5}\,\mathrm{rad/s}$。 Ω_0、$\dot{\Omega}$、t_{oe} 可由卫星播发的星历获得。

北斗使用 CGCS2000 坐标系,已知升交点的经度 L、轨道平面的倾角 i_k 后, MEO、IGSO 卫星在此坐标系中的位置就可以通过两次旋转求得:

$$\begin{bmatrix} X_k \\ Y_k \\ Z_k \end{bmatrix} = \begin{bmatrix} x\cos L - y\cos i_k\sin L \\ x\sin L + y\cos i_k\cos L \\ y\sin i_k \end{bmatrix} \tag{6.101}$$

计算 GEO 卫星,观测时刻升交点的经度 L:

$$L = \Omega_0 + \dot{\Omega} t_k - \omega_e t_{oe} \tag{6.102}$$

GEO 卫星在 CGCS2000 坐标系中的位置:

$$\begin{bmatrix} X_k \\ Y_k \\ Z_k \end{bmatrix} = R_Z(\omega_e t_k) R_X(-5°) \begin{bmatrix} X_{G_k} \\ Y_{G_k} \\ Z_{G_k} \end{bmatrix} \tag{6.103}$$

式中

$$R_Z(\varphi) = \begin{bmatrix} \cos\varphi & \sin\varphi & 0 \\ -\sin\varphi & \cos\varphi & 0 \\ 0 & 0 & 1 \end{bmatrix}, \quad R_X(\varphi) = \begin{bmatrix} 1 & 0 & 0 \\ 0 & \cos\varphi & \sin\varphi \\ 0 & -\sin\varphi & \cos\varphi \end{bmatrix}$$

6.4.4.2 GPS 卫星位置计算

GPS 星座由 MEO 卫星组成,根据卫星播发的星历参数计算出卫星在星历有效期内任一时刻所处位置的地心地固(ECEF)坐标值,具体计算方法如下[17]:

1)计算参考时刻偏差 t_k

卫星星历播发的轨道参数以星历参考时刻为时间基准,为获得 t 时刻的各个轨道参数,首先求解 t 时刻相对星历参考时刻的偏差:

$$t_k = t - t_{oe} \tag{6.104}$$

因为 GPS 星历的有效时段为 t_{oe} 的前后 2h,所以 t_k 的绝对值应小于 7200s。同时,由于 GPS 的时间在每周日零时清零,在计算与参考时刻偏差时可能会引入 604800s 的偏差,因此做如下处理:当计算得到的 t_k 值大于 302400s 时,t_k 再减 604800s;当计算得到的 t_k 值小于 $-302400s$ 时,t_k 再加 604800s。

2)计算卫星平均角速度 n

$$n_0 = \sqrt{\frac{GM}{a_s^3}} \tag{6.105}$$

$$n = n_0 + \Delta n$$

3)计算发射时刻的平近点角 M_k

$$M_k = M_0 + nt_k \tag{6.106}$$

式中:M_k 为 t_k 时刻的平近点角;M_0 由卫星播发的星历获得。

4)计算发射时刻的偏近点角 E_k

根据平近点角 M_k 及星历参数 e_s,通过少数几次的迭代获得偏近点角 E_k,E_k 迭代初始值 E_0 为 M_k:

$$M_k = E_k - e_s \sin E_k \tag{6.107}$$

5)计算信号发射时刻的真近点角 v_k

$$v_k = \arctan\left(\frac{\sin v_k}{\cos v_k}\right) = \arctan\left(\frac{\sqrt{1-e_s^2}\sin E_k}{\cos E_k - e_s}\right) \tag{6.108}$$

6)计算发射时刻的升交点角距 ϕ_k

将卫星播发星历中的 w 代入下式:

$$\phi_k = v_k + w \tag{6.109}$$

得到升交点角距 ϕ_k。升交点角距 ϕ_k 是卫星当前位置点 S 与升交点相对于地心 O 的夹角。

7）计算发射时刻的摄动改正项 δu_k、δr_k 和 δi_k

使用卫星星历播发的 6 个卫星摄动参数 C_{uc}、C_{us}、C_{rc}、C_{rs}、C_{ic}、C_{is} 及升交点角距 ϕ_k 代入下式：

$$\delta u_k = C_{us}\sin(2\phi_k) + C_{uc}\cos(2\phi_k) \tag{6.110}$$

$$\delta r_k = C_{rs}\sin(2\phi_k) + C_{rc}\cos(2\phi_k) \tag{6.111}$$

$$\delta i_k = C_{is}\sin(2\phi_k) + C_{ic}\cos(2\phi_k) \tag{6.112}$$

8）利用改正项修正升交点角距 u_k、卫星矢径 r_k 及卫星轨道倾角 i_k

$$u_k = \phi_k + \delta u_k \tag{6.113}$$

$$r_k = a_s(1 - e_s\cos E_k) + \delta r_k \tag{6.114}$$

$$i_k = i_0 + \dot{i}\,t_k + \delta i_k \tag{6.115}$$

式中：a_s、e_s、i_0 和 $\dot{i}$ 可由卫星播发的星历获得。

9）计算发射时刻卫星在轨道平面的位置

$$x'_k = r_k\cos u_k, \quad y'_k = r_k\sin u_k \tag{6.116}$$

将极坐标 (r_k, u_k) 转换为轨道面坐标系中的坐标 (x'_k, y'_k)。这里的直角坐标系的原点位于地心，X 轴指向卫星升交点。

10）计算发射时刻的升交点赤经 Ω_k

$$\Omega_k = \Omega_0 + (\dot{\Omega} - \dot{\Omega}_e)t_k - \dot{\Omega}_e t_{oe} \tag{6.117}$$

式中：Ω_0、$\dot{\Omega}$ 由卫星播发的星历获得，地球自转角速度 $\dot{\Omega}_e = 7.2921151467 \times 10^{-5}$（rad/s）；$\Omega_k$ 是 t_k 时刻的卫星升交点在 t 时刻的 1984 世界大地坐标系（WGS-84）中的经度。

11）计算卫星在 WGS-84 坐标系中的坐标 (x_k, y_k, z_k)

轨道平面直角坐标系 (X', Y', Z') 先绕 X' 轴旋转 $-i_k$，再绕旋转后的 Z' 轴旋转 $-\Omega_k$，由此转变成 WGS-84 坐标系 (X_T, Y_T, Z_T)。计算模型为

$$x_k = x'_k\cos\Omega_k - y'_k\cos i_k\sin\Omega_k \tag{6.118}$$

$$y_k = x'_k\sin\Omega_k + y'_k\cos i_k\cos\Omega_k \tag{6.119}$$

$$z_k = y'_k\sin i_k \tag{6.120}$$

6.4.4.3　GLONASS 卫星位置计算

GLONASS 星座由 MEO 卫星组成，与其他导航系统不同，GLONASS 的卫星星历更新间隔为 0.5h，同时播发的卫星星历为参考时刻的卫星位置坐标、速度、加速度等信息，为获得任意时刻的卫星位置，需通过积分的方式进行计算，常用的 GLONASS 卫星位置坐标计算方法有阿达姆斯（Adams）法、龙格-库塔（Rung-Kutta）法等，其中龙格-库塔法处理较为简便，因此该方法较为常用，本节介绍利用龙格-库塔法计算

GLONASS 卫星位置坐标[17]。

计算任意时刻的卫星位置坐标,首先需要选定有效的星历时刻,一般选择星历的前后 15min,利用星历给出的位置坐标作为初始值,进行积分计算。

在地心惯性(ECI)坐标系中 GLONASS 卫星的运动方程可由二阶微分方程进行表示:

$$\ddot{\pmb{r}}_{\mathrm{ECI}} = - GM \frac{\pmb{r}_{\mathrm{ECI}}}{r_{\mathrm{ECI}}^3} + a(t, \pmb{r}_{\mathrm{ECI}}, \dot{\pmb{r}}_{\mathrm{ECI}}, \pmb{p}_1, \pmb{p}_2, \cdots, \pmb{p}_n) \tag{6.121}$$

式中:$\pmb{r}_{\mathrm{ECI}}$ 为卫星的位置矢量,由地心指向卫星,对时间 t 的一阶导数为 $\dot{\pmb{r}}_{\mathrm{ECI}}$,对时间 t 的二阶导数为 $\ddot{\pmb{r}}_{\mathrm{ECI}}$,模长 r_{ECI};GM 为地心引力常数与地球总质量的乘积;a 为卫星加速度摄动量,以 t、$\pmb{r}_{\mathrm{ECI}}$、$\ddot{\pmb{r}}_{\mathrm{ECI}}$、$\pmb{p}_1$、$\pmb{p}_2$ 等参数为函数。

式(6.121)中:等号右边第一项表示地球对卫星的万有引力,其中卫星质量相对于地球质量忽略不计;等号右边第二项的卫星加速度摄动量主要是由地球的不规则形状、太阳与月球对卫星的引力、太阳光辐射压力以及地球潮汐作用等引起的。

GLONASS 使用 PZ-90 地心地固坐标系,将式(6.121)中地心惯性坐标系中的矢量 $\pmb{r}_{\mathrm{ECI}}$ 坐标转换至 PZ-90 地心地固坐标系中。加速度矢量为

$$\pmb{a}_{\mathrm{ECT}} = \begin{bmatrix} a_x - 2\dot{\Omega}_e v_y - \dot{\Omega}_e^2 x \\ a_y - 2\dot{\Omega}_e v_x - \dot{\Omega}_e^2 y \\ a_z \end{bmatrix} \tag{6.122}$$

式中:$\dot{\Omega}_e = 7.292115 \times 10^{-5} \mathrm{rad/s}$。对式(6.122)进行整理,最终可得如下微分形式的卫星运动方程式:

$$\begin{cases} \dfrac{\mathrm{d}x}{\mathrm{d}t} = \dot{x} \\[2mm] \dfrac{\mathrm{d}y}{\mathrm{d}t} = \dot{y} \\[2mm] \dfrac{\mathrm{d}z}{\mathrm{d}t} = \dot{z} \\[2mm] \dfrac{\mathrm{d}\dot{x}}{\mathrm{d}t} = -\dfrac{\mu}{r^3}x - \dfrac{3}{2}J_{20}\dfrac{\mu a^2}{r^5}x\left(1 - 5\dfrac{z^2}{r^2}\right) + \dot{\Omega}_e^2 x + 2\dot{\Omega}_e \dot{y} + \ddot{x}_n \\[2mm] \dfrac{\mathrm{d}\dot{y}}{\mathrm{d}t} = -\dfrac{\mu}{r^3}y - \dfrac{3}{2}J_{20}\dfrac{\mu a^2}{r^5}y\left(1 - 5\dfrac{z^2}{r^2}\right) + \dot{\Omega}_e^2 x - 2\dot{\Omega}_e \dot{x} + \ddot{y}_n \\[2mm] \dfrac{\mathrm{d}\dot{z}}{\mathrm{d}t} = -\dfrac{\mu}{r^3}z - \dfrac{3}{2}J_{20}\dfrac{\mu a^2}{r^5}z\left(3 - 5\dfrac{z^2}{r^2}\right) + \ddot{z}_n \end{cases} \tag{6.123}$$

式中:待求量为卫星位置 (x,y,z) 和速度 $(\dot{x},\dot{y},\dot{z})$;$\mathrm{d}x/\mathrm{d}t$ 表示状态变量 x 对时间 t 的

导数;d$\dot{x}$/dt 表示状态变量$\dot{x}$对时间 t 的导数;J_{20}表示重力场引力位二阶系数;r 表示卫星至地心的几何距离,即

$$r = \sqrt{x^2 + y^2 + z^2} \qquad (6.124)$$

卫星运动方程式(6.122)表明,在星历的有效时段内,由太阳和月球引力所引起的加速度值为恒定值,以便于简化计算。

卫星运动的微分方程没有解析解,只能通过数值积分方法求得其数值解。可使用龙格-库塔数值积分方法求解。

假定一个微分方程的矢量形式为

$$\frac{\mathrm{d}\boldsymbol{x}}{\mathrm{d}t} = f(t, \boldsymbol{x}) \qquad (6.125)$$

式中:$\boldsymbol{x}$ 表示状态矢量;$f(t,\boldsymbol{x})$表示以 $\boldsymbol{x}$ 和时间 t 为变量的函数。假设状态矢量 $\boldsymbol{x}$ 在初始时刻 t_0 处的值为 $\boldsymbol{x}_0$,以 t_{k-1} 时刻的状态矢量 $\boldsymbol{x}_{k-1}$ 为起始,龙格-库塔法通过如下公式获得在 t_k 时刻的状态矢量值 $\boldsymbol{x}_k$:

$$\boldsymbol{x}_k = \boldsymbol{x}_{k-1} + \frac{h}{6}[f(\boldsymbol{y}_1) + 2f(\boldsymbol{y}_2) + 2f(\boldsymbol{y}_3) + f(\boldsymbol{y}_4)] \qquad (6.126)$$

其中

$$\boldsymbol{y}_1 = \boldsymbol{x}_{k-1} \qquad (6.127)$$

$$\boldsymbol{y}_2 = \boldsymbol{x}_{k-1} + \frac{h}{2}f(\boldsymbol{y}_1) \qquad (6.128)$$

$$\boldsymbol{y}_3 = \boldsymbol{x}_{k-1} + \frac{h}{2}f(\boldsymbol{y}_2) \qquad (6.129)$$

$$\boldsymbol{y}_4 = \boldsymbol{x}_{k-1} + hf(\boldsymbol{y}_3) \qquad (6.130)$$

式中:积分步长为

$$h = t_k - t_{k-1} \qquad (6.131)$$

由上述递推关系,在由 $\boldsymbol{x}_{k-1}$ 获得 $\boldsymbol{x}_k$ 后,可递推出 $\boldsymbol{x}_{k+1}, \boldsymbol{x}_{k+2}, \cdots$,直至待求时刻的 $\boldsymbol{x}$ 值。

6.4.4.4　Galileo 卫星位置计算

Galileo 导航系统星座由 MEO 卫星组成,卫星播发的导航星历与 GPS 基本一致,因此其卫星位置计算方法与 GPS 计算方法一致。

6.4.5　数据滤波

6.4.5.1　卡尔曼滤波

卡尔曼滤波的主要功能是实现快速高精度的观测数据平滑,实现共视数据的实时处理和高精度的时间比对。为了实现共视时间比对的实时性,按照卡尔曼滤波的

原理,采用递推方式处理,使用上一时刻的钟差估计值和当前时刻的钟差观测值来估计当前时刻的钟差估计值,从而判断当前时刻钟差观测值是否有效,观测值与估计值不相互影响,因此适用于数据的实时平滑处理。此外,当时间比对接收机的观测数据或钟差数据噪声较大时,也可使用卡尔曼滤波提高共视比对精度[22-24]。

对待处理的钟差数据序列进行卡尔曼滤波,假设 k 时刻钟差真值用 x_k 表示,状态变量 $\boldsymbol{X}_k$ 可表示为

$$\boldsymbol{X}_k = \boldsymbol{x}_k \tag{6.132}$$

状态方程为

$$\boldsymbol{X}_k = \boldsymbol{\phi}_{k,k-1}\boldsymbol{X}_{k-1} + \boldsymbol{W}_{k-1} \tag{6.133}$$

测量方程为

$$\boldsymbol{Y}_k = \boldsymbol{H}_k\boldsymbol{X}_k + \boldsymbol{V}_k \tag{6.134}$$

在式(6.133)和式(6.134)中:$\boldsymbol{\phi}_{k,k-1}$ 表示状态转移矩阵;$\boldsymbol{W}_{k-1}$ 表示模型噪声;$\boldsymbol{V}_k$ 表示观测噪声;$\boldsymbol{H}_k$ 表示观测矩阵;$\boldsymbol{Y}_k$ 表示一维观测矢量,为包含噪声的钟差数据序列。所以可得

$$\boldsymbol{H}_k = \boldsymbol{I} \tag{6.135}$$

在共视时间比对中,卡尔曼滤波可应用于单站钟差滤波,及异地交换共视文件后获得的钟差序列滤波,其算法过程如下[23]:

(1) 用 $\boldsymbol{C}_k$ 表示估计误差的协方差矩阵,即状态变量 $\boldsymbol{X}_k$ 与其卡尔曼估计 $\hat{\boldsymbol{X}}_k$ 之间的均方误差矩阵。设 $\boldsymbol{C}_0$ 为 $\boldsymbol{C}_k$ 初值,则

$$\boldsymbol{P}_{k+1} = \boldsymbol{\phi}_{k+1,k}\boldsymbol{C}_k\boldsymbol{\phi}_{k+1,k}^{\mathrm{T}} + \boldsymbol{Q}_k \tag{6.136}$$

式中:$\boldsymbol{P}_{k+1}$ 为状态变量 $\boldsymbol{X}_{k+1}$ 与其在无观测噪声与模型噪声条件下的估计 $\hat{\boldsymbol{X}}'_{k+1}$ 之间的均方误差矩阵;$\boldsymbol{Q}_k$ 为模型噪声的协方差矩阵。

(2) 得到 $\boldsymbol{P}_1$ 后,根据卡尔曼增益矩阵 $\boldsymbol{G}_k$ 求解 $\boldsymbol{G}_1$:

$$\boldsymbol{G}_k = \boldsymbol{P}_k\boldsymbol{H}_k^{\mathrm{T}}[\boldsymbol{H}_k\boldsymbol{P}_k\boldsymbol{H}_k^{\mathrm{T}} + \boldsymbol{R}_k]^{-1} \tag{6.137}$$

式中:$\boldsymbol{R}_k$ 为观测噪声的协方差矩阵。

(3) 根据

$$\hat{\boldsymbol{X}}_k = \boldsymbol{\phi}_{k,k-1}\hat{\boldsymbol{X}}_{k-1} + \boldsymbol{G}_k[\boldsymbol{Y}_k - \boldsymbol{H}_k\boldsymbol{\phi}_{k,k-1}\hat{\boldsymbol{X}}_{k-1}] \tag{6.138}$$

得到 $k=1$ 时的状态变量估计值 $\hat{\boldsymbol{X}}_1$。

(4) 将 $\boldsymbol{P}_1$ 代入下式:

$$\boldsymbol{C}_k = (\boldsymbol{I} - \boldsymbol{G}_k\boldsymbol{H}_k)\boldsymbol{P}_k \tag{6.139}$$

从而得到 $k=1$ 时估计误差的协方差矩阵 $\boldsymbol{C}_1$。然后进行下次循环。

6.4.5.2　Vondrak 平滑

捷克天文学家 J. Vondrak 提出了 Vondrak 平滑法,该方法是一种既适用于等间隔也适用于非等间隔的数据平滑方法,该方法构建观测数据拟合函数,即可对观测数据进行有效的平滑[23-24]。

对于某一时差测量序列(x_i, y_i),其中 $i = 1, 2, \cdots, n$,x_i 为测量时刻,y_i 为测量值,Vondrak 平滑的基本假设为

$$\boldsymbol{Q} = F + \lambda^2 S = \min \tag{6.140}$$

其中

$$F = \sum_{i=1}^{n} p_i (y_i - \overline{y_i})^2 \tag{6.141}$$

$$S = \sum_{i=1}^{n} p_i (\Delta^3 \overline{y_i})^2 \tag{6.142}$$

式中:$\overline{y_i}$ 为平滑后的值;$\Delta^3 \overline{y_i}$ 为 $\overline{y_i}$ 的三阶导数;F 为逼近度,p_i 为原始测量序列的权;λ 为待定系数。定义 $\varepsilon = 1/\lambda^2$ 为平滑因子。结果的平滑程度受平滑因子影响[24]。

Vondrak 平滑函数以多项式的形式体现,具体方法是对相邻的每 4 组数据$(x_i, \overline{y_i})$,$(x_{i+1}, \overline{y_{i+1}})$,$(x_{i+2}, \overline{y_{i+2}})$,$(x_{i+3}, \overline{y_{i+3}})$用一个三次拉格朗日多项式来表示,其形式为

$$
\begin{aligned}
L_i(x) =& \frac{(x - x_{i+1})(x - x_{i+2})(x - x_{i+3})}{(x_i - x_{i+1})(x_i - x_{i+2})(x_i - x_{i+3})} \overline{y_i} + \\
& \frac{(x - x_i)(x - x_{i+2})(x - x_{i+3})}{(x_{i+1} - x_i)(x_{i+1} - x_{i+2})(x_{i+1} - x_{i+3})} \overline{y_{i+1}} + \\
& \frac{(x - x_i)(x - x_{i+1})(x - x_{i+3})}{(x_{i+2} - x_i)(x_{i+2} - x_{i+1})(x_{i+2} - x_{i+3})} \overline{y_{i+2}} + \\
& \frac{(x - x_i)(x - x_{i+1})(x - x_{i+2})}{(x_{i+3} - x_i)(x_{i+3} - x_{i+1})(x_{i+3} - x_{i+2})} \overline{y_{i+3}}
\end{aligned} \tag{6.143}
$$

式(6.143)对 x 求三次导数并代入式(6.142)中得

$$S = \sum_{i=1}^{n} (a_i \overline{y_i} + b_i \overline{y_{i+1}} + c_i \overline{y_{i+2}} + d_i \overline{y_{i+3}})^2 \tag{6.144}$$

式中

$$
\begin{cases}
a_i = 6 \sqrt{x_{i+2} - x_{i+1}} / [(x_i - x_{i+1})(x_i - x_{i+2})(x_i - x_{i+3})] \\
b_i = 6 \sqrt{x_{i+2} - x_{i+1}} / [(x_{i+1} - x_i)(x_{i+1} - x_{i+2})(x_{i+1} - x_{i+3})] \\
c_i = 6 \sqrt{x_{i+2} - x_{i+1}} / [(x_{i+2} - x_i)(x_{i+2} - x_{i+1})(x_{i+2} - x_{i+3})] \\
d_i = 6 \sqrt{x_{i+2} - x_{i+1}} / [(x_{i+3} - x_i)(x_{i+3} - x_{i+1})(x_i - x_{i+2})]
\end{cases} \tag{6.145}
$$

根据式(6.140)有

$$\frac{\partial Q}{\partial \overline{y_i}} = \frac{\partial F}{\partial \overline{y_i}} + \lambda^2 \frac{\partial S}{\partial \overline{y_i}} = 0 \tag{6.146}$$

将式(6.141)和式(6.144)代入式(6.146)得到 Vondrak 平滑的基本方程组为

$$\sum_{j=-3}^{3} \boldsymbol{A}_{ji} \, \overline{y}_{i+j} = \boldsymbol{B}_i y_i \tag{6.147}$$

可得 n 个方程:

$$\begin{cases} \boldsymbol{A}_{i,-3} = a_{i-3} d_{i-3} \\ \boldsymbol{A}_{i,-2} = a_{i-2} c_{i-2} + b_{i-3} d_{i-3} \\ \boldsymbol{A}_{i,-1} = a_{i-1} b_{i-1} + b_{i-2} c_{i-2} + c_{i-3} d_{i-3} \\ \boldsymbol{A}_{i,0} = a_i^2 + b_{i-1}^2 + c_{i-2}^2 + d_{i-3}^2 + \varepsilon P_0 \\ \boldsymbol{A}_{i,1} = a_i b_i + b_{i-1} c_{i-1} + c_{i-2} d_{i-2} \\ \boldsymbol{A}_{i,2} = a_i c_i + b_{i-1} d_{i-1} \\ \boldsymbol{A}_{i,3} = a_i d_i \end{cases} \tag{6.148}$$

要求

$$\boldsymbol{A}_{ji} = 0 \quad i+j \leqslant 0 \text{ 或 } i+j \geqslant n+1 \tag{6.149}$$

只要平滑因子 ε 确定,解算线性方程组就可得一组平滑值[23]。

Vondrak 平滑的关键在于平滑因子的选取,平滑因子的选取值不同得到的平滑效果不同,通常条件下:平滑因子越大,平滑效果越弱;平滑因子越小,平滑效果越强。常用的平滑因子选取方法有观测误差法与频率响应法[23]。

1)观测误差法

选定几组不同的平滑因子按照上述方法对数据进行 Vondrak 平滑,得到多组平滑值 x_i',按照式(6.149)计算平滑值的均方误差:

$$\sigma(\varepsilon) \approx \sigma_{\mathrm{m}} \tag{6.150}$$

在得到均方误差后按照两种情况分析:①已知观测数据精度,由不同的平滑因子计算得到的一系列 $\sigma(\varepsilon)$,选取与已知观测数据精度相近的平滑因子作为最终平滑因子;②未知观测数据精度,对一系列的 $\sigma(\varepsilon)$,以 ε 为横轴、以 $\sigma(\varepsilon)$ 为纵轴绘制曲线,观察曲线变化规律,选取 $\sigma(\varepsilon)$ 变化最缓慢时的 ε 作为最终的平滑因子[23]。

2)频率响应法

频率响应法是根据所需滤波器的频响函数的特性及滤波的具体要求来选取平滑因子。该方法仅在滤波器特性已知的情况下使用,具有较大局限性。

6.4.6 共视文件

一段全程跟踪的短期数据处理算法规定了共视算法中最重要的部分,如图 6.10 所示。整个跟踪周期是 13min(连续的 780s),每 15 个测量值(测量值每秒一个)作一个二次曲线拟合;然后对拟合结果作各项时延修正。在 13min 的跟踪周期内会有 52 组二次曲线拟合,每组拟合取其中点值,得到由 52 个数值组成的一个数组;然后进行一次线性拟合,拟合后的中点值就是整个 13min 跟踪周期的最终结果。与结果有关的一些参数(线性拟合的斜率、均方根误差等)也同时给出[25-26]。

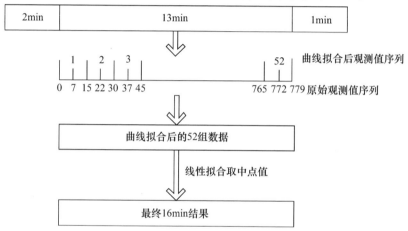

图 6.10　共视算法框图

CGGTTS 是由 BIPM 的国际时间频率咨询委员会(CCTF)主持制定了共视法软件标准化技术指南,包含的参数分别是 PRN、CL、MJD、STTIME、TRKL、ELV、AZTH、REFSV、SRSV、REFSYS、SRSYS、DSG、IOE、MDTR、SMDT、MDIO、SMDI、FRC、CK 等,下面分别对这些参数进行详解。

PRN:卫星编号。

MJD:共视文件的起始约化儒略日,时间为 UTC 时间。

STTIME:跟踪卫星的起始时刻(参考 UTC 的小时、分钟、秒)。对 STTIME 的时刻表的排列规律分析如下:以 1997 年 10 月 1 日 0 点 0 时 2 分作为起点(2min 是卫星运转规律的缘故)。时刻表的周期是 89 个 16min,再加上一个 12min。因此,在起点时刻加上周期(89×16+12)min,其中,每个 16min 为一个时间段,前 2min 用于捕获卫星,接着 13min 为跟踪时间,最后 1min 用于数据处理及等待,如此循环下去。

TRKL:实际跟踪长度≤780s(13min)。

ELV:实际跟踪长度中点所对应的卫星仰角,单位为 0.1°。

AZTH:实际跟踪长度中点所对应的卫星方位角,单位为 0.1°。

REFSV:实际跟踪长度中点处观测站本地时间与所跟踪的卫星时间的差值,单位为 0.1ns。

跟踪 780s 的数据采取如下处理:780s(13min) = 52×15s。每秒 1 个 REFSV 数据。对 15s 数据用最小二乘法作二次曲线拟合,得到 1 个中点值。再用最小二乘法对 52 个中点值作线性拟合,得到 780s 的中点值 REFSV。

SRSV:对 REFSV 值进行线性拟合中点处的斜率,单位为 0.1ns/s。

REFSYS:实际跟踪长度中点处观测站本地时间与 GNSS 时间之差,单位为 0.1ns。

跟踪 780s 的数据所采取的处理方法与计算 REFSV 一致。

SRSYS:对 REFSYS 值进行线性拟合中点处的斜率,单位为 0.1ns/s。

DSG:REFSYS 的实际值相对拟合直线上的值之差的均方根误差,即

$$DSG = \sqrt{\frac{\sum_{i=1}^{n} (REFSYS_i - Y_i)^2}{n-1}} \tag{6.151}$$

式中:n 的最大值为 52;$REFSYS_i$ 表示在每个 15s 时间段内进行二次曲线拟合曲线的中点值(曲线中点纵坐标值);Y_i 表示一次曲线的纵坐标 Y 值(对应一次曲线 X 坐标每 15s 的中点的 Y 值),单位为 0.1 ns。

IOE:当前时段使用的星历参数。

MDTR:实际跟踪长度中点处对流层引入的传播时延,单位为 0.1ns。

SMDT:对 MDTR 值进行线性拟合中点处的斜率,单位为 0.1ns/s。

MDIO:实际跟踪长度中点处电离层引入的传播时延,单位为 0.1ns。

SMDI:对 MDIO 值进行线性拟合中点处的斜率,单位为 0.1ns/s。

FRC:表示当前数据所使用的频点信息,具体如表 6.1 所列。

表 6.1 FRC

RINEX 标识	频点	文件头标识	FRC
C1C	GPS/GLN L1 C/A	C1	L1C
C1P	GPS/GLN L1P	P1	L1P
C1x	GAL E1 BDS B1I	E1 B1	E1 B1I
C2C	GLN L2 C/A	C2	
C2P	GPS/GLN L2P	P2	
C2x	GPS L2C		
C5x	GAL E5a	E5a	
C7x	BDS B2I	B2	

（续）

RINEX 标识	频点	文件头标识	FRC
双频			
GPS	C1/P1 C2/P2		L3P
BDS	B1I/B2I		L3B
GAL	E1/E5a		L3E
GLN	C1/P1 C2/P2		L3P
注:RINEX—与接收机无关的交换格式			

CK:对共视文件中的参数数据校验。算法如下:共视文件中每个参数都对应着具体的数值,把这些数值看作字符,因为每个字符都有对应着它的 ASCII 值。所以,使每一个字符对应着的 ASCII 值都相加(包括空格、正负号在内),求和后,再用此和除以 256,取其余数。最后用两位十六进制表示此余数,即是 CK 在数据行中的值。

6.5　GNSS 卫星全视数据处理

6.5.1　数据处理概述

GNSS 卫星全视数据处理的流程主要包括过粗差探测剔除、周跳探测与修复、站心几何距离修正、系统误差修正、钟差参数估计等各项时延修正等,通过参数解算得到单个观测站与参考之间的时差,然后将同一时刻获得各单站时差相减,得到全视时间比对结果[4-5]。具体处理流程见图 6.11。

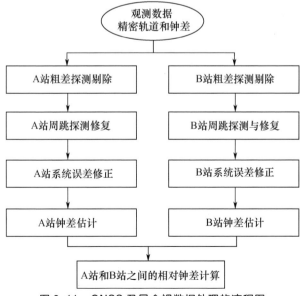

图 6.11　GNSS 卫星全视数据处理的流程图

GNSS 卫星全视时间比对的处理方法如下:时间比对处理接收机接收 GNSS 导航信号,对其进行信号跟踪、捕获和解调获得观测量和导航电文信息,通过数据传输发送给全视时间比对处理工控机。工控机首先对观测数据进行粗差探测剔除和周跳探测修复,然后在精密轨道和精密钟差数据支撑下,进行站心几何距离、对流层和相位中心等系统误差的修正,再进行参数估计获得地面站和参考时间之间的偏差,即接收机钟差,最后基于各个地面站的接收机钟差、设备时延偏差,获得站间相对时间偏差,实现站间全视时间比对。下面将对 GNSS 全视时间比对粗差探测剔除、周跳探测与修复、系统误差修正及钟差参数估计等进行详细阐述。

6.5.2 粗差探测剔除

观测数据质量的好坏会直接影响全视时间解算的精度。在实际测量中,由于测站所处的观测环境具有多变性,同时受多路径误差影响及电离层闪烁等因素的影响,常会造成观测值中出现粗差或者野值。如果不采取有效的手段解决有质量问题的观测数据,就会使时间的解算产生一定的偏差,难以获得精确可靠的结果。因此,观测数据的预处理是保证高精度定位的重要前提。

在 GNSS 全视时间比对中,除了可采用 GNSS 共视时间比对的数据预处理方法外,本节还将介绍一种伪距粗差的判断方法——码观测值差分法。该方法利用较为宽松的阈值来探测伪距观测值中的大粗差。常采用的 C_1、P_1、P_2 等观测值来构造粗差探测的检验方程[27],具体如下:

$$\begin{cases} dC_1P_1 = C_1 - P_1 = d^s_{C_1-P_1} + d_{r,C_1-P_1} + S_{C_1-P_1} + \varepsilon \\ dP_1P_2 = P_1 - P_2 = d^s_{P_1-P_2} + d_{r,P_1-P_2} + S_{P_1-P_2} + d_{ion} + \xi \end{cases} \quad (6.152)$$

式中:$d^s_{C_1-P_1}$、$d^s_{P_1-P_2}$ 为卫星端的码偏差;d_{r,C_1-P_1}、d_{r,P_1-P_2} 为接收机端的码偏差,这些量在较短的时间内可以认为不变;$S_{C_1-P_1}$、$S_{P_1-P_2}$ 为不同码之间的时变量;d_{ion} 为电离层延迟的误差;ε 和 ξ 为多路径、观测噪声等误差。

从理论上分析,dC_1P_1、dP_1P_2 消除了几何距离的影响,并且与载体的运动状态无关,对它们产生影响的主要是卫星端和接收机端的硬件延迟以及伪距的组合后带来的噪声。卫星端的硬件延迟偏差较小且比较稳定,而接收机端的延迟对于所有卫星基本相同,因此,dC_1P_1、dP_1P_2 这两个检验量的数值较为稳定,用它们来检测伪距观测值中的粗差比较合理。判断的准则如下:

$$\begin{cases} |dC_1P_1| \leqslant k_1 \text{ 且 } |dP_1P_2| \leqslant k_2, \text{正常} \\ |dC_1P_1| > k_1 \text{ 且 } |dP_1P_2| > k_2, \text{异常} \end{cases} \quad (6.153)$$

k_1、k_2 代表阈值,判断时要考虑电离层残余误差项,$k_2 > k_1$。利用该准则可以对较大粗差进行探测与剔除,对小粗差的探测和剔除在后续的参数估计时采用抗差估计的方法进行消除,k_1、k_2 的选取可根据实际情况而定,如设定两个值分别取

30m、60m。

6.5.3　周跳探测与修复

测站上的接收机在进行连续观测的过程中,由于受到遮挡物的遮挡、外界电磁信号的干扰或者接收机内部发生异常,造成载波锁相环路的失锁引起载波相位观测值在某一历元整周计数部分累积中断,当恢复对卫星的正常跟踪后,该历元后续的所有载波相位观测值中的整周计数都会包含同一偏差值(较正常情况少了 n 值)。这种整周计数出现异常而不足整周的部分仍然保持正确的现象称为整周跳变。针对使用载波相位数据的全视处理时,必须对其中的周跳进行探测和修复,消除了周跳后"干净"的数据才能用于最后的解算,如果周跳未被准确探测,则会被模糊度吸收,导致模糊度的估计出现偏差或者错误,影响钟差估计解算结果[27]。因此载波相位数据的周跳探测和修复是至关重要的一个环节。

由于 GNSS AV 是单站观测,故通常采用差分方法来进行周跳探测的方法不再适用于全视方法,目前应用最为广泛的非差观测数据周跳探测方法为 Blewitt 提出的 TurboEdit 方法。该算法采用双频观测值,联合使用 MW(Melbourne-Wübbena)组合和无几何(GF)组合进行周跳探测[27]。

MW 组合观测值采用双频伪距和载波相位观测值的组合。该观测值消除了接收机至卫星的几何距离,同时消除了电离层、对流层误差以及卫星和接收机钟差等误差项的影响,只包含宽巷模糊度一项,如果没有周跳发生,则 N_{w} 变化近似常数。MW 组合观测方程如下:

$$L_{\text{MW}} = \frac{(f_1 L_1 - f_2 L_2)}{f_1 - f_2} - \frac{f_1 P_1 + f_2 P_2}{f_1 + f_2} = -\lambda_{\text{WL}} N_{\text{WL}} \qquad (6.154)$$

L_1、L_2 和 P_1、P_2 为双频载波相位和伪距观测值,MW 组合的波长 $\lambda_{\text{WL}} = \dfrac{c}{f_1 - f_2}$,宽巷模糊度 $N_{\text{WL}} = N_1 - N_2$。MW 组合周跳检验量如下式:

$$N_{\text{WL}} = \frac{L_{\text{MW}}}{\lambda_{\text{WL}}} = L_1 - L_2 - \frac{f_1 \cdot P_1 + f_2 P_2}{\lambda_{\text{WL}}(f_1 + f_2)} \qquad (6.155)$$

利用 MW 进行周跳探测时,需要不断地把前 i 个历元的平均宽巷模糊度以及均方根计算出来,计算公式为

$$\overline{N}_{\text{WL}}(i) = \overline{N}_{\text{WL}}(i-1) + \frac{1}{i}[N_{\text{WL}}(i) - \overline{N}_{\text{WL}}(i-1)] \qquad (6.156)$$

$$\delta^2(i) = \delta^2(i-1) + \frac{1}{i}[(N_{\text{WL}}(i) - \overline{N}_{\text{WL}}(i-1))^2 - \delta^2(i-1)] \qquad (6.157)$$

式中:$\overline{N}_{\text{WL}}(i)$ 为前 i 个历元的宽巷模糊度的平均值;$\delta(i)$ 为前 i 个历元的标准差,满足式(6.158)中的第一个方程式,可以认为该数据有可能存在周跳,在此情况下若同时满足式(6.158)中的第二个方程式,可认为在历元 i 处发生了周跳。

$$\begin{cases} \left| N_{WL}(i) - \overline{N}_{WL}(i-1) \right| \geqslant 4\sigma(i-1) \\ \left| N_{WL}(i) - N_{WL}(i+1) \right| \leqslant 1 \end{cases} \quad (6.158)$$

由于 MW 组合观测值无法探测 L_1 和 L_2 上同时发生相同大小的周跳值,需结合 GF 组合再次探测,几何距离组合观测方程为如下:

$$\begin{cases} L_g = L_1 - L_2 = \Delta I + \lambda_1 N_1 - \lambda_2 N_2 \\ P_g = P_1 - P_2 = \Delta I \end{cases} \quad (6.159)$$

式中: L_g、P_g 分别为无几何距离组合的载波相位和伪距; ΔI 为两个频率上的电离层延迟之差。该组合消除了几何距离的影响,仅包含模糊度和电离层延迟两部分参数的影响。由于码伪距的观测噪声比较大,实际上在使用上式进行周跳探测之前,要先对各历元的 $P_1 - P_2$ 的值进行拟合,生成 Q_i 以此来消除伪距噪声的影响,拟合阶数满足 $N = \min(\text{Total\_Epoch}/100 + 1,6)$。上面两式做差后得[27]

$$\Delta L_{gf} = L_g - Q = \lambda_1 N_1 - \lambda_2 N_2 \quad (6.160)$$

如果下面两式都成立,则判断为周跳;如果只满足第一个,则为粗差。

$$\begin{aligned} & \left| (L_{g,i} - Q_i) - (L_{g,i-1} - Q_{i-1}) \right| > 6(\lambda_2 - \lambda_1) \\ & \left| (L_{g,j+1} - Q_{i+1}) - (L_{g,i} - Q_i) \right| < 1 \end{aligned} \quad (6.161)$$

6.5.4　系统误差修正

系统误差修正的目的是通过已有的理论模型对影响参数估计的各项误差进行补偿,以减弱对钟差参数估计的影响。在 GNSS 全视时间比对中,主要的系统误差包含了站间几何距离、相位中心偏差、对流层延迟偏差和相对论偏差等,针对基于单频伪距的全视时间比对,其系统误差还需要考虑电离层延迟误差[27-28]。

在地面站和卫星间几何距离计算中,卫星坐标计算主要采用精密卫星星历进行内插获得,常用的内插办法包含切比雪夫、拉格朗日和多项式拟合等方法。

站心几何距离的计算。由于测站 GNSS 天线的坐标已经精确标定,卫星的位置的内插计算按照观测数据的采样间隔来进行。此时卫星和测站的坐标都已知,将两者归算到同一坐标系统中,求出站心之间的几何距离值。

基于精密钟差进行卫星钟计算。GNSS 导航卫星上虽然搭载了高精度的时钟,但它们也不可避免地存在误差,故在全视处理中,采用高精度的精密卫星钟差代替导航卫星自身的钟差。精密卫星钟差使用的过程中也需要通过线性内插来得到观测时刻的精密卫星钟差,内插的方法同精密星历内插方法。

相位中心偏差的改正。由于精密卫星星历产品给出的是卫星质心的坐标,而 GNSS 观测量参考点为卫星天线相位中心,卫星天线质量中心和其相位中心不一致,故需要对其进行改正。卫星相位中心偏差通常分为两部分:①卫星质心与天线平均相位中心的偏差,称为天线相位中心偏移(PCO);②天线瞬时相位中心与平均相位中心之间的偏差,称为天线相位中心变化(PCV)。该部分改正可以利用高精度的天线相位文件给出的各颗卫星不同频率的 PCO 和 PCV 值进行相应的改正。

针对单频伪距的全视时间比对,其系统误差还需要考虑电离层延迟误差,相应的电离层误差模型在之前有详细介绍。

6.5.5　钟差参数估计

钟差参数估计常采用的方法包括序贯最小二乘和扩展卡尔曼等。卡尔曼滤波参数估计方法在前面有详细介绍,这里就不再介绍。

序贯最小二乘算法简单、规律性强,且不易发散,故适合于参数的估计。无电离层组合模型估计的基本参数包含测站的三维坐标、接收机钟差、对流层延迟、无电离层组合模糊度 4 类参数,由于测站的坐标事先准确标定,故坐标参数作为已知量。假设某测站接收机在某一历元观测了 N 颗卫星,每颗卫星都包含双频的载波相位和伪距观测值,则共 $N+2$ 个参数。设未知参数组成的矢量为 X,其近似值为 X^0(将其作为虚拟观测值),先验观测矢量(虚拟观测矢量)为 L_x,相应的观测误差为 Δ_x,相应的先验权矩阵为 P_x。载波相位观测矢量为 L,观测误差为 Δ,权矩阵为 P。将观测方程分为由先验值组成的方程和由实际观测值组成的方程两组,对应的方程如下:

$$\begin{cases} L_x = X + \Delta_x = X^0, \ P_{x^0} \\ L = BX + \Delta, \ P \end{cases} \tag{6.162}$$

相应的误差方程为

$$V_x = \hat{x}, \ P_{x^0}$$
$$V = B\hat{x} - l, P \tag{6.163}$$

式中:$\hat{x}$ 为 x 的估值。根据广义最小二乘准则,使得

$$V_x^T P_{x^0} V_x + V^T P V = \min \tag{6.164}$$

则 $\hat{x} = (P_{x^0} + B^T P B)^{-1} \cdot B^T Pl$,待估参数的平差值为

$$\hat{X} = X^0 + \hat{x} \tag{6.165}$$

参数的协因数阵为

$$Q_{\hat{x}} = (P_{x^0} + B^T P B)^{-1}$$

在序贯最小二乘平差中,先验信息的选取和获取是进行滤波处理的关键,在附加先验信息的序贯最小二乘中,可以把上一个历元解算的参数作为下一个历元的解算的先验信息形成迭代式的平差计算。

6.6　GNSS 时间比对时延校准

在进行 GNSS 卫星时间比对前,应对 GNSS 卫星时间比对接收机进行设备时延校

准,校准方法有相对时延校准法和绝对时延校准法[29]。

1)相对时延校准法

相对时延校准是指对进行时间比对的主站与从站,通过引入额外的流动时间比对接收机,从而计算得到从站时间比对接收机相对主站时间比对接收机设备时延的一种方法。

对于引入的流动接收机,其工作流程如下:

(1)选取性能稳定、设备时延已知的流动时间比对接收机与已有的主站时间比对接收机进行零基线测试,流动时间比对接收机使用与主站时间比对接收机相同的10MHz及1PPS信号,为获得可信的流动时间比对接收机与主站时间比对接收机相对时延差,一般同源零基线测试应不少于4天,将测试结果记为 a_1,表示 t_1 时刻两时间比对接收机的相对时延;

(2)将流动时间比对接收机及配套线缆共同搬移至从站,与从站时间比对接收机搭建同源零基线测试环境,测试方法同(1),将测试结果记为 a_2;

(3)将流动时间比对接收机及配套线缆共同搬移至主站,与主站时间比对接收机搭建同源零基线测试环境,测试方法同(1),将测试结果记为 a_3;

(4)根据 t_1 时刻测量的 a_1 和 t_3 时刻测量的 a_3 内插获得 t_2 时刻流动时间比对接收机与主站时间比对接收机的相对时延,从而消除由于流动时间比对接收机自身时延变化引起的相对时延测量误差;

(5)将从站时间比对接收机与流动时间比对接收机的测试结果扣除主站时间比对接收机与流动时间比对接收机的相对时延,即可获得从站时间比对接收机与主站时间比对接收机的相对时延,从而完成校准。

2)绝对时延校准法

绝对时延校准是一套相对复杂的校准技术,绝对校准的对象是接收机的绝对时延,绝对时延可定义为以时间比对接收机天线的相位中心为起始至接收机输出1PPS信号为终止。

进行绝对时延校准需要与卫星导航信号模拟源在微波暗室中构建闭合测试环路,卫星导航信号模拟源满足以下功能、性能要求:

(1)能够仿真 GNSS 导航信号;

(2)具有 10MHz 及 1PPS 信号接口;

(3)设备时延稳定性优于待标定的 GNSS 时间比对接收机;

(4)能够保存原始数据,且数据更新率不低于 GNSS 时间比对接收机数据更新率。

将模拟源与波导探头连接,接收天线与 GNSS 时间比对接收机连接,波导探头与接收天线距离为 3~4m,且相位中心处于同一水平线上,这样就组成了无线回路。将铷钟输出的 10MHz 时频信号接入模拟源、接收机和时间间隔计数器时频参考入口,这样能保证模拟源、接收机和计数器同源。将模拟源和接收机输出的 1PPS 信号分

别接入时间间隔计数器的两路测量端口,计数器读数即为全链路时延,因此在 GNSS
时间比对接收机绝对时延＝全链路时延－模拟源时延－波导探头时延－线缆时延－
空间传输时延。全链路设备时延测试框图如图 6.12 所示。

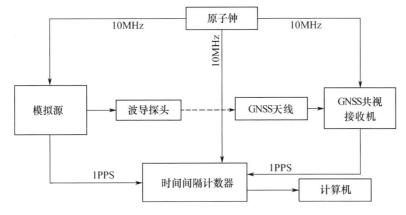

图 6.12　全链路设备时延测试框图

导航信号模拟源时延标校:

单向发射时延标定依据相关峰法和相位翻转点法,其中:相关峰法用于确定基带
信号码头的位置;相位翻转点法用于对单向时延的精确分析,通过高速存储示波器进
行采样分析,计算得到以时频信号 1PPS 的触发时刻为起点,到信号射频输出为终点
的一段时延。

导航信号模拟源设备时延标校如图 6.13 所示,具体的标校流程如下:

(1)搭建导航信号时延标定系统,使用高速信号采集装置采集并存储预设长度
的导航信号;

(2)将所采集存储的导航信号下变频到基带,然后与信号扩频码做相关运算;

(3)通过搜索相关峰值所在位置,并结合相位翻转点法计算得到链路时延值;

(4)用链路时延值扣除触发信号线缆的时延值和射频信号线缆的时延值后,得
到导航信号模拟源的时延值。

电缆时延标校:对矢量网络分析仪校零(图 6.14)和利用矢量网络分析仪时延测
量功能测试电缆时延(图 6.15)。

波导探头相位中心已知,其时延计算公式为

$$\tau_{b} = \frac{l}{c\sqrt{1 - \left(\frac{\lambda}{\lambda_{c}}\right)^{2}}}$$

式中:λ 为工作波长;λ_{c} 为波导的截止波长;l 为波导的电长度。通过使用卡尺测量
波导探头的电长度可精确计算出时延。

空间传输时延:通过测量波导探头相位中心距接收天线相位中心的直线距离 l,
再除以光速得到,空间距离可用卡尺或激光测距设备进行测量。

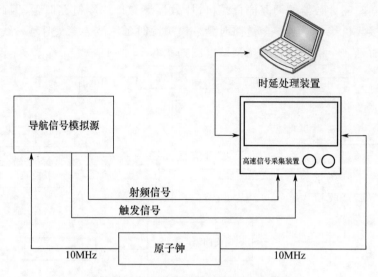

图 6.13 导航信号模拟源时延标校图

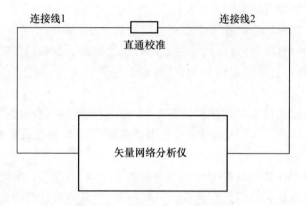

图 6.14 矢量网络分析仪校零

图 6.15 测试电缆时延

6.7　GNSS 时间比对接收机

6.7.1　时间比对接收机概述

GNSS 接收机根据用途进行分类可以分为普通型接收机、高精度型接收机。

普通型接收机主要满足用户的一般精度要求,采用板载晶振或铷原子钟作为内部时钟,较为简单,输出定位信息及授时信息,同时可具备时钟驯服功能,可以进行灵活设计满足不同场景的需求。

高精度型接收机主要用于高精度用户,可分为测量型接收机及时间比对型接收机。测量型接收机主要用于精密大地测量和精密工程测量,除可以使用内部晶振作为内部时钟外,也可以用外部输入频率信号作为时钟基准,能够输出原始伪距、载波相位等数据信息;时间比对型接收机使用外部的时间、频率信号作为测量基准,同时观测 GNSS 导航卫星,能够产生包含观测数据及钟差数据的时间比对文件,通过交换时间比对数据实现时间比对。

下面分别对几款有代表性的时间比对接收机进行简要介绍。

6.7.1.1　MESIT GTR 系列时间比对接收机

GTR 系列时间比对接收机由捷克光电研究院设计及研发,生产及销售由捷克的 MESIT Defence 公司负责,捷克光电研究院时间频率基准中心前身成立于 1955 年,研发并维护捷克的国家时间频率基准,负责捷克标准时间和捷克原子时 UTC(TP)的产生、保持和发播。专注于超高稳定度短稳测量和远距离时间频率传递的研究,从 1991 年开始从事利用共视法进行时间频率传递,以及远距离光纤频率传递。

产品系列包含 GTR50、GTR51(图 6.16)、GTR52、GTR55,支持导航系统包含 GPS、GLONASS、Galileo 系统和北斗系统。GTR55 时间比对接收机增加 Galileo 系统的 E6 信号,并全面支持中国的北斗信号。接收机内置硬盘直接自动生成并滚动保存 CGGTTS 数据,内置高精度计数器和 LINUX 计算机操作系统,同步精度优于 0.3ns。

图 6.16　GTR51 时间比对接收机

GTR 系列时间比对接收机可以实现准确的电离层时延测量,用户可以通过本地或因特网方便地进行远程控制以及数据下载。自动化运行后,持续自动收集保存测量数据,并支持多种输出协议,数据处理可以手动开始或自动定期执行,结果文件可以本地保存或自动上传到指定服务器,传输完成后提供电邮通知完成信息。通过网络浏览器可以方便地接入管理设备,进行命令控制、运行状态以及下载数据。时间差、温度、卫星仰角方位等运行参数可在用户接口图形化显示。

6.7.1.2 Septentrio Pola 系列时间比对接收机

PolaRx5TR(图6.17)时间比对接收机是由比利时 Septentrio 公司设计和生产制造的,Septentrio 公司专业从事各种类型接收机板卡、接收机研发和生产,PolaRx5TR 时间比对接收机是 PolaRx5 家族中重要一员,具有高精度的时间同步、PPS 输入时延自动校准、支持产生 CGGTTS V2E、跟踪 GPS/GLONASS/Galileo 系统/BDS/印度区域卫星导航系统(IRNSS)等导航信号、高精度低噪声测量等特点,为现有的和将有的 GNSS 提供高质量的跟踪。具有创新的 GNSS 信号处理技术,多种网络支持模式,耐用的设计和人性化用户界面。

图6.17 PolaRx5TR 时间比对接收机

PolaRx5TR 时间比对接收机,可输入外部 10MHz 频率信号和 1PPS 脉冲信号,使得 GNSS 测量严格与外部时间和频率标准同步。此外,PolaRx5 系列的特点是 GNSS 驯服的 10 MHz 输出。

PolaRx5TR 是基于 GReCo4™ 多星座跟踪处理器建立,提供 544 个硬件通道,并将其迅速自动分配所有可见卫星。使用了 TRACK + 、Septentrio 的低噪声跟踪算法,能够使用所有可见卫星导航信号,包括 GPS L1/L2/L2C/L5、GLONASS L1/L2 和 GIOVE-A 和 GIOVE-B 信号。此外,还支持 Galileo E1、E5a、E5b、E5 交替二进制偏移载波(AltBOC)和北斗 B1/B2/B3 信号。

内置的 16GB 内存可以记录 SBF、BINEX 和 RINEX 数据,也可以选择扩展内存。记录的数据可以通过内置的 ftp 访问,或自动传送到远程 ftp 服务器。

6.7.1.3 TFS Timetrace Ⅱ/TimeRule Ⅱ 时间比对接收机

Timetrace Ⅱ/TimeRule Ⅱ(图6.18)时间比对接收机是英国 TFS(Time Frequency Solution)公司联合英国国家物理实验室(NPL)专利技术研发的能够提供精确时间和频率标准的时间比对 GPS 接收机。它与另一台位于国家级标准实验室的时间比对 GPS 接收机联合使用时,可以用于实时校验本地的时钟和参考源,多台 TimeRule 时间比对 GPS 接收机相互比对可以实现对异地站点时频单元远程校准服务。

图 6.18　Timetrace Ⅱ/TimeRule Ⅱ 时间比对接收机

6.7.1.4　Piktime TTS 系列时间比对接收机

TTS 系列时间比对接收机(图 6.19)由波兰 Piktime 公司设计、生产,在经历了 4 代时间传输系统后,于 2015 年正式推出第五代时间传输系统。TTS-5 时间比对接收机具有更准确的观测数据,更可靠的操作性能。

图 6.19　TTS-5 时间比对接收机

TTS-5 时间比对接收机具有 216 个通道,可以接收 GPS L1C、L2C、L1P、L2P、L5P 信号;GLONASS L1C、L2C、L1P、L2P 信号;Galileo 系统 E1、E5A、E5B 的卫星信号等,具有 6～20MHz 频率输入(可调)、本地 10MHz、1PPS 输入、1PPS 输出等接口,TTS-5 可以选配扼流圈或温度稳定天线,其基于伪码的同源时间比对精度可以达到 1ns。

6.7.1.5　国产时间比对接收机

伴随着北斗系统的发展,涌现出了一批国产化的高精度时间比对接收机:按照支持的频点划分可分为 BDS/GPS 时间比对接收机和四系统全频点时间比对接收机;按照钟差计算机理可分为伪距数据处理型时间比对接收机和伪距联合时间间隔测量型时间比对接收机;按照应用场景可分为时间比对型和时间同步型。此外,国内部分时间比对接收机可以通过北斗卫星无线电测定业务(RDSS)链路进行无线数据交换摆脱地面专用链路传输数据的束缚。目前国内对于远距离时间比对的需求日益增长,同时北斗三号工程也在全球布局,也为基于北斗的时间比对打下了坚实的基础。

6.7.2　GNSS 时间比对接收机设计

GNSS 时间比对接收机实际上是一种集成系统,由 GNSS 信号接收、时间间隔测量等硬件及数据处理软件构成。可实现空间 GNSS 导航信号的测量、星地钟差解算、本地钟差测量、数据存储等功能,最终实现本地原子钟与 GNSS 时间的比对。GNSS 时间比对接收机由 GNSS 信号接收模块、时间间隔测量模块、频率分路模块、脉冲分路模块、数据采集与处理模块等组成,如图 6.20 所示。

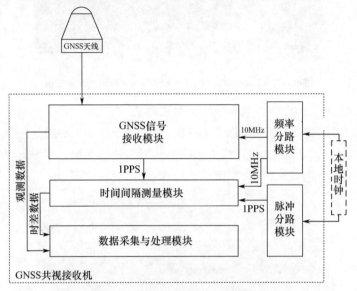

图 6.20　GNSS 时间比对接收机原理图

GNSS 时间比对接收机各部分作用:

(1) GNSS 信号接收模块:完成导航信号的捕获、跟踪,输出原始观测数据及导航电文,并产生授时脉冲。

(2) 时间间隔测量模块:测量授时脉冲与本地基准脉冲的时差。

(3) 频率分路模块:用于外部输入的频率信号分路,使 GNSS 信号接收模块与时间间隔测量模块共用相同的测量频率基准。

(4) 脉冲分路模块:用于外部输入的脉冲信号分路,为时间间隔测量模块提供脉冲测量基准。

(5) 数据采集与处理模块:用于综合处理 GNSS 信号接收模块产生的原始观测数据、星历数据,时间间隔测量模块产生的钟差数据,最终经数据处理生成共视文件。

GNSS 时间比对接收机软件系统流程如图 6.21 所示,软件负责对 GNSS 时间比对接收机的整机监控与数据处理。

GNSS 信号接收模块:按照已定义的软件接口,周期性地发送伪距数据、星历数据、时标数据。

时间间隔测量模块:按照已定义的软件接口,周期性地发送钟差数据、时标数据。

数据采集与处理模块:定时处理 GNSS 信号接收模块上报的伪距数据、星历数据,通过数据解算并结合时标数据获得带有时标信息的星地钟差,在此之后结合带有时标的本地钟差,最终产生符合时间比对要求的测量信息。

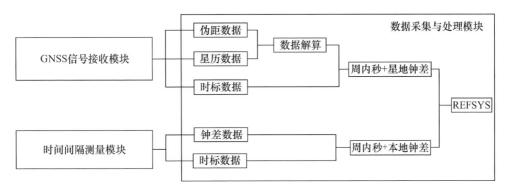

图 6.21　GNSS 时间比对接收机软件流程

6.8　GNSS 时间传递系统设计

本节从 GNSS 时间传递的工程实践需求出发,介绍如何基于时间比对接收机搭建系统平台,实现远距离两地面站间的时间比对,对 GNSS 时间比对的建立方法和处理流程进行详细说明。

6.8.1　GNSS 共视时间比对

6.8.1.1　GNSS 卫星共视时间比对系统建立

一般情况下 GNSS 卫星共视时间比对系统由 GNSS 天线、GNSS 时间比对接收机、原子钟、计算机和通信链路等组成,如图 6.22 所示。各部分功能简要介绍如下:

GNSS 天线用于接收空间导航信号,完成信号及噪声的放大,GNSS 天线的安装应保证周围无遮挡及干扰等。

GNSS 时间比对接收机为 GNSS 卫星共视时间比对系统的核心设备,外部输入用户的时频信号,进行基于外时频的导航信号测量,同时完成共视数据处理,产生用于数据交换的共视文件,GNSS 接收机应置于温度和湿度相对恒定的环境中,并与原子钟距离不应过远。

原子钟为 GNSS 卫星共视时间比对系统的时频基准,参与共视比对的两地应具有高稳定度的原子钟或原子钟组。

计算机可分为主站计算机与从站计算机:主站计算机主要用于接收主站 GNSS 时间比对接收机上报的共视文件信息,并打包传送至从站,同时完成对主站各设备的监控;从站计算机主要用于接收主站、从站 GNSS 时间比对接收机上报的共视文件信息,选取相同时间的卫星钟差信息完成主站与从站间的钟差解算,计算两站间的时间偏差,从而实现两站间的时间比对,同时完成对从站各设备的监控。

通信链路用于交换主站与从站间的共视数据,可以使地面光纤网络,或是卫星数传链路,或通过 4G 网络进行通信。

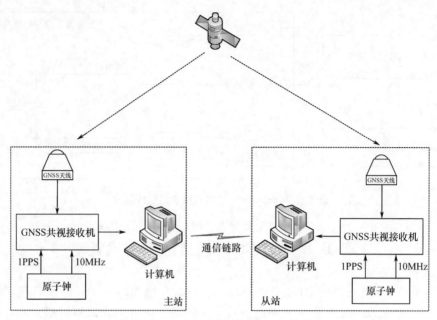

图 6.22　GNSS 卫星共视时间比对系统

6.8.1.2　GNSS 卫星共视时间比对处理

在进行 GNSS 卫星共视时间比对前,首先应将待比对接收机的天线放置于开阔无遮挡处,并精确标定天线坐标位置,同时应确保原子钟输出的频率及脉冲信号稳定可靠。

GNSS 共视时间比对是通过交换不同地面站的共视文件,计算地面站间原子钟的钟差。其步骤包括数据选取和钟差比对计算。

1) 共视数据选取

在选取共视数据时,为了保证共视比对的准确性,应该满足以下几个条件:

(1) 按照共视的基本原理,需选取待共视时间比对地面站均可见的 1 颗或多颗观测卫星。

(2) 观测时刻相同。不同地面站需要按照共视时刻表进行观测,保证抵消卫星星钟误差,并削弱由星历、电离层等引起的其他误差[26]。

(3) 选取有效观测时长为 780s 的数据。遵循 BIPM 发布的共视标准技术指南,指南中规定一次共视跟踪观测长度为 780s。

(4) 卫星仰角大于 15°可降低共视数据中的观测噪声的影响[26]。

2) 钟差比对计算

钟差比对计算可参照下式,不同地面站在时刻 i 的时差为

$$d_i = \frac{1}{10n} \sum_{k=i}^{n} \left(\text{refsys}_l^{k,i} - \text{refsys}_0^{k,i} \right) - d_{1\_0} \qquad (6.166)$$

式中:d_i 为不同地面站在时刻 i 的时差(ns);$\text{refsys}_l^{k,i}$ 为主站与 GNSS 卫星发播时间在

时刻 i 的时差（0.1ns）；$\text{refsys}_0^{k,i}$ 为从站与 GNSS 卫星发播时间在时刻 i 的时差（0.1ns）；n 为不同地面站同时观测的相同卫星数。

6.8.2　GNSS 全视时间比对

1）GNSS 卫星全视时间比对系统建立

与 GNSS 共视时间比对类似，GNSS 卫星全视时间比对系统同样需要由 GNSS 天线、GNSS 时间比对接收机、原子钟、计算机和通信链路等组成，如图 6.23 所示。其功能与 GNSS 共视时间比对系统中设备的功能一致。

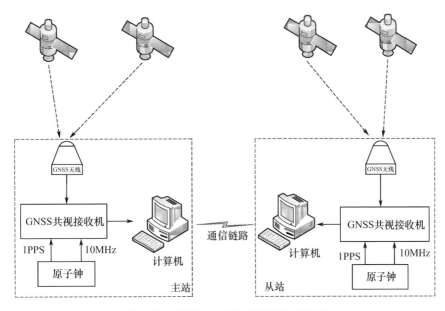

图 6.23　GNSS 卫星全视时间比对系统

计算机可分为主站计算机与从站计算机：主站计算机主要用于接收主站 GNSS 时间比对接收机上报的观测数据和导航电文信息，并打包传送至从站，同时完成对主站各设备的监控；从站计算机主要用于接收主站、从站 GNSS 时间比对接收机上报的观测数据和导航电文信息，同时依据精密轨道、精密钟差以及精确的电离层模型，进行接收机钟差估计，完成主站与从站间的钟差解算，同时完成对从站各设备的监控。

通信链路用于交换主站与从站间的观测数据，同时实时接收或下载精密轨道、精密钟差及电离层延迟信息，可以使用地面光纤网络，或是卫星数传链路，或通过 4G 网络进行通信。

2）GNSS 卫星全视时间比对处理

进行全视时间比对时，也首先需要精确标定每个测站 GNSS 天线的坐标，同时原子钟应预热并保证能够稳定输出时频信号，作为 GNSS 时间比对接收机的外接频标。

GNSS 全视时间比对主要通过参与比对的几个观测站各自进行观测，然后计算每个观测站原子钟与 GNSS 时(GNSST) 的时差。其步骤如下：

(1) 单站数据采集。每个观测站各自进行数据采集,要求参与时间比对的观测站间的观测时间有重叠。

(2) 计算 A 站跟参考时间的时差有两种处理方法:一种方法是基于单频伪距或无电离组合伪距进行全视时间比对方法。假设某时刻 A 站观测到 m 颗卫星,则可以计算出该时刻的 m 组时差值 $T(A) - \mathrm{REFT}(k)(k = 1,2,3,\cdots,m)$,根据高度角分配权值,设每颗卫星的权值为 $q_k(k = 1,2,3,\cdots,m)$,然后对 m 组时差值进行加权平均处理,得出 A 站与参考时间 REFT 的时差[5]。

$$T(A) - \mathrm{REFT} = \left\{ \sum_{k=1}^{m} \left[T(A) - \mathrm{REFT}(k) \right] \cdot q_k \right\} / \sum_{k=1}^{m} q_k \qquad (6.167)$$

另一种处理方法是采用无电离组合伪距和载波的全视时间比对方法。其主要采用 PPP 时间比对方法。A 站与 REFT 的时差主要通过 PPP 参数估计的方法获得。

(3) 同理计算出得出 B 站与 REFT 的时差。

(4) 根据步骤(2)、(3)求出的 A、B 两站跟 REFT 的时差再做差,即可求出两站之间的时差:

$$T(A) - T(B) = \left[T(A) - \mathrm{REFT} \right] - \left[T(B) - \mathrm{REFT} \right] \qquad (6.168)$$

参考文献

[1] 吴海涛,李孝辉,卢晓春,等. 卫星导航系统时间基础[M]. 北京,科学出版社,2011.

[2] 张晗,高源,朱江淼,等. 基于 EURO-160 型 P3 码 GPS 接收机的共视比对系统[J]. 电子测量技术,2007(11):100-102.

[3] 高小珣,高源,张越,等. GPS 共视法远距离时间频率传递技术研究[J]. 计量学报,2008(1):80-83.

[4] 江志恒. GPS 全视法时间传递回顾与展望[J]. 宇航计测技术,2007(7):53-71.

[5] 许龙霞. 基于共视原理的卫星授时方法[D]. 西安:中国科学院国家授时中心,2012.

[6] 李孝辉,杨旭海,刘娅,等. 时间频率信号的精密测量[M]. 北京:科学出版社,2010.

[7] 谢钢. GPS 原理与接收机设计[M]. 北京:电子工业出版社,2009.

[8] 魏子卿,葛茂荣. GPS 相对定位的数学模型[M]. 北京:测绘出版社,1997. 12.

[9] 何玉晶. GPS 电离层延迟改正及其扰动监测的分析研究[D]. 郑州:解放军信息工程大学,2006:25-44.

[10] KLOBUCHAR J. Ionospheric time-delay algorithm for single-frequency GPS users[J]. Aerospace and Electronic Systems, IEEE Transactions on,1987 (3): 325-331.

[11] 张涛. GNSS 载波相位远程时间比对技术研究[D]. 西安:中国科学院国家授时中心,2016.

[12] 陆华,孙广,肖云,等. 不同电离层模型对北斗共视的精度影响分析[J]. 导航定位与授时,2017(1):53-59.

[13] 广伟. GPS PPP 时间传递技术研究 [D]. 西安:中国科学院国家授时中心,2012.

[14] 周忠谟,易杰军,周琪. GPS 卫星测量原理与应用[M]. 北京:测绘出版社,1997.

[15] 刘基余. GPS 卫星导航定位原理与方法[M]. 北京:科学出版社,2003.

[16] SAASTAMOINEN J. Contribution to the theory of atmospheric refraction[J]. Bulletin G'eod'es-ique,1973(105):279-298.

[17] 党亚民,秘金钟,成英燕. 全球导航卫星系统原理与应用[M]. 北京:测绘出版社,2007. 9.

[18] 杨帆. 基于北斗 GEO 和 IGSO 卫星的高精度共视时间传递[D]. 西安:中国科学院国家授时中心,2013.

[19] 刘洋. 基于载波相位时间差分测速的 GPS/INS 组合导航研究[D]. 徐州. 中国矿业大学,2016.

[20] 李孝辉,刘阳,张慧君,等. 基于 UTC(NTSC)的 GPS 定时接收机时延测量[J]. 时间频率学报. 2009. 01.

[21] 中国卫星导航系统管理办公室. 北斗 ICD_BII_1. 0 版[S/OL][2012 - 12]. http://www. beidou. gov. cn.

[22] 周玉珠. 实验数据中的坏值及剔除方法[J]. 大学物理实验. 2006(6):65-66.

[23] 丁玉美,阔永红,高新波. 数字信号处理[M]. 西安:西安电子科技大学出版社,2002.

[24] 丁月蓉. 天文数据处理方法[M]. 南京:南京大学出版社,1998.

[25] 李变. 利用 Vondrak 方法处理 GPS CV 观测数据的随机噪声[J]. 计算机测量与控制,2006(14):953-955.

[26] DEFRAIGNE P, PETIT G. CGGTTS - Version 2E:an extended standard for GNSS time transfer[J]. Metrologia,2015,52(6):1-22.

[27] 张小红,曾琪,等. 构建阈值模型改善 TurboEdit 实时周跳探测[J]. 武汉学学报(信息科学版),2017,42(3):285-289.

[28] 李征航,黄劲松. GPS 测量与数据处理[M]. 3 版. 武汉:武汉大学出版社,2005.

[29] 程华军. 基于 GNSS CV 的精密时间服务系统的设计与实现[D]. 北京:中国科学院,2011.

第7章 时间传递技术应用

◢ 7.1 引 言

时间信息是目前信息系统稳定可靠运行最基础的保障条件之一,各类信息网络的协同和运行都离不开高精度的时间同步,因此各类时间传递技术在国防、科研、经济和民生各方面都得到了广泛应用。其中:卫星导航授时由于覆盖面广、使用便利,应用领域最为广泛;网络授时依托互联网进行时间传递,成本最低,满足了对时间同步精度要求较低的系统和用户应用需要;光纤时间频率的传递精度最高,在国防和科研领域得到了应用;卫星双向和 GNSS 共视时间传递的精度高、作用距离远,在广域分布的精密测量系统、国际守时实验室等领域得到了广泛应用。

本章将对各类时间传递技术在电力、通信、科研等行业的典型应用模式进行介绍,梳理各类时频传递技术的应用场景和实际应用效果。

◢ 7.2 时间传递技术在电力系统的应用

高精度的时间传递技术促进了电力系统的自动化技术的迅速发展。电力系统的自动控制系统、运行调度系统、变电站自动控制系统、同步相量测量、继电保护装置、故障录波设备等都需要统一的时间基准支撑。通过时间传递技术向各系统提供精确一致的时钟信号,将电网的线路故障检测、故障现场记录、功率和相量参数测量等同步起来,实现电力系统的实时测量和自动化运行,提高了在电网运行中对机组控制和电网参数校验的准确性以及对电网故障分析判断的准确率[1]。

电网系统的线路行波故障测距、同步相量测量、雷电定位等设备对时间同步精度要求较高,达到了微秒量级[2]。电网系统的时间同步一般采用 GNSS 单向授时的方式实现,同时依托系统内部的光纤网络构建网络时间同步手段,满足对时间同步精度的要求。

北斗系统是我国自主研制的全天候、全天时提供授时、定位和通信服务的卫星导航系统,为我国电力系统获得完全自主可靠的时间信息奠定了坚实的基础[3]。

7.2.1 输电线路故障定位

对输电线路进行快速准确的故障点定位,是快速线路检修、排除故障、保护输电线路的前提,故障的定位的方法主要有双端行波故障定位、双端同步数据故障定位等[4]。

当输电线路发生短路、开路故障时,在故障点将产生向输电线路两端以光速传播的行波,安装在输电线路两端的波形记录装置同步记录下故障行波的电流数据,通过对线路双端故障前后一段时间的电流数据进行信号处理,分析出其异常的高频频谱突变,即可得到故障行波波头的到达时刻,再根据到达两端的时差和行波传播速度推算出故障点的位置,从而实现故障定位[4]。

上述传输线故障定位方法要求输电线路两端的信号采集装置在精确统一的时间基准同步下进行采样,是目前故障定位中应用较为广泛、效果较好的一种方法。将输电线路的行波检测与双端行波故障定位方法相结合,采用嵌入式设计,将 GNSS 的时间传递、数据采集、数字信号处理、数据通信、地理信息等技术集成于一体,可构建输电线路双端行波故障定位系统[4-7]。

7.2.2　电网自动化调度

基于卫星导航时间传递技术,可实现高精度的时间基准,保障系统的精准的自动化运行。在电厂内配置一套北斗同步标准时钟装置,通过输出各种标准时间信号将微机设备的时间同步起来,电厂内的各种保护、控制和通信设备均以高精度的卫星同步时钟作为基准,通过定时或实时校准保证各种设备时钟的准确度。当电厂设备出现异常或电网发生故障时,各种设备动作时序被清晰明确地记录下来,为系统故障的处理和分析提供了准确的时间依据,支撑对复杂的电厂电网事件的分析[4-7]。

7.2.3　稳定性判别

基于卫星导航时间传递可以实现电力系统稳定性的预测,通过由高精度卫星同步时钟构成的相量测量单元(PMU)采集各发电机的角速度、功角、输出功率等各种参数,然后根据发电机单元模型和系统拓扑结构来预测各发电机未来的行为,并由此判断系统的稳定性[8-11]。

国际上曾成功地进行了利用 GPS 同步时钟构成 PMU 来测量电力系统在暂态过程中各节点电压相角的现场试验[12]。法国研制了相角测量装置安装于法国的西南部电网,美国研制的 PMU 可进行 10 回出线的测量,测量精度为 2°,用于电力系统稳定控制、分析及故障录波等,在美国西部几大州电网推广使用[13-20]。

7.2.4　继电保护

卫星导航时间传递技术在电力系统继电保护中也得到了应用,继电保护主要采用差动保护的方法,利用基尔霍夫电流定理,即同一时刻流入某个节点或广义节点的电流代数和为零,判别设备的工作状态,对电力设备进行继电保护。在卫星同步时钟的定时方式下,可以保证线路两端设备采样时间的高精度统一,实现对发电机、变压器和母线等设备快速、可靠的继电保护。

通过在线路两端同时加入模拟区内或区外的各种类型故障量,采用 GNSS 光纤差动保护的试验方法,实现了对线路光纤差动保护两侧装置动作正确性的同时性校验[15]。

7.2.5　时间传递技术在电力系统其他方面的应用

除了上述的几个方面,基于卫星导航的时间传递技术还广泛应用于动态安全监测、电能质量监测、事故分析、失步保护、雷电定位等方面,极大地提高整个电力系统的工作效率,推动电力系统自动化技术的发展,增强电网的安全性和稳定性,为打造坚强的智能电网提供重要的保障。

7.3　时间传递技术在通信系统的应用

时频同步网是通信网一个必不可少的重要组成部分,是给传输网和各种业务网提供高质量高可靠定时基准信号、保证网络定时性能和通信网同步运行的关键网络。一般来说,时频同步网包括频率同步网和时间同步网,分别可以提供频率参考和时间参考信号,无论哪种同步网,均需基于卫星导航系统组建定时的源头设备,以获取优于 $\pm 1 \times 10^{-11}$ 的长期频率准确度或最高达亚微秒量级的绝对时间精度。因此,卫星导航系统在构建同步网中具有举足轻重的作用。

根据卫星授时的不同应用场景,下面分别从频率同步和时间同步两个方面给出卫星授时的总体应用规模以及北斗授时的应用情况。

1）频率同步

电信网中时间频率基准由多个基准时钟控制综合形成,各基准时钟以准同步方式运行,每个基准时钟控制的同步网内采用多层级主从同步方式运行。我国从 20 世纪 90 年代中期开始频率同步网的建设,目前已建成约 200 个一级基准时钟。目前,国内频率同步网在每个省、自治区和直辖市设置 2 个一级基准时钟。一级基准时钟包括含有铯原子钟的全国基准时钟和以卫星导航系统为源头的区域基准时钟两种。

所有的一级基准时钟设备、部分二级/三级/微型同步节点时钟设备上均使用了接近 2000 个卫星授时接收机。

2）时间同步

随着通信网中各种业务对时间同步提出的新要求,以及时间同步技术的不断发展,通信网计费、网络管理系统、七号信令网、网间结算、IP 网络新业务、物联网等均对时间同步提出了要求,尤其是 3G/4G 网络,提出了微秒级的高精度时间同步需求。

早在 2004 年,我国各电信运营商已建设了独立的普通精度时间同步网,时间同步服务精度达到毫秒级。对于普通精度时间同步网,各运营商建设的时间同步设备数量近千个,均配置了卫星授时接收机,其中北斗授时接收机数量很少。到 2013 年,高精度时间同步网的网络规模已覆盖 31 个省会城市及 300 多个地级城市,每个城市设置主、备两台高精度时间同步设备,所有时间同步设备均配置了以北斗为主的双模卫星授时接收机,建设数量近千个。

在移动通信网中,三大运营商的 2G/3G/4G 基站高精度时间同步手段仍是卫星授时。截至 2014 年底,CDMA 基站中的 GPS 模块超过 30 万个,其中:北斗授时接收机数百个;CDMA2000 基站中的 GPS 模块超过 10 万个,无北斗授时接收机;宽带码分多址(WCDMA)基站中的 GPS 模块超过 10 万个,无北斗授时接收机;时分同步码分多址(TD-SCDMA)基站中的 GPS 模块超过 50 万个,有少量采用北斗/GPS 双模授时接收机或模块[21];4G 移动基站的卫星授时模块超过 70 万个,其中以 GPS 模块为主,部分采用北斗/GPS 双模授时接收机或模块[22]。

目前我国通信网中仍大量使用 GPS 接收机进行同步授时,其安全性是网络规划建设的重大问题。在我国独立自主的北斗系统日渐完善和市场逐步成熟的情况下,推广部署应用北斗卫星授时以提高网络安全的需求越来越迫切。

7.4 时间传递技术在空间网络中的应用

NASA 空间通信体系结构工作组提出的《2005—2030 年 NASA 空间通信与导航体系结构建议》中表明:空间通信体系结构的所有单元都将建立与 NASA 公共时标同步的能力,主要采用的技术手段包括利用 GPS 授时,采用新的或改进的时间码格式提高时间传递精度,以及采用星间链路进行双向时间传递等,精度要求达到 10ns。基于此,NASA 提出了以 GPS、地基单元、近地中继单元、月球中继单元和火星中继单元为核心的适用于空间探索和深空探测的时间框架。在美国空间信息网络规划中,GPS 是时空基准的核心。目前,GPS 时由地面维持,GPS 在不断现代化的过程中提出了自主导航系统,并且在 GPS Block ⅡR 导航卫星上开始部署,自适应导航系统(ANS)能够在 GPS 运行控制中心瘫痪的情况下提供自主导航。在自主导航的过程中,GPS 基于星间链路的测量能力、GPS 卫星的计算能力以及星载原子钟的守时能力共同形成星基时间基准和运行控制中心。

相关研究表明,太空微重力环境有利于获得更高精度的时间频率基准。将原子钟部署于空间平台,在微重力条件下,原子的速度将会降低,当应用射频信号源去探测和激发原子产生能级跃迁时,可以获得更窄的共振曲线宽度,对于原子钟而言意味着更好的准确度和稳定度[23]。因此,通过空间平台构建的空间综合时间在准确度和稳定度上相比于目前地面综合原子时有可能提高 1 个或 2 个数量级。出于这方面考虑,世界各国先后开展了空间原子钟的相关计划和研究。

由欧洲空间局联合多国于 2007 年启动了空间原子钟组(ACES)项目(图 7.1),该项目于 2018 年完成部署,其主要目的是将冷铯原子微重力钟和一台主动型氢钟部署于国际空间站,以支持包括重力红移、精细结构常数可能的时间变化、光的各向同性等一系列太空物理试验。由于所部署的原子钟具有极高的稳定度,可达 10^{-17}/天,因此可以将其作为空间信息网络的时间溯源节点,为地面站以及空间平台提供基于共视以及非共视的时间同步[24]。

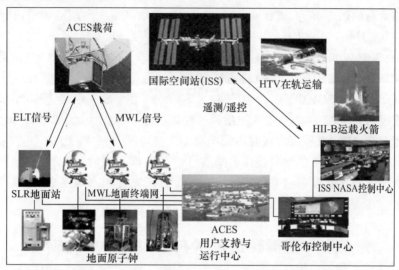

HTV—H-Ⅱ系列转移飞行器;ELT—欧洲激光定时;MWL—微波链路;SLR—卫星激光测距。

图 7.1 ACES 项目系统架构

NASA 也先后启动了 SUMO/PARCS、RACE、深空光钟任务(deep space optical clock mission)等空间原子钟计划。其中 SUMO/PARCS 和 RACE 项目目前已被终止,深空光钟任务仍在进行中,该项目计划将汞离子光钟(在稳定的实验室环境下,10 天内走时误差不超过 1ns,对应于频率稳定度约 1.157×10^{-15}/10 天)搭载在轨道测试平台卫星上开展演示试验[24]。

我国在空间信息网络时间同步体系架构方面也开展了相关技术研究。在北斗全球卫星导航系统的设计中积极采用了 Ka 频段的星间测量链路,并提出了基于星间链路的自主导航和时间同步的方法[25-26],以及针对北斗系统的星载守时的方法[27-29],可以在没有地面支持的情况下建立导航系统时空基准。未来北斗系统将成为我国空间信息网络时空基准的核心。

2016 年我国天宫二号空间站成功发射,作为该空间站的重要技术成果之一,部署了频率稳定度可达 10^{-16}/天的冷原子钟,其实测频率稳定度达到 7.2×10^{-16}/天。根据我国空间站的未来发展规划,将会在 2021 年—2022 年部署包含主动氢原子钟、冷原子微波钟和光晶格锶光钟的高精度时频系统,建成具有国际先进水平的自主空间站时频系统,支持我国空间物理实验和相关工程应用研究[24]。我国的载人空间站未来将有可能作为空间信息网络的关键守时和授时节点,成为我国空间信息网络时空基准体系的重要组成部分。

7.5　时间传递技术在 MIMO 雷达中的应用

随着战场电磁环境的复杂化,战争形态的进化对于雷达探测技术提出了更高的挑战,雷达体制也在不断发展和更新。多输入多输出(MIMO)雷达作为近年来发展的全新体制的雷达,相比传统雷达体现出了在抗干扰、抗打击、反隐身等方面的巨大优势,在未来的军事对抗中将发挥重大的作用。

根据雷达节点的分布方式,MIMO 雷达又包括分布式 MIMO 雷达和集中式 MIMO 雷达两类。分布式 MIMO 雷达发射相互正交的信号,接收端采用匹配滤波技术,各发射机和接收机被分开放置以便得到空间分集增益,利用对目标的空间分集增益来改善雷达反射截面积(RCS)起伏特性[30-31],可以获得相比集中式 MIMO 雷达更优异的探测性能。为了保证分布式 MIMO 雷达各个分系统之间的协同工作,各分站必须有统一的时间基准,收发系统间要保持严格的时间同步。

关于 MIMO 雷达的时间同步方法已有较多的研究,最常用的是三大类方法[32]:直接同步法、间接同步法和独立式同步法。

直接同步法是指发射站雷达利用专门的通信链或同步链直接传送同步信号至接收站雷达,以实现两雷达的触发信号和本振相位同步,如果雷达之间距离较远,则可利用卫星双向时间传递技术,如果相距较近,则可以使用光纤时间传递技术,目前两种技术在 MIMO 雷达领域均有所应用[33]。

间接同步法是指在发射站和接收站设置相同的高稳定频率源,利用频率源自身的频率一致性和高稳定性以维持时间和相位同步,该方法难以解决高稳时钟源漂移的问题,只能维持一定时间内的时间同步,不适合 MIMO 雷达对高精度时间同步的需求[34-35]。

独立式同步法是指采用第三方高精度授时系统对发射站雷达和接收站雷达的触发信号及频率源进行控制,根据所需精度的不同,通常采用卫星导航单向授时和共视的方法。

7.6　时间传递技术在天文观测中的应用

7.6.1　时间传递技术在甚长基线干涉测量技术中的应用

甚长基线干涉测量(VLBI)技术是指地面两观测站同时接收同一射电源或者航天器发射的信号,并进行信号的干涉处理从而得到待测目标位置信息的一种天文观测技术。该技术最初在射电天文领域得到应用,相比于传统的射电观测技术,其具有超高空间分辨力和定位精度,并可以实现全天候的连续观测,因此很快被应用于航天测控等领域。

在天文观测领域,采用 VLBI 技术时,可以通过距离达数千千米的观测站对同一射电源发出的信号进行接收,并根据时延差做相关处理,最终得到超高分辨力的干涉信号。影响 VLBI 技术测量精度的主要因素包括基线长度的测量精度以及几何时延的测量精度。首先,增加基线长度是提高观测精度的有效方法,得益于 BDS、GPS 等全球卫星定位技术的发展,基线长度的测量精度已经可以达到厘米级,通过时间传递技术实现 10ns 以内的时间比对精度以保障 VLBI 系统的高精度工作。

观测精度最终取决于延时的测量精度,即时间同步精度。传统的方案是,通过在各观测站放置独立运行的高精度原子钟(如氢钟)进行守时,时延误差随时间积累,该误差可以通过 GNSS 共视等时间传递手段予以修正。采用光纤时间同步方式,各观测站无需分别放置守时钟即可实现高精度时频同步,进而实现对时延的实时补偿,天稳定度可比采用独立氢钟守时提高 3 个数量级[36]。

7.6.2 时间传递技术在大型毫米波天线阵列中的应用

大型毫米波天线阵列(ALMA)是由美国、欧盟、日本及加拿大等合作在智利 Atacama 地区建立的国际无线电天文学设施,如图 7.2 所示。ALMA 计划由 66 个抛物面天线组成的天线阵列构成(其中包括 54 个 12m 天线和 12 个 7m 天线)。ALMA 可用于干涉探测频率为 31~950GHz 的无线电波。

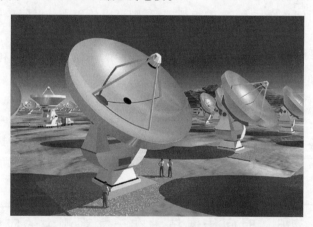

图 7.2 ALMA 系统天线阵列

为了使用天线阵列精确探测空间中信号的相位信息,阵列中的每一个天线都必须接收到高稳定度的基准信号(称为本地基准信号)。在 ALMA 系统中,本地基准信号是一个在 Central Building 中产生的 27~142GHz 的毫米波信号源,该信号源通过光纤链路分配到每一个天线。天线和 Central Building 的最远距离可达 15km。本地基准信号的作用主要是用其相位锁定于 27~938GHz 的本振信号上。ALMA 系统中的本地基准信号是由高稳定度激光器合成产生的[37]。

图 7.3 所示为 ALMA 系统信号分配体系,可以将该体系看作一个高稳定度频率

基准信号远距离传输系统。图中所示的 ALMA 信号传输体系,从无线电光纤传输
(ROF)角度分析有本地光学频标、64 通道光纤传输系统和光纤线路补偿系统 3 个主
要的单元系统,主要功能分别为光学频标的产生、传输和相位补偿。

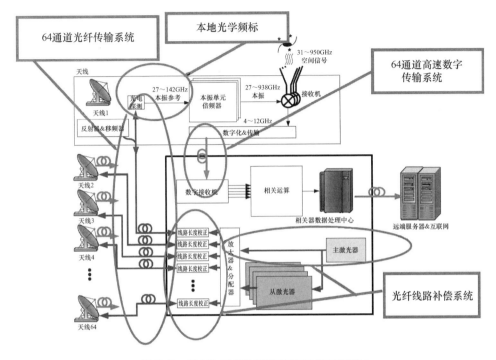

图 7.3　ALMA 系统信号传输体系(见彩图)

▲ 7.7　时间传递技术在国际时间基准维持体系中的应用

协调世界时(UTC)的建立和维持由地面原子钟组间通过高精度时间比对和原子
时综合实现,UTC 的建立过程如图 7.4 所示。分布于全球 73 个实验室的 400 多台原
子钟与位于德国物理技术研究院的钟组进行时间比对,基于比对结果利用 ALGOS 算
法进行自由原子时的生成,然后通过由 8 个实验室的 14 台原子钟对自由原子时
(EAL)进行校准得到国际原子时(TAI)。为了保持原子时与地球自转及季节变化的
一致,与以地球自转为基础的世界时(UT)相协调,通过闰秒补偿获得协调世界时
(UTC)[28]。由此得到的 UTC 是以 TAI 为基础,采用了原子秒长,又兼顾了地球自转
和季节变化规律。

UTC 体系的运行依赖于地面原子组间的时间传递链路,目前以卫星双向时间比
对与卫星共视时间比对两种体制为主[29],同时在欧洲的多个实验室间也建立了光纤
时间比对链路,以实现更高精度的时间比对能力。根据计划,随着 ACES 系统的建成

将考虑将高稳定度的空间原子钟纳入到 UTC 的建立与维持中来。

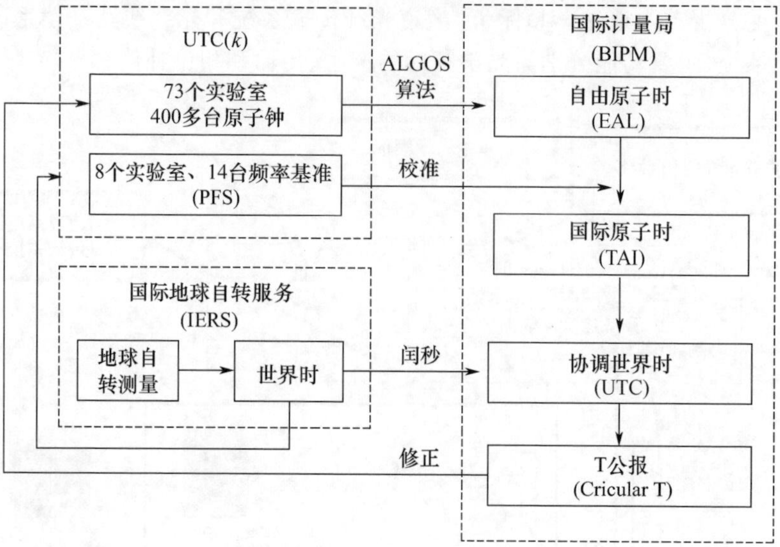

图 7.4　UTC 的建立和维持流程图

参考文献

[1] 王笋. 电力系统时钟同步技术分析[J]. 中国新技术新产品(工业技术),2013,11:125-126.

[2] 尹贤龙,肖友强,方明. GPS 在电力系统中的应用[J].云南电力技术, 2005,4(4):36-38.

[3] 周渭,王海. 时频测控技术的发展[J]. 时间频率学报,2003,26(2):87-95.

[4] BO Z Q,WELLER G,JIANG F,et al. Application of GPS based fault location scheme for distributiom system[C]//1998 International Conference on Power System Technology Proceeding,Beijing,1998.

[5] NOVOSEL,D,HART D G,UDREN E,et al. Unsynchronized two-terminal fault location estimation [J].IEEE Transcations on Power Delivery,1996,11(1):130-138.

[6] 徐俊明,汪芳宗,尹星,等. 基于 Hilbert-Huang 变换的行波法高压输电线路故障定位[J].电力系统保护与控制,2012(2):88-92.

[7] 马相东,卢占庆.基于 GIS、GPS、GPRS 的输电线路故障定位系统设计[J].电子制作,2015(11):15-17.

[8] 徐俊明,王智,夏沛.基于 GPS 双端同步采样的高压输电线路故障定位算法[J].广东电力,2011,2(2):6-9.

[9] 徐俊明,汪芳宗,夏沛,等.一种无需线路参数的输电线路故障定位算法[J].电测与仪表,2011,5(2):18-21.

[10] 张利,杨鹏,司冬梅,等.基于零序功率方向的中性点不接地系统在线故障定位[J].电力系统自动化,2008,17(17):79-82.

[11] 郑顾平,杜向楠,齐郑,等.小电流单相接地故障在线定位装置研究与实现[J].电力系统保护

与控制,2012,40(8):135-139.

[12] 邢振鹏.北斗/GPS 卫星同步授时系统在焦作电厂的应用[J].电力信息化,2009(7):103-105.

[13] 吴建福.GPS 同步系统在电厂的改造应用[J].华中电力,2009,22(6):81-83.

[14] 金湘力.GPS 对时功能在电力自动化中的应用[J].电力科学与工程,2010,26(4):41-44.

[15] 胡绍谦,王晓茹.基于 GPS 技术的电力系统同步相量测量装置[J].电子工程师,2003(11):21-23.

[16] BURNETT R O. Synchronized phasor measurement of a power system event[J]. IEEE Trans. on Power Systems,1994,9(3);1643-1650.

[17] 孙家安.GPS 对时系统在 220kV 变电站自动化中的应用[J].广东科技,2009(16):216-218.

[18] 陈昌黎,杨斌.GPS 技术在光纤差动保护调试中的应用[J].湖北电力,2010,34(3):16-17.

[19] 黄巍,陆榛,黄见虹.500kV 同塔自适应重合闸线路保护配置及 GPS 试验验证[J].电力系统保护与控制,2008(21):69-72.

[20] 姚李孝,张道杰,杨晓萍,等.北斗卫星在电力系统授时中的应用研究[J].数字通信世界,2011(6):3929-3932.

[21] 徐荣,陈晓明.TD-SCDMA 系统 GPS 替代解决方案研究[J].电信工程技术与标准化,2009(9):31-36.

[22] 胡昌军,李信,刘佳,等.北斗授时在通信领域应用现状及推广建议[J].电信网技术,2015(3):36-39.

[23] 翟造成.国外空间钟计划与基础物理测试的波浪[J].世界科技研究与发展,2007,29(5):67-74.

[24] 杨文可,孟文东,韩文标,等.欧洲空间原子钟组 ACES 与超高精度时频传递技术新进展[J].天文学进展,2016,34(2):221-237.

[25] 黄波,胡修林.北斗导航卫星星间测距与时间同步技术[J].宇航学报,2011,32(6):1271-1275.

[26] 李涛护,刘建胜,秦红磊,等.北斗 2 导航卫星星间测距与时间同步技术[J].宇航学报,2011,32(6):1272-1275.

[27] 谢军,孙云峰,屈勇晟,等.空间原子钟组管理的实现及影响因素分析[J].导航定位学报,2016,4(1):16-20.

[28] 王正明.TAI 和 UTC 的进展[J].宇航计测技术,2004,24(1):11-15.

[29] 高小珣,高源,张越,等.GPS 共视法远距离时间频率传递技术研究[J].计量学报,2008,29(1):80-83.

[30] 蔡茂鑫,舒其建,李勇华,等.MIMO 雷达射频隐身性能的评估[J].雷达科学与技术,2013,11(3):267-270.

[31] 应斌,严济鸿,何子述.MIMO 雷达相位编码波形设计与实现[J].雷达科学与技术,2013,11(5):511-515.

[32] 周鹏.星机双基地 SAR 系统总体与同步技术研究[D].成都:电子科技大学,2008.

[33] WEIB M. Synchronisation of bistatic radar systems[C]//IEEE International Geoscience and Remote Sensing Symposium,AK,USA,2004,3:1750-1753.

[34] WU Y C, CHAUDHARI Q, SERPEDIN E. Clock synchronization of wireless sensor networks[J]. IEEE Signal Processing Magazine, 2011, 28(1):124-138.

[35] 李昱龙,熊英. 对分布式 MIMO 雷达的时间同步干扰方法[J]. 雷达科学与技术, 2015,2:54-59.

[36] 王力军.超高精度时间频率同步及其应用[J]. 物理,2014(6):360-363.

[37] CLICHE J-F, SHILLUE B. Precision timing control for radioastronomy maintaining femtosecond synchronization in the atacama large millimeter array[J]. IEEE Control Systems Magazine,2006 (2):19-26.

缩 略 语

1PPS	1 Pulse per Second	1 秒脉冲
ACES	Atomic Clock Ensemble in Space	空间原子钟组
ADC	Analog to Digital Converter	模数转换器
ADEV	Allan Deviation	阿伦偏差
ALMA	Atacama Large Millimeter Array	阿塔卡马大型毫米波天线阵列
AltBOC	Alternate Binary Offset Carrier	交替二进制偏移载波
ANS	Autonomous Navigation System	自适应导航系统
AOD	Age of Data	数据龄期
APD	Avalanche Photo Diode	雪崩光电二极管
AR	Auto Regressive	自回归
ARIMA	Auto Integrated Regressive Moving Average	自回归积分滑动平均
BDS	BeiDou Navigation Satellite System	北斗卫星导航系统
BDT	BDS Time	北斗时
BIPM	Bureau International des Poids et Measures	国际计量局
BMC	Best Master Clock	最佳主钟算法
BOC	Binary Offset Carrier	二进制偏移载波
BPSK	Binary Phase-Shift Keying	二进制相移键控
CC	Central Clock	主钟(中心时钟)
CCTF	Consultative Committee for Time and Frequency	时间频率咨询委员会
CDMA	Code Division Multiple Access	码分多址
CGGTTS	CCTF Group on GNSS Time Transfer Standards	CCTF 定义的 GNSS 时间传输标准
CS	Central Synchronizer	中央同步设施
CV	Common View	共视
DFB	Distributed Feedback	分布反馈(激光器)
EAL	Echelle Atomique Libre	自由电子时
ECEF	Earth Centered Earth Fixed	地心地固(坐标系)
ECI	Earth Centered Inertial	地心惯性(坐标系)
EDFA	Erbium-Doped Optical Fiber Amplifier	掺铒光纤放大器
EIRP	Effective Isotropic Radiated Power	有效全向辐射功率

ELT	European Laser Timing	欧洲激光定时
EPTS	Experimental Precise Timing Center	试验精确授时中心
FP	Fabry Perot	法布里-珀罗
GCRS	Geocentric Celestial Reference System	地心天球参考系
GDOP	Geometry Dilution of Precision	几何精度衰减因子
GEO	Geostationary Earth Orbit	地球静止轨道
GF	Geometry-Free	无几何
GIVE	Grid Point Ionospheric Vertical Delay Error	格网点电离层垂直延迟改正数误差
GLONASS	Global Navigation Satellite System	（俄罗斯）全球卫星导航系统
GLONASST	GLONASS Time	GLONASS 时
GMC	Grand Master Clock	最高级时钟
GNSS	Global Navigation Satellite System	全球卫星导航系统
GNSST	Global Navigation System Time	GNSS 时
GPS	Global Positioning System	全球定位系统
GPST	GPS Time	GPS 时
GST	Galileo System Time	Galileo 系统时
GTRS	Geocentric Terrestrial Reference System	地心地球参考系
ISS	International Space Station	国际空间站
IEEE	Institute of Electrical and Electronic Engineers	电气与电子工程师协会
IERS	International Earth Rotation Service	国际地球自转服务
IGS	International GNSS Service	国际 GNSS 服务
IGSO	Inclined Geosynchronous Orbit	倾斜地球同步轨道
IGST	IGS Time	IGS 时
INS	Inertial Navigation System	惯性导航系统
IP	Internet Protocol	互联网协议
IPP	Ionospheric Pierce Point	电离层穿刺点
IRNSS	Indian Regional Navigation Satellite System	印度区域卫星导航系统
HTV	H – Ⅱ Transfer Vehicle	H – Ⅱ系列转移飞行器
ITU	International Telecommunication Union	国际电信联盟
LD	Laser Diode	半导体激光器
LED	Light Emitting Diode	发光二极管
LN-MZM	LiNbO$_3$-Mach Zehnder Modulator	铌酸锂马赫-曾德尔电光调制器
MCS	Master Control Station	主控站
MDEV	Modify Allan Deviation	修正阿伦偏差
MEDLL	Multipath Estimating Delay Lock Loop	多径估计延迟锁定环

MEO	Medium Earth Orbit	中圆地球轨道
MIMO	Multiple-Input Multiple-Output	多输入多输出
MJD	Modified Julian Day	约化儒略日
MPM	Millimeter-Wave Propagation Model	毫米波传播模型
MS	Monitoring Station	监测站
MTIE	Maximum Time Interval Error	最大时间间隔误差
MWL	Microwave Like	微波链路
NASA	National Aeronautics and Space Administration	美国国家航空航天局
NCO	Numerically Controlled Oscillator	数字控制振荡器
NICT	National Institute of Information and Communications Technology	日本国家情报与通信技术研究所
NIST	National Institute of Standards and Technology	美国国家标准与技术研究所
NORAD	The North American Aerospace Defense Command	北美防空司令部
NPL	National Physical Laboratory	(英国)国家物理实验室
NTSC	National Time Service Center	中国科学院国家授时中心
OTDR	Optical Time Domain Reflectometry	光时域反射仪
OTS	Onboard Time Scale	星上时间尺度
PCO	Phase Center Offset	相位中心偏移
PCV	Phase Center Variation	相位中心变化
PFS	Primary Frequency Standard	频率基准
PLL	Phase Lock Loop	锁相环
PMD	Polarization Mode Dispersion	偏振模色散
PMU	Phasor Measurement Unit	相量测量单元
PNT	Positioning, Navigation and Timing	定位、导航与授时
PPP	Precise Point Positioning	精密单点定位
PRN	Pseudo Random Noise	伪随机噪声
PTB	Physikalisch-TechnischeBundesanstalt	(德国)物理技术研究院
PTF	Precision Timing Facility	精密定时单元
PTP	Precision Time Protocol	精密时间协议
QZSS	Quasi-Zenith Satellite System	准天顶卫星系统
RAFS	Rb Atomic Frequency Reference	铷原子频标
RDSS	Radio Determination Satellite Service	卫星无线电测定业务
PID	Proportional-Integral-Differential	比例-积分-微分
RIN	Relative Intensity Noise	相对强度噪声
RINEX	Receiver Independent Exchange Format	与接收机无关的交换格式

RNSS	Radio Navigation Satellite Service	卫星无线电导航业务
ROF	Radio Over Fiber	无线电光纤传输
RRL	Radio Research Laboratory	（日本）电波研究所
RTK	Real Time Kinematic	实时动态
SA	Synchronization Equipment	同步设备
SCC	System Control Center	系统控制中心
RCS	Radar Cross Section	雷达反射截面积
SFD	Saturated Flux Density	饱和通量密度
SI	Le Système International d'Unités	国际单位制
SLR	Satellite Laser Ranging	卫星激光测距
SOW	Second of Week	周内秒
STS	System Time Scale	系统时间尺度
SWD	Suspended Water Droplet	悬浮水滴
TAI	International Atomic Time	国际原子时
TCP	Transmission Control Protocol	传输控制协议
TD-CDMA	Time Division-Synchronous Code Division Multiple Access	时分同步码分多址
TDEV	Time Deviation	时间标准偏差
TEC	Total Electron Content	电子总含量
TECU	Total Electron Content Units	TEC 单位
TIE	Time Interval Error	时间间隔误差
TLE	Two Line Element	两行轨道根数
TOA	Time of Arrival	到达时间
TT&C	Telemetry, Track and Command	遥测、跟踪和指挥
TWSTFT	Two-Way Satellite Time and Frequency Transfer	卫星双向时间频率传递
UERE	User Equipment Range Error	用户等效距离误差
UIVE	User Ionospheric Vertical Error	用户电离层垂直误差
ULS	Upload Station	注入站
URE	User Range Error	用户测距误差
USNO	United States Naval Observatory	美国海军天文台
UT	Universal Time	世界时
UTC	Coordinate Universal Time	协调世界时
VCXO	Voltage Controlled Xtal(Crystal) Oscillator	压控晶振

VLBI	Very Long Baseline Interferometry	甚长基线干涉测量
VTEC	Vertical Total Electron Content	垂直电子总量
WCDMA	Wide-Band Code Division Multiple Access	宽带码分多址
WGS-84	World Geodetic System 1984	1984 世界大地坐标系
WN	Week Number	整周计数
ZAOD	Zero Age of Data	数据龄期零时刻